本书获得教育部人文社会科学研究青年基金项目
"巴黎气候变化协议研究及中国的路径选择"（项目批准号：15YJC820033）的资助

气候变化
《巴黎协定》
及中国的路径选择研究

U0312595

梁晓菲　吕江　著

知识产权出版社

全国百佳图书出版单位

图书在版编目（CIP）数据

气候变化《巴黎协定》及中国的路径选择研究/梁晓菲，吕江著. —北京：知识产权出版社，2019.6

ISBN 978-7-5130-6320-3

Ⅰ.①气… Ⅱ.①梁… ②吕… Ⅲ.①气候变化—研究—中国 Ⅳ.①P467

中国版本图书馆 CIP 数据核字（2019）第 120776 号

内容提要

气候变化《巴黎协定》于 2015 年 12 月在第 21 次联合国气候变化大会上通过。2016 年 9 月，国家主席习近平正式向时任联合国秘书长的潘基文递交了中国的批准书。《巴黎协定》是全球应对气候变化的一个重要分水岭，它把包括发展中国家在内的所有国家都纳入到了全球温室气体减排行列。如何按《巴黎协定》履行中国义务，如何维护中国在《巴黎协定》项下的核心利益，就成为当前国内在气候变化领域研究的重要课题。本书从全球应对气候变化的演变着手，详细分析了《巴黎协定》的规则内容，并从现实主义角度出发，提出了中国在未来应对气候变化的路径选择。

责任编辑：张水华		责任校对：王 岩	
封面设计：臧 磊		责任印制：孙婷婷	

气候变化《巴黎协定》及中国的路径选择研究

梁晓菲 吕江 著

出版发行：知识产权出版社 有限责任公司　网　　址：http://www.ipph.cn

社　　址：北京市海淀区气象路 50 号院　　邮　　编：100081

责编电话：010-82000860 转 8359　　责编邮箱：46816202@ qq.com

发行电话：010-82000860 转 8101/8102　　发行传真：010-82000893/82005070/82000270

印　　刷：北京建宏印刷有限公司　　经　　销：各大网上书店、新华书店及相关专业书店

开　　本：720mm×1000mm　1/16　　印　　张：15.5

版　　次：2019 年 6 月第 1 版　　印　　次：2019 年 6 月第 1 次印刷

字　　数：231 千字　　定　　价：59.00 元

ISBN 978-7-5130-6320-3

/ 摘　要 /

　　从 1992 年在巴西里约热内卢签署《联合国气候变
化框架公约》开始，世界各国为了共同应对气候变化已
经进行了长达 20 多年的谈判。但一路走来并不顺畅，
阻碍广泛协议达成的障碍一直没有得到很好的解决。分
歧主要集中在四个方面：一是对于"共同但有区别的责
任"原则应如何体现？发展中国家和发达国家在这一问
题上存在分歧。发展中国家认为，发达国家在工业化历
史上大量排放了温室气体，因而应当承担更多的责任；
发达国家则认为，发展中国家目前阶段排放的温室气体
更多，在减排上应该做得更多。二是资金问题。在
2009 年的哥本哈根气候大会上，"绿色气候基金"第一
次被提出来。这一基金的构想是，发达国家在 2020 年
前每年拿出 1000 亿美元，帮助发展中国家应对气候变
化。在资金筹措方式上，一些发达国家甚至希望发展中
国家出资。三是各国在新协议中应如何确定 2020 年后
应对气候变化的贡献，即"国家自主贡献"（NDCs）。
四是关于技术转让。有的发达国家以知识产权问题为借
口，不愿对发展中国家开展技术转让，这为发展中国家

应对气候变化设置了障碍。面对分歧，2015 年成为联合国气候谈判进程中又一个繁忙的年份：11 月 30 日至 12 月 11 日，巴黎气候大会召开，新的气候变化谈判终于迎来了最后大考。2015 年 12 月 12 日，《巴黎协定》被正式通过。全球应对气候变化进入了新的阶段。

本书共有八章内容，其具体概括如下：

第一章　本章认为，在气候变化立法中应彰显国家核心利益原则。这不仅是因为气候变化已从各个方面触及国家核心利益，如在领土完整、国家安全、国家主权以及可持续发展方面，而且也是因为国际气候变化谈判和国内气候变化制度安排与对外合作需要构建起一个衡量的体系和标准。因此，唯有彰显国家核心利益原则，才能为中国在联合国气候变化谈判中的话语权提供不可或缺的制度支持，才能在借鉴和创设不同温室气体减排与适应制度时作出正确的选择决断。

第二章　本章认为，在国际上，气候变化立法的制度变迁乃是由科学议题转向政治问题，再由政治问题转向制度安排；而在中国，则是由环境问题转向发展议题，再由发展议题转向制度安排。毫无疑问，二者在制度变迁方面存在着不同。对此，历史制度主义认为，这种不同的存在是客观的、合理的，是历史情境和制度沿袭的必然结果。基于此，未来的气候变化立法应尊重这种差异性，在防止立法中出现不良路径依赖的同时，还应加强对气候变化立法关键节点的掌控。

第三章　本章认为，2015 年 12 月 12 日，第 21 次联合国气候变化缔约方会议通过了《巴黎协定》。该协定正式启动了 2020 年后全球温室气体减排进程，从而打破自 2009 年以来的气候变化谈判的法律僵局。虽然该协定将发展中国家纳入到温室气体强制减排中，但仍坚持了共同但有区别的责任原则，并确立了国家自主贡献减排的法律模式，开创了包括可持续发展机制在内的新的应对气候变化机制。然而，《巴黎协定》在实体和形式方面仍存在诸多不完善和不确定的地方，这就需要国际社会进一步加强合作与努力。对于中国而言，在国际上，仍应发挥其大国作用，积极筹措相关制度安排。在国内，近期则应考虑与"十三五"规划的衔接，远期则应加强新能源与可再生能源的制度选择，实现地方气候治理的多元化模式。

第四章　本章认为，第 21 次联合国气候变化大会出台了新的控制全球温室气体排放的《巴黎协定》。这一国际文件采用了"协定"，而非"议定书"的条约名称，这与国际环境条约中普遍适用"公约-议定书"的方式迥然不同。尽管这并不影响其法律效力，但从条约法的角度来看，二者仍存在一定差异，且这种差别对未来全球减排仍会有制度性的影响。对此，中国应积极利用国际法，充分发挥《巴黎协定》赋予的灵活性，创造性地开展国内温室气体减排。

第五章　本章认为，党的十八大以来，以习近平同志为核心的党中央深刻总结国内外发展经验教训，开创性地提出了"创新、协调、绿色、开放、共享"的新发展理念。而在党的十九大报告中，"坚持新发展理念"则成为新时代坚持和发展中国特色社会主义基本方略的重要原则和组成部分。新发展理念强调的创新与绿色，与气候变化《巴黎协定》提出的国家自主贡献极为吻合。国家自主贡献极好地体现了新发展理念在全球应对气候变化方面的制度创新和全球绿色转型。未来，中国应适时考虑国家自主贡献所产生的挑战和影响，以创新和绿色的新发展理念为根本，积极参与和制定各项应对气候变化的制度安排。

第六章　本章认为，《巴黎协定》为了制衡国家自主贡献，创设了新的遵约机制：透明度框架和全球盘点。它们与国家自主贡献一起挽救了长期以来的气候变化制度危机，同时又对多边环境协定下遵约机制进行了新的改革。当然，在具体构建方面，透明度框架与全球盘点仍存在操作性不足、遵约程序有待构建等重要工作的完成。对此，中国应加强对《巴黎协定》遵约机制研究，做好相应方案；积极参与透明度框架与全球盘点的后期构建；努力实现在减排与支助遵约程序方面的衡平及人才培养。

第七章　本章认为，2016 年年底生效的《巴黎协定》将所有国家纳入到了全球减排行列。无疑，传统油气投资受到了其因温室气体减排带来的影响。然而，减排和能源合作其实并不是不能同时并存的，关键在于要有合理、科学的制度构建和安排。因此，在中国"一带一路"

倡议走向深化之际，倘若既要实现《巴黎协定》下的国际法义务，又要促进"一带一路"倡议下的能源合作，就需尽快开展制度性设计研究，以期在维护中国国家核心利益的前提下，实现东道国与投资者的双赢格局。

第八章　本章认为，尽管美国总统特朗普宣布退出《巴黎协定》，然而，从国际法的角度来看，美国并未真正退出该条约。因为《巴黎协定》的条文规定明显限制了美国的退约行为。对此，国际法形式主义理论认为，正是基于法律形式的存在，国际法对美国的退约行为产生了相应的制度黏性。未来，对中国而言，一方面，应重视《巴黎协定》后续规则构建中的形式要件，积极把握规则设计的剩余权力。另一方面，也应与美国开展富有成效的对话与沟通，以期促成全球温室气体减排。

关键词：气候变化；巴黎协定；制度安排

目 录

CONTENTS

第一章

气候变化立法中的国家核心利益分析

2012 年《联合国气候变化框架公约》多哈会议的结束，在一定程度上预示着联合国气候变化谈判进入到一个新的发展时期。[1] 特别是随着欧美气候利益的趋于一致，中国将面临自哥本哈根谈判以来最为严峻的现实挑战。[2] 是以，在国内气候变化立法中彰显国家核心利益，不但能为中国外交话语权提供重要的制度支持[3]，而且也能为未来气候变化的治理路径提供最深厚的本土语境。因此，加强国家核心利益与气候变化立法关系的研究，无疑对于维护中国气候变化的根本利益具有重大而深远的意义。

一、国家核心利益的气候变化影响

2011 年 9 月，在《中国的和平发展》白皮书中，中国政府首次阐

---

[1] 2012 年 12 月结束的联合国气候变化多哈会议通过了一系列决议。一方面将《京都议定书》第二承诺期限定在 8 年；另一方面，也是最为重要的，它开始正式运作德班谈判进程，为制订新的气候变化协议开展相关工作。See UNFCCC/KP/CMP/2012/13/Add. 1, UNFCCC/CP/2012/8/Add. 1.

[2] 近年来，美国"页岩气革命"使其能源结构发生重大调整。根据美国能源信息署的报告，自 2005 年美国温室气体排放达到最高峰之后，其温室气体排放呈逐渐下降趋势，预计到 2040 年下降幅度将达到 28%。See U. S. EIA, *Annual Energy Outlook* 2013, Washington D. C.: EIA, p. 4. 这也就预示着美欧在全球气候变化政治议程中或将走向一致。

[3] 通过立法为国家对外关系服务是现代法治国家普遍采取的一种制度保障形式。在气候变化领域，如英国为积极推动国际气候谈判，2008 年通过了《气候变化法》，以宣示英国在温室气体减排上的决心。而与之相反的事例是美国，为拒绝批准《京都议定书》，美国参议院在 1997 年通过《伯德-哈格尔决议》，支持时任美国总统小布什的气候变化谈判立场。

明了国家核心利益的基本内容。其具体表述为："中国坚决维护国家核心利益。中国的国家核心利益包括：国家主权，国家安全，领土完整，国家统一，中国宪法确立的国家政治制度和社会大局稳定，经济社会可持续发展的基本保障。"❶ 从这一表述出发，气候变化与中国核心利益的相关性具体表现在如下四个方面：

（一）对领土完整的气候变化影响

近年来，在钓鱼岛、南海划界等海洋争端问题上中国与周边国家的交锋愈演愈烈。然而绝大多数人尚未意识到气候变化对国土的隐性威胁也在不断扩大。这突出地表现在海洋边界的陆地偏移、国土面积实际减少的可能性上。根据《联合国海洋法公约》的规定，一国海域面积的测算是以领海基线为准，而领海基线又以正常基线、直线基线以及混合基线三种方法划定。❷ 根据《中华人民共和国领海及毗连区法》，我国的领海基线划定是以直线基线为准。❸ 而《联合国海洋法公约》又明确规定直线基线的确定不能以低潮高地作为起讫点。❹ 基于此，根据国际法及我国国内法的规定，倘若气候变暖致使海平面上升，原本不是低潮高地的岛屿则会形成低潮高地❺，从而失去作为划定直线基线起讫点的功能，并可能造成领海基线向陆地一侧偏移，陆地面积存在被蚕食的可

---

❶ 参见国务院新闻办：《中国的和平发展》白皮书，http://www.gov.cn/zwgk/2011-09/06/content_1941258.htm（访问日期：2019-2-19）.

❷ 根据《联合国海洋法公约》的规定，正常基线是除公约另有规定外，沿海国官方承认的大比例尺海图所标明的沿岸低潮线。直线基线在该公约中没有给出直接定义，而采取了排除法方式。但实践中一般认为，直线基线是在沿岸国最外缘部分选取若干点作为起讫点，将这些点连接后形成的折线。而混合基线，则是沿岸国在不同情况下适用正常基线和直线基线后确定的基线。

❸ 《中华人民共和国领海及毗连区法》第3条第2款规定："中华人民共和国领海基线采用直线基线法划定。"

❹ 其具体表述为："除在低潮高地上筑有永久高于海平面的灯塔或类似设施，或以这种高地作为划分基线的起讫点已获得国际一般承认者外，直线基线的划定不应以低潮高地为起讫点"，来自《联合国海洋法公约》第7条第4款。

❺ 根据《联合国海洋法公约》第13、121条的规定，"低潮高地是指在低潮时四面环水并高于水面但在高潮时没入水中的自然形成的陆地；岛屿是指四面环水并在高潮时高于水面的自然形成的陆地区域"。

能性，进而威胁到国家领土完整。❶

（二）对国家安全影响日益加深

气候变化对国家安全构成威胁，近年来已得到国际社会的普遍认同，特别是在非传统安全领域，它所产生的影响更为深刻而严峻。❷ 就中国而言，气候变化对水资源、粮食和能源等安全要素产生的影响尤烈。❸ 气候变暖使中国冰川雪线上移，水资源变化明显，六大江河的流量多呈下降趋势，北旱南涝等极端天气增多。❹ 在粮食方面，气候变化不论是对中国粮食安全的脆弱区还是安全区都有一定影响，这种影响利弊并存，但以负面影响为主。例如近 20 年来，我国冬季增温明显，春旱加剧，使有些地区出现了土壤盐碱、荒漠化现象，降低了农业生产环境质量；而另一些地区则水土流失严重，土壤肥力损失较大，粮食减产严重。❺

此外更值得强调的是，气候变化对中国能源安全的影响则最为直接。这主要是因为中国的资源禀赋决定了我们以煤为主的能源结构，且

---

❶ 参见刘婀娜：《岛屿国土面积自然损失亟待重视》，载《人民日报》2013 年 3 月 6 日第 011 版。

❷ See Daniel Moran ed., *Climate Change and National Security*, Washington, D. C.：Georgetown University Press, 2011. R. Schubert et al., *Climate Change as A Security Risk*, London：Earthscan, 2008. Peter Schwartz & Doug Randall, "An Abrupt Climate Change Scenario and Its Implications for United States National Security," http://www.gbn.com/articles/pdfs/Abrupt% 20Climate% 20Change% 20February% 202004.pdf.（last visit on 2019-2-19）Oli Brown, Anne Hammill & Robert Mcleman, "Climate Change as the 'New' Security Threat：Implications for Africa," *International Affairs*, Vol. 83, No. 6, 2007, pp. 1141-1154. Kurt M. Campbell ed., *Climatic Cataclysm：The Foreign Policy and National Security Implications of Climate Change*, Washington, D. C.：Brooking institution Press, 2008.

❸ 参见张海滨著：《气候变化与中国国家安全》，时事出版社 2010 年版，第 97~113 页。Joanna I. Lewis, "Climate Change and Security：Examining China's Challenges in A Warming World," *International Affairs*, Vol. 85, No. 6, 2009, pp. 1195-1213.

❹ 参见国家发展和改革委员会：《中国应对气候变化国家方案》，2007 年，第 17~18 页。See Scott Moore, "Climate Change, Water and China's National Interest," *China Security*, Vol. 5, No. 3, 2009, pp. 25-39. See also The Leadship Group on Water Security in Asia, *Asia's Next Challenge：Securing the Region's Water Future*, New York：Asia Society, 2009, pp. 27-30.

❺ 参见殷培红著：《气候变化与中国粮食安全脆弱区》，中国环境科学出版社 2011 年版，第 140 页；居辉等著：《气候变化与中国粮食安全》，学苑出版社 2008 年版，第 7 页。

这种状况在未来相当长一段时间内不会发生根本改变。然而，应对气候变化要求的温室气体减排必然会对中国能源利用产生极大的限制，由此将严重威胁到中国未来的能源安全。

（三）对国家主权形成挑战

气候变化对国家主权形成挑战，在国际上最明显的事例乃是各国在北极地区的主权争夺。❶ 毫无疑问，随着气候变暖的持续，这一问题会继续升温，未来北极地区的争夺也会愈演愈烈。然而，气候变化对国家主权的挑战远非仅仅如此。自哥本哈根气候变化谈判以来，一些发达国家不断对中国等发展中国家应对气候变化的减缓行动提出进行国际衡量、报告和核实的要求❷。尽管《哥本哈根协议》最终未认同这一要求❸，但随着未来气候变化谈判的深入，特别是温室减排束缚的加强，中国气候主权仍将面临这方面的艰巨挑战。❶

（四）对经济可持续发展的制约

碳排放权是国际社会在应对气候变化过程中逐渐形成的一种新的发

---

❶ See Scott G. Borgerson, "Arctic Meltdown: The Economic and Security Implications of Global Warming," *Foreign Affairs*, Vol. 87, No. 2, 2008, pp. 63-77. 李学江：《加拿大总理将再赴北极地区宣示主权》，载《人民日报》2012 年 8 月 19 日第 3 版。［美］约翰·帕奇：《争夺北极：美加联手对付俄罗斯》，载《世界报》2009 年 5 月 27 日第 16 版。

❷ See Jane Ellis and Kate Larsen, "Measurement, Reporting and Verification of Mitigation Actions and Commitments," *OECD & IEA Report*, 2008. Clare Breidenich & Daniel Bodansky, "Measurement, Reporting and Verification in A Post-2012 Climte Agreement," *Report of the Pew Center on Global Climate Change*, 2009.

❸ 在中国等发展中国家的强烈反对下，《哥本哈根协议》最终妥协性地规定为："非附件一缔约方的缓解行动将由本国各自加以衡量、报告和核实，其结果将通过国家信息通报每两年报告一次。非附件一缔约方将通过国家信息通报提供关于行动执行情况的信息，为此须安排国际磋商和分析，此种磋商和分析应依据能确保国家主权得到尊重的明确界定的指南。……对这些得到支助的适合本国的缓解行动加以国际衡量、报告和核实。" See UNFCCC/CP/2009/11/Add. 1.

❶ See Yuri Okubo, Daisuke Hayashi & Axel Michaelowa, "NAMA Crediting: How to Assess Offsets from and Additionality of Policy-based Mitigation Actions in Developing Countries," *Greenhouse Gas measurement and Management*, Vol. 1, No. 1, 2011, pp. 37-46.

展权。● 是否给予发展中国家碳排放权，以及以何种方式分配碳排放空间，无疑对于这些国家的可持续发展具有重大意义。特别是对于中国而言，碳排放权具有更为深远的战略影响。这是因为中国经济正处于向可持续发展的转型时期，赋予碳排放权及合理分配碳排放空间是保障中国平稳转型的关键。● 但近年来，发达国家通过各种方式不断向中国施压，要求中国加大减排，限制碳排放，● 这势必对我国未来经济的可持续发展形成严峻的"碳"桎梏。

二、国家核心利益的气候变化立法诉求

如前所述，气候变化与国家核心利益之间存在着诸多密切的联系。因此，维护在气候变化领域内的国家核心利益就成为中国的现实需要和紧迫任务。而当前中国所处的现实情境又决定了中国应尽快将国家核心利益纳入到气候变化立法中。这具体表现在以下三个方面：

（一）国际气候变化谈判的现实需要

联合国气候变化谈判在德班谈判进程中发生了一定变化，这表现为：第一，气候变化谈判改变了自哥本哈根谈判以来的双轨制谈判模

● 参见杨泽伟：《碳排放权：一种新的发展权》，载《浙江大学学报》（人文社会科学版）2011年第3期，第40~49页。

● See Zhongxiang Zhang, "In What Format and under What Timeframe would China Take on Climate Commitments? A Raodmap to 2050," *International Environment Agreement*, Vol. 11, 2011, pp. 245-259. See also Haakon Vennemo, Kristin Aunan, He Jianwu, Hu Tao & Li Shantong, "Benefits and Costs to China of Three Different Climate Treaties," *Resource and Energy Economics*, Vol. 31, 2009, pp. 139-160.

● 例如欧盟计划从2012年开始，将所有国家的航空业排放纳入其碳排放交易权体系，实行单边航空碳排放税。但遭到中国、美国、俄罗斯和印度等排放大国的反对。最终在国际民航组织的安排下，欧盟同意在《巴黎协定》出台后，根据《巴黎协定》的规定进行航空碳排放税的安排。此外，一些学者也不断怂恿美国政府尽早针对中国开征"碳关税"或对中国对外贸易进行碳限制。See Adam J. Moser, "Pragmatism not Dogmatism: the Inconvenient Need for Border Adjustment Tariffs Based on What is Known about Climate Change, Trade, and China," *Vermont Journal of Environmental Law*, Vol. 12, 2011, pp. 675-711. See also Michael P. Vandenbergh, "Climate Change: the China Problem," *Southern California Law Review*, Vol. 81, No. 5, 2008, pp. 905-958.

式。自 2006 年《京都议定书》和 2007 年《联合国气候变化框架公约》下分别设立特别工作组以来，整个联合国气候变化谈判一直在双轨制的谈判模式下进行。然而，2012 年多哈会议上正式关闭了长期合作行动特设工作组，将联合国气候变化谈判纳入到德班平台单轨制谈判模式下。❶ 无疑，如何在单轨制下维护"共同但有区别的责任"原则，将是中国不得不面对的一个现实问题，即使到 2019 年 5 月，这一问题亦没有改变。

第二，德班平台开启了制订新的气候变化协议的谈判。根据德班决议，应在 2015 年或之前拟订出一个可在 2020 年开始生效和执行的、适用于所有缔约方的议定书、另一国际文书或某种具法律拘束力的议定结果。❷ 显然，中国将面临一个在时间上紧迫、在选择形式上受限的多重谈判考验，特别是新的气候变化协议是否能真正反映中国利益，将对 2020 年后国内温室气体减排的形式与内容均产生实质性的影响。这一情况，在《巴黎协定》后的谈判中亦是中国关注的焦点。

第三，谈判形势发生一定变化。这种变化最主要的是来自于美国。由于其国内非常规气开采技术的突破，美国温室气体排放开始明显下降。因此，在德班谈判进程中，美国一改在气候变化问题上踟蹰不前的谈判立场，重拾在气候政治中的领导权；❸ 并与欧盟联合起来对发展中国家，特别是发展大国的温室气体减排提出强硬要求。毫无疑问，美国在应对气候变化立场的转变，将使中国不得不考虑加强与美国的气候变化合作，以促成德班谈判产生富有成效的战果，《巴黎协定》的出台从另一方面也证明了这一点。

是以，新的国际气候变化谈判情境要求中国必须尽快采取相应举措。而作为一种国内气候变化制度的安排，在气候变化立法中彰显国家核心利益无疑有助于支持中国在气候变化谈判进程中的外交活动。尤其

❶ 张梦旭：《多哈气候大会达成一揽子协议》，（人民网）http://world. people. com.cn/n/2012/1210/c1002-19839662.html.（访问日期：2019-2-19）

❷ See UNFCCC/CP/2011/9/Add. 1.

❸ 参见张琪：《美国将告别气候变化不作为》，载《中国能源报》2013 年 1 月 28 日第九版。

是一旦中国处于谈判困境时，这种制度彰显，将无疑成为最有力地维护国家气候主权的一道屏障。

（二）国内低碳经济发展的迫切要求

低碳经济发展是随着全球应对气候变化的加深而提出的新的发展理念。[1] 它要求经济发展应建立在低碳基础之上，并将其作为衡量经济发展是否科学的一个重大指标。改革开放以来，中国经济的高速发展受到世界各国瞩目。然而，我们经济中却存在着高消耗、低产出的发展弊端，改变这一发展模式无疑是未来中国经济可持续发展的根本要求。显然，应对气候变化带来的低碳经济理念与中国经济转型具有相当大的切合性。加强低碳经济发展不仅有利于应对气候变化，而且也有助于中国寻找到新的经济增长点。[2]

但需要强调的是，到目前为止低碳经济尚没有形成一条成熟的发展路径，世界各国都在不断的探索之中。同样，中国低碳经济发展也面临着路径选择问题。一方面，西方的低碳经济发展模式并不完全适合中国。这是因为这些国家与中国有着不同的发展情境。首先，发达国家，特别是欧盟允许在一定程度上为了温室气体减排而适度放缓经济发展，是一种直接应对气候变化的低碳经济发展模式。[3] 而中国关注的是"发展式"的应对气候变化，将发展作为应对气候变化的考量中心。[4] 其次，发达国家低碳发展建立的基点较高，对经济产生的破坏较小，并能在短期内实现经济的再增长。而中国低碳经济建立的起点低，如若单纯减排温室气体，势必会对国内经济产生较大冲击。

另一方面，中国低碳经济也存在一个发展度的问题。近年来，虽然

---

[1] "低碳经济"一词最早出现在英国 2003 年能源白皮书中，该白皮书的题目为《我们的能源未来——创建低碳经济》。

[2] See Scott Moore, "Strategic Imperative? Reading China's Climate Policy in terms of Core Interests," *Global Change*, *Peace & Security*, Vol. 23, No. 2, 2011, pp. 147-157.

[3] See Nicholas Stern, "The Economics of Climate Change," *The American Economic Review*, Vol. 98, No. 2, 2008, p. 11.

[4] See Dongsheng Zang, "Green from Above: Climate Change, New Development Strategy, and Regulatory Choice in China," *Texas International Law Journal*, Vol. 45, 2009, pp. 201-232.

中国低碳经济发展迅猛，特别是在新能源战略性产业方面居于世界前列，❶ 但同时中国低碳经济也面临着发展无序、发展过度的问题。例如，主要出口国外的太阳能光伏产业，一方面产能过剩，另一方面又遭到欧美反倾销反补贴诉讼，发展呈现低迷状态，甚至一些大型的太阳能光伏企业最终不得不选择破产。❷ 而国内发展势头正盛的风能发电，也因为不能及时解决并网发电问题，而出现大规模的"弃风"现象，造成资源的巨大浪费。❸

由此可见，尽管应对气候变化为中国向低碳经济转型提供了合法性依据❹，但中国低碳经济发展所面临的制度选择和发展度的问题却迫切需要一个衡量体系和标准。而在这一方面，国家核心利益恰恰是最适宜的判别标准。因为只有将国家核心利益纳入到气候变化立法中，才能正确识别和借鉴国外低碳发展模式是否适合中国，才能最深刻地理解气候变化的本土语境；也唯有如此，才能为无序的低碳发展提供一个度的标准。

（三）能源安全保障的艰巨任务

应对气候变化与保障能源安全之间存在着一定张力。从长远来看，应对气候变化的行动有利于能源结构调整，也有助于实现能源利用的多元化，进而益于从根本上保障能源安全。但从短期来看，应对气候变化

---

❶ 根据非政府组织"21 世纪可再生能源政策网络"发布的可再生能源全球状况报告（Renewable Global Status Report），到 2018 年，中国仍是全球最大的可再生能源投资国。See REN 21, Renewable Global Status Report 2019, Paris：REW 21, 2019, p. 25.

❷ 参见李永强、钟争燕：《美确定对我光伏反补贴初裁税率》，载《中国能源报》2012 年 3 月 28 日第 002 版；孙天仁、刘歌、管克江：《欧盟商议对中国光伏产品征收反倾销税》，载《人民日报》2013 年 5 月 9 日第 022 版；刘洋编译整理：《从无锡尚德破产看光伏业走向》，载《中国能源报》2013 年 4 月 1 日第 010 版。

❸ 参见蒋学林：《风电弃风问题亟待解决》，载《中国电力报》2012 年 8 月 6 日第 003 版。李跃群、欧昌梅：《去年中国风电弃风比例超 12% 相当于 330 万吨标煤损失》，载《东方早报》2012 年 9 月 19 日第 A35 版。

❹ See Jorgen Delman, "China's 'Radicalism at the Center'：Regime Legitimation through Climate Politics and Climate Governance," *Journal of Chinese Political Science*, Vol. 16, 2011, pp. 183-184.

又要求对传统能源利用的限制乃至放弃，这对能源安全又形成现实冲击。就中国而言，这种张力体现得尤为明显。

首先，中国能源结构短期内难以发生根本改变。到 20 世纪 80 年代，西方已完成工业革命以来能源结构由煤向多元化发展的路径，这里面既有政治成因，也有从国家战略角度出发的考虑。❶ 而同一时期，中国经济的起飞却完全与煤炭能源联系在一起，时至今日这种格局未有打破；自然禀赋决定了这一点，中国经济的发展阶段也决定了这一点。因此，在不同的能源情境下，特别是在发达国家已改变了以煤为主的能源结构之时，中国应对气候变化与之相比存在更多的困难。

其次，新能源尚无法独撑经济建设的发展需要。中国一直大力推动新能源和可再生能源发展。但即使如此，到 2017 年，中国非化石能源也仅占到能源消费总量的 13.8%。故而，仅依靠新能源是无法完全满足国内经济实际发展需要的，其仅仅是传统能源的一个有益补充，尚不能替代化石能源在国民经济中的支撑作用。

最后，能源安全保障体系有待进一步加强。1993 年，中国从石油净出口国转变为净进口国之后，能源安全问题日益凸显。2003 年起，我国提出"开源节流"的安全观❷，一方面加强国内能源建设，通过西气东输等重点项目扩大天然气等资源的利用；另一方面则着手于多边能源外交，与中东、非洲等石油出口国进一步强化能源合作，与俄罗斯等独联体国家以及缅甸加紧能源管网建设。毫无疑问，这些都有助于保障中国的能源安全。然而必须承认的是，我们能源安全保障体系的构建仍滞后于经济发展的现实需要，未来能源安全保障亟待进一步强化。

是以，正是基于中国能源安全与应对气候变化之间存在着迥异于其

---

❶ 毫无疑问，西方现代化的开启是建立在煤炭之上的；没有煤炭，亦没有西方的现代文明。参见吕江、谭民：《能源立法与经济转型——以英国工业革命缘起为中心》，载中国法学会能源法研究会编：《中国能源法研究报告 2011》，立信会计出版社 2012 年版，第 34~45 页。而摒弃煤炭，向能源多元化发展，西方国家却走了不同的道路。例如：英国是通过国内政治变革实现的，日本是从国家战略角度出发的，而美国则依赖石油的经济成本改变了能源结构。

❷ 参见杨泽伟：《中国能源安全问题：挑战与应对》，载《世界经济与政治》2008 年第 8 期，第 52~60 页。

他国家的张力关系，因此，在气候变化立法中体现国家核心利益，才可防止出现不顾中国能源安全的现实，"跃进式"的温室气体减排。更值得深思的是，从各国应对气候变化的制度变迁来看，那些积极支持减排的国家都是在能源结构发生变化、形成多元化能源发展路径的情形下才作出相关的减排承诺。而中国不同的能源情境需要我们在气候变化立法时应更多地强调能源结构的转型这一关键要素。

三、气候变化立法中国家核心利益彰显的具体设计

毋庸讳言，无论是对气候变化的关切，还是当前中国的应对现实，都决定了在气候变化立法中应当彰显出国家核心利益。这不仅是由于中国迥异于西方的气候变化意蕴，而且也是因为制度设计的多元性需要存在一个衡量的体系和标准。此外，更值得一提的是，在气候变化立法中明确地规定国家核心利益，无疑会对中国在德班谈判进程中的话语权提供最为有力的制度支持。至于如何彰显，我们认为应从以下四个方面具体设计。

（1）应在总则部分规定国家核心利益原则。根据国内不同学者和研究团队的研究，法学领域形成的基本共识是：我国的气候变化立法应不同于欧美的政策法模式，应是一种混合型的总分模式，即应由总则和分则两部分构成，总则部分涉及原则和基本制度的规定，分则部分具体规定各种不同的应对气候变化制度的具体操作。[1] 显然，这种制度安排是经过缜密思考的，符合我国应对气候变化的现实情况；同时也沿袭了传统的中国立法路径，更易于被社会大众所接受。因此，基于这样一种设计格局，我们认为，国家核心利益应作为应对气候变化法的一个基本原则提出，规定在总则部分。

---

[1] 在气候变化立法的理论构建方面，廖建凯著：《我国气候变化立法研究：以减缓、适应及其综合为路径》，中国检察出版社 2012 年版；郭冬梅著：《应对气候变化法律制度研究》，法律出版社 2010 年版；以及李艳芳：《各国应对气候变化立法比较及其对中国的启示》，载《中国人民大学学报》2010 年第 4 期，第 58~66 页。在气候变化立法实践方面，2012 年 4 月中国社会科学院法学研究所研究团队出台的《中华人民共和国气候变化应对法》（社科院建议稿），都体现了中国气候变化应对法应走综合性和总分的立法模式。

这种制度设计：一方面是由于国家核心利益乃是一种理念范畴，放在分则部分不适宜具体操作；另一方面，国家核心利益作为一项原则提出，可以起到统摄全局的作用。特别是在分则中对各种不同应对气候变化制度进行选择时能起到平衡和规范的作用。

（2）应将国家核心利益原则置于总则原则部分的首位。应对气候变化法的总则部分必然包括一系列的原则规定，如可持续发展原则、减排与适应并重原则等。我们认为，国家核心利益原则应置于总则原则部分的首位。这是出于以下三点考虑：

首先，国家核心利益原则具有对外适用的标准属性，而其他原则均不涉及这一方面。从国家核心利益的概念阐述可以看出，它在整个国家的对外关系中居于核心地位，因为无论涉及何种议题，核心利益始终是一个原则问题，而在国际关系中当涉及一个国家的原则问题时是不容协商和讨论的，因此只有在不违背该原则的情况下，才会与之开展相应的外交合作。所以也可以说它是中国参与气候变化谈判、应对气候变化国际合作的基础，而其他原则显然没有体现出这一点。此外，国家核心利益原则尽管是规定在国内法中，但却具有较强的对外属性，一旦未来在全球应对气候变化中出现域外管辖的情形，中国完全可以依此将主动权牢牢掌控在自己手中。

其次，国家核心利益原则具有原则类属的优先性。应对气候变化的各种制度规则无疑应是建立在原则基础之上的。当依某一原则建立相应制度时，极有可能发生这一具体制度中的某一规则与国家核心利益原则相违背的情形；此时，国家核心利益原则应居于优先地位，其他与之相冲突的规则必须加以修改，以适应国家核心利益原则的要求。这样规定的优势在于，国家核心利益原则不仅是其他具体制度的选择标准，而且也是其他原则之间发生冲突的决断标准。

最后，其他原则只涉及应对气候变化的某一方面，而国家核心利益原则具有更高的统摄性。应对气候变化法中的可持续发展原则、减排与并重原则以及其他原则都仅仅涉及应对气候变化的某一方面，而从国家核心利益原则的概念来看，它的内涵和外延都远远丰富于其他原则，因此在应对气候变化制度安排中，其所涉及内容最为广泛，更具统摄性。

（3）国家核心利益原则应准确表述。我们认为，应对气候变化法中的国家核心利益原则应表述为："应对气候变化应坚持国家核心利益原则。国家核心利益原则是我国参与国际应对气候变化谈判与活动的根本准则，是对外开展应对气候变化国际合作的基本条件，是国内应对气候变化制度安排和开展活动的首要前提。"这样表述是基于以下三点考虑：

首先，无须重复国家核心利益原则的基本概念。这是因为：一方面，国家核心利益的概念已由白皮书《中国的和平发展》（国务院新闻办公室 2011 年 9 月 6 日发表）正式提出并予以明确表述；另一方面，这一概念中没有直接提及气候变化问题。此外，从法律技术角度来看，也不宜直接写入这一概念，这样可为气候变化制度安排提供更为动态的扩展空间。

其次，须阐明国家核心利益对气候变化的关切。因为国家核心利益概念中没有明确表述气候变化问题，所以此处有必要阐明国家核心利益与气候变化的关系，而且这种关系应体现在国家核心利益与应对气候变化行动之间的联系上。

最后，须体现国家核心利益的地位和范畴。国家核心利益在应对气候变化领域的范畴将是国内和国际两个方面的：国际上主要是参与气候变化谈判；国内则一方面涉及气候变化的国际合作，另一方面则是涵盖应对气候变化法在内的一系列制度安排上。而对国家核心利益原则在应对气候变化领域的地位而言，它应是基础性的，是对外对内一切制度安排和行动的根本。

（4）国家核心利益原则应是具体规则设计的准绳。气候变化立法中的适应与减排的规则设计应紧密围绕其展开，而不是背离这一准绳。基于这种考虑，是因为：

一方面，存在一种将国外减排制度直接适用于国内应对气候变化的倾向。这种思潮在国内应对气候变化中的减排方面较为突出。主要体现在意欲将欧盟碳排放交易（EU-ETS）模式直接应用到中国的温室气体减排中。然而实际是，欧盟碳排放交易模式自其产生之日就存在诸多问题。❶ 因此，在一种国外应对气候变化的制度安排尚未体现其成熟性时，就急于将其应用于国内，显然会造成中国应对气候变化的"水土不服"。

另一方面，也存在一种将环境保护理念置于一切之上的不良倾向。应对气候变化是一种积极的环境保护举措，这是毋庸置疑的。然而，倘若不能在环境保护与经济发展之间寻找到一种平衡，而一味地将环保理念置于首位，这不仅会对真正的环境保护造成破坏，而且会产生一种链条式的负面影响，从而会引起多方面的社会制度崩溃。因此，应以国家核心利益原则作为判别标准，抓住应对气候变化中适于经济发展的一面，在进行能源变革的同时，切实实现真正的环境保护。❷

---

❶　参见大卫·科洛宁：《欧盟碳交易机制应终止》，载《中国能源报》2013年6月3日，第009版。

❷　当前，中国国内多个城市出现雾霾天气。究其原因，主要是由于能源企业排放造成的，特别是火电。因此，要从根本上解决这一环境问题，就要进行相应的能源变革，促进能源技术创新和新能源的引入。

/ 第二章 /

气候变化法的发展演变

气候变化是 21 世纪人类社会面临的最为严峻的挑战，也是当今世界各国普遍关注的全球性问题。是以，通过适当的制度安排（无论是国内的还是国际的）来解决当前气候变化问题业已成为全球共识。然而，制定一份什么样的气候变化法，才是科学的，才是为全社会所接受的，这始终是立法研究者不断反思的焦点问题。[1] 为此，本章意欲从气候变化立法的制度变迁出发，通过史实性的考察与剖析，为世界及中国的气候变化立法提供一种历史制度主义的观念维度。

一、气候变化立法的世界进程：科学、政治与制度

从全球应对气候变化的演变来看，其制度变迁经历了如下三个阶段，科学—政治—制度安排，而且这种发展趋势目前仍处于一个不断演化的进程中。

（一）由科学问题转为政治问题：《联合国气候变化框架公约》的建立

19 世纪初，法国物理学家约瑟夫·傅立叶提出一个看似简单而实则不然的问题，即是什么决定了一个像地球这样的星球的平均气温？至此，人类开始踏上研究气候变化问题的科学之路。1896 年，一位瑞典

---

[1] 参见吕江：《科学悖论与制度预设：气候变化立法的旨归》，载《江苏大学学报（社会科学版）》2013 年第 4 期，第 7~13 页。

科学家阿列纽斯在研究冰河时代之谜时，通过计算得出一个研究结果：若大气中的二氧化碳含量增加一倍，就会导致地球温度升高 5℃ ~ 6℃。1938 年，一位名不见经传的英国工程师盖伊·斯图尔特·柯兰达在英国皇家气象协会的会议上，更是大胆地提出一个论断：是人类的工业，是我们到处都在使用的矿物燃料，释放出的上百万吨二氧化碳正在改变着我们的气候。

自 20 世纪 50 年代开始，随着一系列事件的发生，气候变化问题逐渐向政治议题靠拢。1951 年，世界气象学组织建立（它后来成为联合国的一个专门机构），为气候学研究提供了重要的组织和资金支持。另一个值得关注的是环境问题开始进入人类的视线。人们从担心贫困转向了担心健康状况，1953 年伦敦严重的雾霾天气，使人们意识到大气污染对人类有着致命的危险性。1963 年美国科学家基林等人发表了一份报告，指出地球中二氧化碳的含量在不断增加，这可能会导致 21 世纪地球的气温升高 4℃，而这将可能引发冰川融化、海平面上升等一系列严重后果。20 世纪 70 年代，印度、美国、俄罗斯和非洲出现大面积的干旱，并引起了粮食的歉收，饥荒问题再一次引起公众对气候变化问题的关注。80 年代开始，科学家们通过不同的研究，不断表明全球气候变暖正在成为人类社会最大的气候威胁。❶

1988 年，在来自科学家、公众甚至官员要求建立一个全球性气候变化研究组织的呼声不断加强的压力下，世界气象学组织和联合国环境署成立了政府间气候变化专门委员会（IPCC），负责联合世界各国的科学家对全球气候变化进行科学研究。❷ 1990 年，IPCC 提交了《第一次气候变化评估报告》，其中指出，温室气体是造成全球气温升高的主要原因，而来自人类的排放对温室气体的增加产生了实质性的影响，如果

---

❶ 参见 ［美］斯潘塞·R. 沃特著：《全球变暖的发现》，宫照丽译，外语教学与研究出版社 2007 年版，第 137~150 页。

❷ See Bert Bolin, *A History of the Science and Politics of Climate Change*：*The Role of the Inter-governmental Panel on Climate Change*，Cambridge：Cambridge University Press，2007，pp. 49-52.

不对这种排放加以控制，将导致更为严重的后果。[1] 为此，1990 年联合国大会通过了第 45/212 号决议，成立气候变化公约政府间谈判委员会（Intergovernmental Negotiating Committee，INC，以下简称"政府间谈判委员会"），具体负责《联合国气候变化框架公约》的谈判和制订工作，以期在 1992 年召开的联合国环境与发展大会上得以签署。

1992 年联合国环境与发展大会在巴西里约热内卢召开，会议通过了具有历史性意义的《联合国气候变化框架公约》。该公约的目标旨在"将大气中温室气体的浓度稳定在防止气候系统受到危险的人为干扰的水平上"[2]。并且强调这一目标的实现是在尊重发达国家与发展中国家不同的历史责任和各自能力的基础上，并在坚持"共同但有区别的责任"原则前提下完成的。[3] 包括中国、美国在内的 195 个国家批准了该公约。[4] 至此，气候变化问题从一个完全是科学研究的议题转向了一个政治议题。[5]

（二）由政治问题转为制度安排问题：《京都议定书》到《哥本哈根协议》

《联合国气候变化框架公约》是世界上第一个全面控制二氧化碳等温室气体排放、应对全球气候变暖的国际公约，也是国际社会在应对全球气候变化、进行国际合作的基本框架。[6] 自 1994 年公约生效后，缔约

---

[1] See IPCC First Assessment Report，1990. http://www.ipcc.ch/ipccreports/far/IPCC_1990_and_1992_Assessments/English/ipcc-90-92-assessments-overview.pdf.（last visit on 2018-4-3）

[2]《联合国气候变化框架公约》第 2 条。

[3] 参见《联合国气候变化框架公约》序言。

[4] See UNFCCC, Status of Ratification of the Convention，http://unfccc.int/essential_background/convention/status_of_ratification/items/2631.php.（last visit on 2018-4-3）

[5] 关于《联合国气候变化框架公约》缔结的详细内容，可参阅吕江著：《气候变化与能源转型：一种法律的语境范式》，法律出版社 2013 年版，第 15 ~ 38 页。See also Daniel Bodansky，"The United Nations Framework Convention on Climate Change：A Commentary，" *Yale Journal of International Law*，Vol. 18，1993，pp. 451-558.

[6] See Michael Grubb，Matthias Koch，Koy Thomson，Abby Munson & Francis Sullivan，*The "Earth Summit" Agreement：A Guide and Assessment*，London：Earthscan，1993，pp. 70-73.

方每年召开一次缔约方大会（Conferences of the Parties, COPs）❶。然而，《联合国气候变化框架公约》并没有规定各个国家的具体减排份额，因此，制定一份具有法律拘束力、能够规定各国具体减排分配的议定书就提到联合国气候变化缔约方大会的法律日程上。

1997 年联合国气候变化第 3 次缔约方大会在日本京都举行，会上通过了《京都议定书》（Kyoto Protocol），对 2012 年前主要发达国家减排温室气体的种类、减排时间表和额度等作出具体规定。❷ 根据议定书的规定，占全球温室气体排放量 55% 以上的至少 55 个国家批准，《京都议定书》才能成为具有法律约束力的国际公约。然而，2001 年，布什政府以"减少温室气体排放将会影响美国经济发展"和"发展中国家也应该承担减排和限排温室气体"为借口，宣布拒绝批准《京都议定书》。❸ 美国的行为给全球温室气体减排蒙上了一层阴影。所幸的是，俄罗斯的批准达到了议定书生效的要求，2005 年《京都议定书》正式生效。它成为人类历史上首次以法律形式限制温室气体排放的国际文件。❹

2007 年《联合国气候变化框架公约》第 13 次会议暨《京都议定书》第 3 次缔约方会议在印度尼西亚巴厘岛举行，会议着重讨论了"后京都"问题，即《京都议定书》第一承诺期在 2012 年到期后如何进一步降低温室气体的排放。会上通过了"巴厘路线图"（Bali Road-

---

❶ 《联合国气候变化框架公约》缔约方大会到 2018 年为止，共召开了 24 次会议。

❷ 《京都议定书》规定从 2008 年到 2012 年期间，主要工业发达国家的温室气体排放量要在 1990 年的基础上平均减少 5.2%，其中欧盟将 6 种温室气体排放削减 8%，美国削减 7%，日本削减 6%，加拿大削减 6%，东欧各国削减 5% 到 8%，新西兰、俄罗斯和乌克兰可将排放量稳定在 1990 年水平上。议定书同时允许爱尔兰、澳大利亚和挪威的排放量分别比 1990 年增加 10%、8% 和 1%。

❸ See The Whitehouse, "President Bush Discusses Global Climate Change," http://georgew-bush-whitehouse.archives.gov/news/releases/2001/06/20010611-2.html. (last visit on 2019-4-3)

❹ See Peter D. Cameron & Donald Zillman ed., *Kyoto: From Principles to Practice*, Kluwer Law International, 2001, pp. 3-26. 关于《京都议定书》的谈判过程及各国的立场，See Michael Grubb, *The Kyoto Protocol: A Guide and Assessment*, London: The Royal Institute of International Affairs, 1999. See also Peter D. Cameron & Donald Zillman ed., *Kyoto: From Principles to Practice*, Kluwer Law International, 2001.

map），启动了加强《联合国气候变化框架公约》和《京都议定书》全面实施的谈判进程，致力于在 2009 年年底前完成《京都议定书》第一承诺期 2012 年到期后，全球应对气候变化新安排的谈判并签署有关协议。❶

2009 年 12 月 7 日，联合国气候变化大会在丹麦首都哥本哈根如期召开，全世界 119 个国家的领导人和国际组织的负责人出席了会议。此次会议的召开向世界宣示了国际社会应对气候变化的希望和决心，也体现了各国加强国际合作、共同应对挑战的政治愿景。然而，会议进程并不顺利，在对 2012 年后温室气体的减排目标、对发展中国家的技术转让和资金支持以及发展中国家是否承担减排义务等方面存在严重分歧，会议几乎以失败而告终。12 月 19 日在经过马拉松式的艰难谈判后，联合国气候变化大会最终达成不具法律约束力的《哥本哈根协议》。❷

（三）由制度安排问题转为重构制度问题：气候变化谈判德班平台的开启

《哥本哈根协议》的通过并没有最终解决 2012 年之后全球温室气体减排的具体承担义务问题。因此，2010 年联合国在墨西哥坎昆召开了第 16 次缔约方会议，并在会上通过了《坎昆协议》。然而，尽管《坎昆协议》进一步深化了自"后京都"谈判以来的各项成果，但仍如同《哥本哈根协议》一般，在关于"《京都议定书》的命运、未来气候机制的法律形式和结构，以及发达国家与发展中国家不同待遇的性质和范围上仍没有得到根本性的解决"。❸

2011 年联合国气候变化大会第 17 次大会即德班会议在南非德班召

---

❶ See "The United Nations Climate Change Conference in Bali," http://unfccc.int/meetings/cop_13/items/4049.php. (last visit on 2019-4-3)

❷ 关于《哥本哈根协议》通过的具体情况，可参见吕江：《〈哥本哈根协议〉：软法在国际气候制度中的作用》，载《西部法学评论》2010 年第 4 期，第 109~115 页。

❸ Lavanya Rajamani, "The Cancun Climate Agreement: Reading the Text, Subtext and Tea Leaves," *International & Comparative Law Quarterly*, Vol. 60, No. 2, 2011, pp. 499-519.

开。这次会议上，欧盟抛出了气候变化路线图，企图将美国和中国等发展中国家纳入到全球强制减排行列中。但美国始终坚持自《京都议定书》以来的一贯拒绝立场；而中国、印度等发展中国家则强调平等的可持续发展权，以及不可动摇的"共同但有区别的责任"原则。会议最终达成了一系列的德班决议。其中，通过了《京都议定书》第二期的承诺安排，即《京都议定书》第二期承诺从 2013 年 1 月 1 日起生效，到 2017 年或 2020 年 12 月 31 日结束，发达国家到 2020 年将温室气体排放总量在 1990 年的基础上减少 25% 至 40%。❶ 然而，加拿大、俄罗斯和日本已明确表示不参加《京都议定书》第二期承诺，美国则一直拒绝承诺强制减排，因此，《京都议定书》第二期承诺将主要由欧盟国家来完成。但是更为令人遗憾的是，德班会议结束第二天，加拿大就突然宣布退出《京都议定书》，这无疑给本来就羸弱的全球温室气体减排又蒙上了一层阴影。❷

（四）德班平台下对中国应对气候变化的挑战

自 2012 年联合国气候变化大会第 18 次大会即多哈会议起，全球气候变化谈判进入到了另一个新的谈判框架下，即德班平台。德班平台的主要特点在于，其开启了联合国气候变化谈判的单轨制模式。同时，这也使中国进入到一个新的谈判阶段。具体而言，它所带来的问题和挑战表现在如下三个方面：

（1）单轨制是联合国气候变化双轨制谈判终结后创设的一种新的谈判模式。

2005 年蒙特利尔气候变化大会启动了一个在《京都议定书》框架下，由 157 个缔约方参加的 2012 年后发达国家温室气体减排责任的谈判进程，为此专门成立了一个新的工作组，即《京都议定书》特设工

---

❶ See UNFCCC, Outcome of the Work of the Ad Hoc Working Group on Further Commitments for Annex I Parties under the Kyoto Protocol at Its Sixteenth Sessiion.

❷ See Ian Austen, "Canada Announces Exit from Kyoto Climate Treaty," *The New York Times*, 2011-12-13, A10.

作组（AWG-KP），并于2006年5月开始工作。这一工作组的成立打破了原有联合国气候变化谈判模式，启动了双轨制的气候变化谈判进程。2007年在印尼巴厘岛召开的《联合国气候变化框架公约》第13次缔约方大会上，又成立了一个长期合作特设工作组（AWG-LCA），最终完成了双轨制的气候变化谈判的模式构架。

不言而喻，双轨制谈判模式启动的直接动因是为了将美国纳入到全球控制气候变化的谈判进程中来（美国是当时全球最大的温室气体排放国，但却不是《京都议定书》的缔约国）。但谈判后期发生了新的变化，欧盟等发达国家不仅希望将美国，而且也意图将包括中国在内的其他发展中排放大国纳入到强制减排行列中，提出放弃双轨制，采取单轨制的谈判模式。实际上，这种主张背离了双轨制谈判模式设计的初衷，最终它演变成发达国家与发展中国家不同的应对气候变化谈判立场平台。而双轨制谈判模式也成为维护和体现"共同但有区别的责任"原则的具体表现形式。

从2006年至2012年，联合国气候变化双轨制谈判模式运行了6年，直到2011年德班会议上通过了"德班一揽子决议"，决定建立"德班平台"，取代长期合作特设工作组的工作。2012年，工作组被正式关闭，与此同时，"德班平台"下构建新的国际谈判机制则开始工作。至此，气候变化双轨制谈判模式终结，联合国气候变化谈判进程在"德班平台"下进入单轨制谈判模式。

（2）德班平台单轨制谈判模式将主导未来联合国气候变化国际制度的发展方向。

尽管2012年气候变化多哈会议通过的一揽子决定中依然重申"共同但有区别的责任"原则，但未来联合国气候变化谈判将建立在"德班平台"单轨制下已成既定事实。特别是2012年多哈会议上关闭长期合作特设工作组的事实，和2013年4月下旬德班平台第二次工作会议在德国波恩的召开，都体现了这种发展趋向。

这一系列的联合国气候变化谈判进程的新动向均表明，随着《京都议定书》的逐渐边缘化（加拿大的退出，日本、俄罗斯等国的不承担第二期减排承诺，以及欧盟拒绝量化指标等都是明显的表现），缘于该议定书的双轨制谈判，最终将退出联合国气候变化谈判进程的舞台。同时，未来在德班平台下以单轨制模式开展的联合国气候变化谈判将成为出台新的应对气候变化国际制度的主要机制。根据《联合国气候变化框架公约》第 17 次缔约方大会的决议，德班平台应在 2015 年或之前拟订出一个可在 2020 年开始生效和执行的、适用于所有缔约方的议定书、另一国际文书或某种具有法律拘束力的议定结果。因此，未来气候变化国际制度将有两个新的趋向：一是摆脱《京都议定书》的桎梏，出台一项适用于全体缔约方的国际文件；二是进一步加强制订具有法律约束力的国际文件。

（3）中国在德班平台单轨制谈判进程中所面临的谈判情境。

在德班平台单轨制谈判模式下，"共同责任"被再度强化，而"区别责任"发生了"排放大国与小国"的转向。对于中国而言，单轨制谈判模式有助于中国集中谈判力量，更易于在减排、适应和技术资金等方面寻求战略平衡，但同时它也为未来气候变化谈判带来了一些非常严峻的挑战。

第一，单轨制谈判模式下，"共同但有区别的责任"原则出现一定程度的非中国意愿的转向。在德班平台下，"共同但有区别的责任"原则试图保持原有的意义，现在看来是微乎其微的，它发生了两种不同类型的转变。一种是对"共同但有区别的责任"原则重新解读，这里面最大的问题是对"区别责任"的解释，中国显然不希望看到按"排放国"进行划分；另一种则是意欲用新的原则取代"共同但有区别的责任"原则，这在后期通过的《巴黎协定》和《巴黎协定》实施细则中都有所反映。

第二，在单轨制谈判模式下，新机制的创设或存在限制中国话语权的问题。毫无疑问，中国在当今的气候变化谈判进程中已拥有一定的话语权，但我们尚缺乏将这种话语权转换成有利于中国气候利益的机制。单轨制谈判模式下提供了创设新机制的可能性，但倘若中国准备不足，这种话语权则极可能会被其他国家所攫取或蚕食。

第三，在单轨制谈判模式下，未来气候变化国际制度中对中国强制减排的束缚或将加强。从目前中国气候变化的本土情境来看，我们更关注适应、资金和技术，而强制减排是我们最不希望得到的谈判结果。但单轨制谈判模式下，减排议题有可能会被放大，特别是随着国际气候政治形势的深刻变化，欧盟与美国结盟的可能性在增强，这对发展中国家，特别是对排放大国而言，被强制减排的可能性愈加强烈。无疑，对于中国而言，将面临自哥本哈根气候变化谈判以来更为艰巨的谈判形势。

二、气候变化立法的中国路径：环境、发展与制度规划

与国际气候变化立法的制度变迁不同，中国在其气候变化立法进程中，是从环境问题转向发展议题，再从发展议题转向制度安排。这一制度变迁具体表现在以下三个方面：

（一）应对气候变化作为环境议题

如同世界上的其他国家一样，在中国，气候变化问题与环境保护是紧密联系在一起的，但它同样又是一个逐渐认识的发展过程。1972 年中国派代表团参加斯德哥尔摩人类环境会议成为中国环境保护工作的开端。❶ 1973 年 8 月中国召开了第一次全国环境保护会议，通过了《关于保护和改善环境的若干规定》，这次会议标志着国内环境保护工作正式拉开序幕。❷ 1974 年 10 月 25 日，国务院环境保护领导小组正式成立，开始制定环境保护规划与计划。❸ 1979 年《环境保护法（试行）》正

---

❶ 参见曲格平：《中国环境保护四十年回顾及思考（回顾篇）》，载《环境保护》2013 年第 10 期，第 10~17 页。

❷ 参见翟亚柳：《中国环境保护事业的初创——兼述第一次全国环境保护会议及其历史贡献》，载《中共党史研究》2012 年第 8 期，第 63~72 页。林木：《1973 年 12 月：新中国第一部环保法规的制定》，载《党史博览》2013 年第 8 期。

❸ 参见叶汝求：《改革开放 30 年环保发展历程》，载《环境保护》2008 年第 21 期，第 4 页。

式颁布实施。[1] 1982 年在城乡建设部下成立具有国务院编制的环保局，该环保局成为 1984 年国务院成立的环境保护委员会的主要执行单位，全面负责全国环境保护工作。[2]

1988 年，政府间气候变化专门委员会（IPCC）成立之际，中国在 IPCC 的牵头单位是中国气象局。[3] 同一年，国家环保局升格为国务院直属单位。从 1988 年起，中国开始积极参与 IPCC 的工作。1989 年，中国组织实施了一项气候变化研究计划，包括 40 个项目，有大约 20 个部委和 500 多名专家参加。[4] 1990 年，国务院环境保护委员会在第 18 次会议上通过了《我国关于全球环境问题的原则立场》，首次阐明中国在气候变化问题上的立场。[5] 同时，会议通过了建立气候变化协调小组的决定。同年 10 月，由环境、科技和社科部门联合主办了一次为期三天的高层国际会议，会议围绕"90 年代的中国与世界"这个主题进行了研讨，这是中国围绕环境问题举办的第一个国际会议。在此会议上，气候变化是其中重要的议题之一。1990 年的此次会议还促成中国政府于 1992 年建立了中国环境与发展国际合作委员会（国合会，CCICED）。[6]

---

[1] 制定环境保护法于 1977 年进入国家立法项目，历时 2 年时间完成。经过十年试行之后，在此基础上，全国人大常委会于 1989 年正式通过《环境保护法》。参见王萍：《环保立法三十年风雨路》，载《中国人大》2012 年第 18 期，第 27~28 页。孙佑海：《〈环境保护法〉修改的来龙去脉》，载《环境保护》2013 年第 16 期，第 13~16 页。

[2] 参见曲格平：《中国环境保护事业发展历程提要（续）》，载《环境保护》1988 年第 4 期，第 20~21 页。

[3] 参见中国气象局官网：《中国参与的 IPCC 活动》，http://www.cma.gov.cn/2011xwzx/2011xqhbh/2011xipcczgwyh/201110/t20111027_128457.html.（访问日期：2019 年 4 月 3 日）

[4] 参见［美］易明著：《一江黑水：中国未来的环境挑战》，江苏人民出版社 2012 年版，第 167 页。

[5] 在该文件中指明中国的立场，即第一，气候变化对中国产生重要影响；第二，发达国家对造成全球气候变化负主要责任；第三，积极参与全球气候变化谈判；第四，二氧化碳排放限制应建立在保证发展中国家适度经济发展和合理的人均消耗基础上；第五，我国应在发展经济的同时，提高能源效率、开发替代能源，尽量减少二氧化碳排放。但对削减二氧化碳排放指标不作任何具体承诺。第六，开展植树造林活动。参见广州市人民政府办公厅：《转发国务院环境保护委员会关于我国关于全球环境问题的原则立场的通知》，载《广州市政》1990 年第 12 期，第 15~23 页。

[6] 参见［美］易明著：《一江黑水：中国未来的环境挑战》，江苏人民出版社 2012 年版，第 167 页。

这一组织由时任国务院环境保护委员会主任的宋健担任首届主席，直到 2014 年，它都是中国重要的环境咨询机构。❶

1992 年，中国派代表团参加了里约热内卢的环境与发展大会，并在会议上签署了《联合国气候变化框架公约》。此次会议召开一年后，中国成为世界上第一个根据全球 21 世纪议程行动计划制定本国 21 世纪议程的国家，积极促进了中国的可持续发展。❷ 1998 年，国家环保局再次升格为国家环保总局，成为国务院成员单位，进一步加强了中国在气候变化问题上的工作与谈判。

（二）应对气候变化作为发展议题

1998 年，中国经历了一次大的国家机构调整，其中原有的气候变化协调小组被国家气候变化对策协调机构所代替，它由 17 个部门单位组成，并由国家发展计划委员会取代中国气象局作为统筹协调单位。在这一期间，从 2001 年开始，国家气候变化对策协调机构组织了《中华人民共和国气候变化初始国家信息通报》的编写工作，并于 2004 年年底向联合国气候变化第 10 次缔约方大会提交了该报告。❸ 2002 年中国正式批准了《京都议定书》，开始积极参与该议定书项下的清洁发展机制项目（CDM）活动。❹ 2007 年 1 月，中国成立了应对气候变化专门委员会，它成为国家应对气候变化、出台政府决策并提供科学咨询的专门机构。❺ 同年，为进一步加强气候变化的领导工作，由国家应对气候

---

❶ 参见中国环境与发展国际合作委员会官网。http://www.china.com.cn/tech/zhuanti/wyh/node_7039797.htm.（访问日期：2019 年 4 月 3 日）

❷ 参见中国 21 世纪议程管理中心官网。http://www.acca21.org.cn/.（访问日期：2019 年 4 月 3 日）

❸ 参见国家发展与改革委员会编：《中国应对气候变化国家方案》，2007 年，第 11~12 页。

❹ 清洁发展机制项目是《京都议定书》规定的一种国际合作减排机制，它是发达国家与发展中国家进行碳减排合作的主要机制。这一机制具有双重目的，一方面是帮助发展中国家实现可持续发展，并对《联合国气候变化框架公约》的最终目标作出贡献，二是帮助发达国家以较低的成本实现部分温室气体减排、限排义务。参见崔少军著：《碳减排：中国经验——基于清洁发展机制的考察》，社会科学文献出版社 2010 年版，第 29 页。

❺ 参见游雪晴：《中国气候变化专家委员会成立》，载《科技日报》2007 年 1 月 15 日 003 版。

变化领导小组取代了国家气候变化对策协调机构，由国务院总理担任组长，全面负责国家应对气候变化的重大战略、方针和对策，协调解决应对气候变化工作中的重大问题。应对气候变化工作的办事机构设在发改委。❶

无疑，正如 2009 年胡锦涛同志在联合国气候变化峰会上所言，"气候变化既是环境问题，更是发展问题"❷，中国应对气候变化组织机构的变化正反映了中国对气候变化问题认识的进一步加深。它不仅仅是对气候变化科学的认识，更是对中国现阶段国情的深刻把握。改革开放为中国带来了经济的迅速发展，但同时我们的能源消费也与日俱增。1993年中国成为石油净进口国。仅十年之后，中国就成为全球第二大石油进口国。到 2007 年，中国能源消费已稳稳占据了全球第二的位置。❸ 严峻的能源形势使中国的能源安全面临极大的考验，构建合理的能源对外依存无疑将是中国在未来一段时间内的紧迫任务。❹

然而，能源的大量开发和利用是造成环境污染和气候变化的主要原因之一。世界各国的发展历史和趋势表明，人均二氧化碳排放量、商品能源消费量与经济发达水平有明显相关关系。因此，未来随着中国经济的发展，能源消费和二氧化碳排放量必然会持续增长，减缓温室气体排放将对中国现有发展模式提出重大挑战。更为困难的是，中国是世界上少数几个以煤为主的国家，能源结构的调整受到资源结构的制约，这就造成中国以煤为主的能源资源和消费结构在未来相当长的一段时间将不会发生根本性的改变，使得中国在降低单位能源的二氧化碳排放强度方

---

❶ 参见中华人民共和国国务院新闻办公室：《中国应对气候变化的政策与行动》，2008年，第八部分：应对气候变化的体制机制建设。

❷ 胡锦涛：《携手应对气候变化挑战——在联合国气候变化峰会开幕式上的讲话》，2009 年 9 月 22 日。

❸ 参见中华人民共和国国务院新闻办公室：《中国的能源状况与政策白皮书》，2007年 12 月 26 日。

❹ 参见杨泽伟：《中国能源安全问题：挑战与应对》，载《世界经济与政治》2008 年第8 期，第 52~60 页。

面比其他国家面临更大的困难。❶

是以，既要发展经济、消除贫困、改善民生，又要积极应对气候变化，这将是当今中国面临的一项巨大挑战。毋庸讳言，如何能在应对气候变化与发展之间寻找到平衡点，将是实现未来中国应对气候变化的关键所在。

（三）应对气候变化作为制度安排议题

随着联合国气候变化谈判的深入，特别是德班平台的启动，构建一个未来新的富有活力的全球应对气候变化机制，成为当前全球应对气候变化的工作重点。而与此同时，随着中国应对气候变化进入一个新的发展阶段，制度安排议题也无疑成为应对气候变化的重点领域。

2009 年 8 月，全国人大常委会作出《关于积极应对气候变化的决议》。该决议指出，要把加强应对气候变化的相关立法作为形成和完善中国特色社会主义法律体系的一项重要任务，纳入立法工作议程。适时修改完善与应对气候变化、环境保护相关的法律，及时出台配套法规，并根据实际情况制定新的法律法规，为应对气候变化提供更加有力的法制保障。❷

事实上，自 2008 年以来，一系列与应对气候变化有关的相关立法就在不断地出台。例如，《循环经济促进法》、修订后的《节约能源法》都在 2008 年开始实施。同一年，国家发展与改革委员会设立了应对气候变化司，主要综合分析气候变化对经济社会发展的影响，组织拟订应对气候变化的重大战略、规划和重大政策；牵头承担国家履行《联合国气候变化框架公约》相关工作，会同有关方面牵头组织参加气候变化国际谈判工作；协调开展应对气候变化国际合作和能力建设；组织实施清洁发展机制工作；承担国家应对气候变化领导小组的有关具体工作。毫

---

❶ 参见国家发展与改革委员会：《中国应对气候变化国家方案》，2007 年 6 月，第 19 ~ 20 页。

❷ 参见国家发展与改革委员会：《中国应对气候变化的政策与行动——2009 年度报告》，2009 年 11 月。

无疑问，这一应对气候变化具体机构的设立，从一定程度上加强了中国在气候变化问题上的体制组织建设，有力地促进了中国应对气候变化的制度安排。

2009 年 12 月在哥本哈根气候变化大会刚刚结束之际，中国修订后的《可再生能源法》开始实施。2010 年国家把能源法和大气污染防治法修改纳入到制度立法工作计划中。与此同时，青海省人民政府颁布中国第一个有关气候变化的地方性规章《青海省应对气候变化办法》。同年，在国家应对气候变化领导小组框架内设立了协调联络办公室，加强了部门间协调配合。2011 年山西省人民政府出台《山西省应对气候变化办法》。

自 2009 年全国人大提出应对气候变化立法以来，中国从不同层面开始了气候变化立法设计工作。2010 年中国社会科学院与瑞士联邦国际合作与发展署启动了双边合作项目《中华人民共和国气候变化应对法》（社科院建议稿），2012 年 4 月，该建议稿全文正式公布。2011 年国家发展与改革委员会委托中国政法大学组织开展中国应对气候变化立法研究，2012 年该项目顺利结题。同年 9 月，受国家发展与改革委员会气候变化司委托，中国政法大学和江苏省信息中心承担的"省级气候变化立法研究——以江苏省为例"项目正式启动。2013 年 6 月，由中国清洁发展基金赠款项目支持的"湖北省气候变化立法研究"也在武汉大学法学院进行了项目会议。与此同时，四川省也正在开展气候变化立法工作。更值得强调的是，2013 年 11 月中国首部《国家适应气候变化战略》出台，正式提出了中国适应气候变化的各项原则和指导方针。

三、历史制度主义下对气候变化立法的反思

如上所述，无论是国内还是国际，对气候变化进行立法或制度安排，均已成为一个不可改变的事实。这是因为，构建起来的制度有助于形成一种结构体系，而稳定的结构又益于人们行为的规范，从而促使整

个社会形成一定的共识或价值基础。❶ 然而，应制定一种什么样的气候变化法，或者说，如何才能制定一份既具科学性、又能适应社会进步和经济发展的立法，这正是当下各国气候变化立法考虑的核心内容。对此，从历史制度主义的视角出发，无疑将有助于回答和加深对这一问题的认识。

首先，应尊重气候变化立法的差异性。历史制度主义告诉我们，"制度不是天然存在的，制度的存在受到历史力量的作用，而且是各种复杂力量的共同作用才表现了现在的面貌，这一发现让很多人认识到制度的演变不是决定的，而是具有一定的偶然性。一个国家或者一个地区选择现有制度不完全是直线决定论的，而是历史复杂变量的作用下，也许某个偶然性要素的重大作用，在路径依赖的惯性下而形成的一个现实的结果"。❷

同样，作为一种制度安排，气候变化立法亦是如此。它是在各种复杂的历史情境和社会条件下生成的，它强烈地受到地域、民族习性以及文化的渲染，因此，在某一地区能够良好运作的制度安排，未必能在其他区域发挥其应有的功效。而且，长期的历史实践及社会科学理论也已多次表明，社会和地区的差异性很大程度上是人类社会创造力的源泉和文明进步的原动力。是以，应尊重气候变化立法的差异性。当然，此处强调的差异性并不是排斥气候变化制度安排的统一性（或言之必要性），而是更多地指向实现气候变化问题得以解决的制度安排的多样性。毋庸置疑，只有在保证尊重气候变化立法差异性的前提下，才可能允许气候变化制度安排多样性和多元化的存在，才可能更大限度地发挥人类在解决气候变化问题上的创造力。

因此，作为国内气候变化立法，中国不仅要吸纳国际社会在气候变化方面的一致共识，而且也要看到各国在气候变化立法方面的区域适应

---

❶ 参见［美］B. 盖伊·彼得斯著：《政治科学中的制度理论："新制度主义"（第二版）》，王向民、段红伟译，上海人民出版社 2011 年版，第 18~19 页。

❷ 刘圣中著：《历史制度主义：制度变迁的比较历史研究》，上海人民出版社 2010 年版，第 7 页。

性。当然，更重要的是，要将气候变化与中国的经济、社会和文化的历史发展面相结合，在气候变化治理中发挥自身独特的区域理念和制度优势，而不是强制性地要达到与国际社会统一的气候变化立法范式。

其次，应防止气候变化立法的路径依赖。尽管历史制度主义强调路径依赖，认为后者是制度变迁中必然产生的事物，但是路径依赖仍然存在着优劣之分。毫无疑问，正是路径依赖的不同，造就了国家之间相异的发展情势。因此，选择正确的路径依赖将决定着国家未来发展的方向。

就气候变化立法而言，极易形成两种不当的路径依赖。一种是围绕着气候变化形成的制度"锁定"。这是从宏观视角来说的，即气候变化立法是不是一定必须围绕着气候展开？是否存在着一种不依气候变化开展的制度设计？有没有一种不依气候变化进行却能产生更大的社会和经济进步的制度设计？显然，如果对上述问题没有一个清晰的回答，必然会出现一种为"气候变化"而进行的气候变化立法，必然形成一种"气候变化"的制度锁定或路径依赖，但是这种路径依赖一定就是最好的吗？

另一种不当的路径依赖是从微观制度层面说的，即存在着一种围绕着"气候变暖"的制度锁定。当前，气候变暖已是一个不争的事实。但是，从科学哲学的角度来看，气候变暖也仅是放在一定语境之下才能成立。倘若不考虑气候变暖的科学语境，而只是孤立地对气候变暖进行制度设计，这种路径依赖一旦形成，将使社会的能动性被固化，最终气候的"突变"则极可能对国家和社会形成更大的挑战和威胁。❶

是以，根据历史制度主义的路径依赖理论，我们是要选择一种路径依赖，而不是不要路径依赖，但这种路径依赖应建立在促进社会和经济进步的大前提之下。通过对气候变化的制度设计，不仅仅是要解决气候变化问题，更是要在解决气候变化问题的同时，实现更大的目标，或经

---

❶ 参见吕江：《科学悖论与制度预设：气候变化立法的旨归》，载《江苏大学学报（社会科学版）》，2013 年第 4 期，第 7~13 页。

济的，或社会的，或环境的。因此，要防止出现为气候变化而进行气候变化立法的错误思想和观念，而要从更高层面、更高视野出发。而且，唯有如此，才能产生更有效的气候变化的制度创新。

最后，密切关注气候变化立法的关键节点。历史制度主义认为，制度在其存在的大多数时间里都处于均衡状态，按照制度最初的决策发挥功能，然而这种均衡不是永久存在的，当社会环境达到某种程度时，会产生制度的"均衡断裂"，从而会引起社会变迁的急速爆发。❶ 因此，关注这种均衡断裂的关键节点具有非常重大的意义。

在此，我们以英国作为解读关键节点的事例。众所周知，英国在气候变化领域是一个积极的倡导者和推动者。然而，英国今天在气候变化领域所取得的一系列成果，是建立在其较早地开展气候变化治理的基础之上的吗？可以发现，这个答案是否定的。但不可否认的是，英国极好地利用了历史制度主义上所说的关键节点，从而促成了其在国际气候政治舞台上对话语权的掌控。

自 18 世纪英国工业革命以来，英国就是一个以煤为主的工业化国家。❷ 煤炭是英国国民经济的重要支柱产业，而且与煤炭相联系的利益集团已成为英国社会不可小觑的政治力量。❸ 毫无疑问，在这样一种情势下，英国根本不可能成为一个在气候变化领域大展身手的国家。

然而，随着英国经济的不断规模化，煤炭利益集团越来越成为英国经济和社会发展的强大阻力。这促使 1979 年上台的撒切尔政府不得不与以煤炭利益集团为主的工会展开了一场殊死的政治角逐。❹ 为此，撒

---

❶ See Stephen D. Krasner, "Approaches to the State: Alternative Conceptions and Historical Dynamics," *Comparative Politics*, Vol. 16, No. 2, 1984, pp. 223-246.

❷ 参见吕江、谭民：《能源立法与经济转型：以英国工业革命缘起为中心》，载中国法学会能源法研究会编：《中国能源法研究报告 2011》，立信会计出版社 2012 年版，第 34~45 页。

❸ See B. R. Mitchell, *Economic Development of the British Coal Industry* 1800 - 1914, Cambridge: Cambridge University Press, 1984, pp. 1-38. See also William Ashworth, *The History of the British Coal Industry*, Oxford: Clarendon Press, 1986, pp. 648-670.

❹ See Martin Holmes, *The First Thatcher Government* 1979-1983, Boulder: Westview Press, 1985, pp. 132-153.

切尔政府一方面推进私有化改革❶，另一方面出台新的能源法案，特别是《1989 年电力法》出台之后，电厂加大了对天然气的使用，从而削弱了煤炭利益集团左右英国经济和社会的能力，英国由此开始了由煤转向天然气、核电为主的能源结构调整。❷

毋庸讳言，英国今天在国际气候政治中的领导地位，并不是来自于其积极的环保意识，而是在一场打击煤炭利益集团的政治斗争中，由天然气和核电取代了煤炭，从而促成温室气体排放的下降，并将英国推向了国际气候政治舞台的领导者。❸ 是以，在气候变化立法中，应时刻关注对气候变化制度变迁产生影响的关键节点，尽管这些关键节点可能与气候变化问题的解决并不存在直接联系，而是一种"隐关联"，但是这种"隐关联"却极有可能促成气候变化问题的最终解决。

---

❶ See Christopher Johnson, *The Grand Experiment*: *Mrs. Thatcher's Economy and How It Spread*, Boulder: Westview Press, 1991, pp. 144–176.

❷ See M. J. Parker, *Thatcherism and the Fall of Coal*, Oxford: Oxford University Press, 2000, pp. 203–223.

❸ 参见吕江著：《英国新能源法律与政策研究》，武汉大学出版社 2012 年版，第 177～186 页。

第三章

气候变化《巴黎协定》的产生、变化及其应对

从 1992 年各国在巴西里约热内卢签署《联合国气候变化框架公约》开始，世界各国为了共同应对气候变化已经进行了长达 20 多年的谈判。但一路走来并不顺畅，阻碍广泛协议达成的障碍一直没有得到很好的解决。分歧主要集中在四个方面：一是对于"共同但有区别的责任"原则应如何体现，发展中国家和发达国家在这一问题上存在分歧。发展中国家认为，发达国家在工业化历史上大量排放了温室气体，因而应当承担更多的责任；发达国家则认为，发展中国家目前阶段排放的温室气体更多，在减排上应该做得更多。二是资金问题。在 2009 年的哥本哈根气候大会上，"绿色气候基金"被第一次提出来。这一基金的构想是，发达国家在 2020 年前每年拿出 1000 亿美元，帮助发展中国家应对气候变化。在资金筹措方式上，一些发达国家甚至希望发展中国家出资。三是各国在新协议中应如何确定 2020 年后应对气候变化的贡献，即"国家自主贡献"。四是关于技术转让。有的发达国家以知识产权问题为借口，不愿对发展中国家开展技术转让，这为发展中国家应对气候变化设置了障碍。

面对分歧，2015 年成为联合国气候谈判进程中又一个繁忙的年份：11 月 30 日至 12 月 11 日，巴黎气候大会召开，新的气候变化协议谈判迎来最后大考。从理论上讲，巴黎气候变化协议是一次全球温室气体减排的制度安排，更是一次全球能源战略布局的重新分配。新制度主义理论已多次阐明，权力并不是国际秩序中唯一的主宰力量；相反，制度往

往具有更强的可塑性，它不仅固化权力，且引发变革。因此，掌握制度的话语权更为重要。无疑，作为一种制度安排，巴黎气候变化协议旨在规制温室气体减排，正是基于此，把握巴黎气候变化协议制定的主动权，在协议中体现中国利益则具有重大的价值和意义。

一、《巴黎协定》的产生

2015 年 11 月 29 日，联合国气候变化大会第 21 次缔约方会议在法国巴黎召开。在经过 14 天的谈判之后，12 月 12 日最终出台了具有法律拘束力的《巴黎协定》。这一协定为 2020 年后全球应对气候变化行动做出了新的安排，它的出台受到社会各界好评，时任联合国秘书长的潘基文甚至称其为"一次不朽的胜利"。❶ 2016 年 4 月 22 日，是人类历史上意义非凡的一个"世界地球日"。100 多个国家齐聚联合国，见证一份全球性的气候新协议《巴黎协定》的签署，这在人类可持续发展的进程中谱写了重要一页。潘基文宣布，在《巴黎协定》开放签署首日，共有 175 个国家和地区签署了这一协定，创下国际协定开放首日签署国家数量最多的纪录。2016 年 9 月 3 日，中国全国人大常委会批准中国加入《巴黎协定》，成为第 23 个完成了批准协定的缔约方。从条约的完整性来看，《巴黎协定》包括了两个部分，即第 21 次联合国气候变化缔约方会议的《巴黎决议》和附属的《巴黎协定》。尽管前者不具法律拘束力，但却是对《巴黎协定》具体实施的解释性规定。因此，在一定意义上，二者是不可分离的。❷ 毫无疑问，《巴黎协定》的出台对于世界和中国应对气候变化都会产生划时代的意义，为此，分析其所带来的新变化、新特征，对于中国在未来应对气候变化及其制度安排方面具有重大的现实和理论价值。

---

❶ See UN News Centre, COP21: UN Chief Hails New Climate Change Agreement as "Monumental Triumph", http://www.un.org/apps/news/story.asp?NewsID=52802#.Vm0TzNKl-DE. (last visited on 2018-12-13)

❷ 这从《巴黎协定》文本中多次将"第 21 次联合国气候变化缔约方会议的决议"作为《巴黎协定》实施根据也可窥见一斑。

二、《巴黎协定》在全球应对气候变化制度安排上的新变化

《巴黎协定》由序言和 29 个条款构成，包括目标、减缓、适应、损失损害、资金、技术、能力建设、透明度、全球盘点等内容。其在全球应对气候变化制度安排上的新变化表现在如下五个方面。

（一）《巴黎协定》正式启动了 2020 年后全球温室气体减排的新进程

2007 年 12 月 3 日至 15 日，世人瞩目的联合国气候变化大会在印尼巴厘岛召开，来自《联合国气候变化框架公约》的 192 个缔约方以及《京都议定书》176 个缔约方的 1.1 万名代表参加了此次大会。据悉，这也是联合国历史上规模最大的气候变化大会。会议原定 14 日结束，但美国与欧盟、发达国家与发展中国家之间由于立场上的重大差异展开了激烈交锋，会期被迫延长 1 天，为期 13 天的会议最终通过了"巴厘岛路线图"。目的在于针对气候变化全球变暖而寻求国际共同解决措施。"巴厘岛路线图"（Bali Roadmap）共有 13 项内容和 1 个附录，包括：

（1）确认为阻止人类活动加剧气候变化必须"大幅度减少"温室气体排放。文件援引科学研究建议，2020 年前将温室气体排放量相对于 1990 年排放量减少 25% 至 40%。但文件本身没有量化减排目标。

（2）为应对气候变化新安排举行谈判，谈判期为 2 年，应于 2009 年前达成新协议，以便为新协议定在 2012 年年底前生效预留足够时间。2008 年计划举行四次有关气候变化的大型会议。

（3）谈判应考虑为工业化国家制定温室气体减排目标，发展中国家应采取措施控制温室气体排放增长。比较发达的国家向比较落后的国家转让环境保护技术。

（4）谈判方应考虑向比较穷的国家提供紧急支持，帮助他们应对气候变化带来的不可避免的后果，比如帮助他们修建防波堤等。

（5）谈判应考虑采取"正面激励"措施，鼓励发展中国家保护环境，减少森林砍伐等。

自 2007 年"巴厘路线图"以来，关于"后京都"温室气体减排的制度安排就被纳入到历届联合国气候变化缔约方会议中。

2009 年 12 月 7 日至 18 日，哥本哈根世界气候大会（全称是《联合国气候变化框架公约》第 15 次缔约方会议暨《京都议定书》第 5 次缔约方会议）在丹麦首都哥本哈根召开，来自 192 个国家和地区的谈判代表召开峰会，商讨《京都议定书》一期承诺到期后的后续方案，即 2012 年至 2020 年的全球减排协议。缔约方会议本意欲出台 2012 年后全球温室气体减排的相关规定，但最终由于各方在减排问题上分歧巨大，仅达成了不具法律拘束力的《哥本哈根协议》。❶

2011 年德班世界气候大会，是在南非东部港口城市德班召开的《联合国气候变化框架公约》第 17 次缔约方大会。"绿色气候基金"是德班气候大会的核心议题。德班气候大会于 2011 年 12 月 11 日早晨五点半落下帷幕，大会通过了"德班一揽子决议"（Durban Package Outcome）。决定建立德班增强行动平台特设工作组，决定实施《京都议定书》第二承诺期并启动绿色气候基金，德国和丹麦分别注资 4000 万欧元和 1500 万欧元作为其运营经费和首笔资助资金。虽然德班会议上确定了《京都议定书》第二承诺期（2012—2020）的安排，但由于加拿大、日本以及俄罗斯等国的不参加，使得第二承诺期仅有欧盟等少数国家和区域经济体进行减排。显然，这既不符合参与减排的发达国家利益，也严重阻碍了全球温室气体减排的进程。❷

所幸的是，德班平台得以建立。根据《德班决议》，联合国气候变化缔约方会议将在其第 21 次会议上通过一份议定书、另一法律文书或某种有法律约束力的议定结果，并使之从 2020 年开始生效和付诸执行。❸ 因此，可以说在某种程度上《巴黎协定》是 2011 年《德班决议》实施的直接结果。此外，根据《巴黎协定》序言中提及的"按照《公

---

❶　参见吕江：《〈哥本哈根协议〉：软法在国际气候制度中的作用》，载《西部法学评论》2010 年第 4 期，第 109~115 页。

❷　参见吕江：《气候变化立法的制度变迁史：世界与中国》，载《江苏大学学报（社科版）》2014 年第 4 期，第 41~49 页。

❸　参见《德班协议》第 4 段。

约》缔约方会议第 17 届会议第 1/CP. 17 号决定建立的德班加强行动平台"，也充分证明了这一点。故而，2015 年的《巴黎协定》正式启动了 2020 年后全球温室气体减排的进程。这一进程无疑将有助于确保未来全球温室气体减排得以在前期基础上继续进行，从而挽救了自 2009 年《哥本哈根协议》以来，全球温室气体减排的制度危机，是继《京都议定书》之后，《联合国气候变化框架公约》下应对气候变化制度安排的新构建与新起点。

（二）《巴黎协定》首次将发展中国家纳入到全球强制减排行列

《巴黎协定》最突出的一个特点是将所有缔约方纳入到温室气体减排行列中。这表现在：一方面，《巴黎协定》要求所有缔约方承担减排义务。例如《巴黎协定》第 4 条第 4 款规定，发达国家缔约方应继续带头，努力实现全球经济绝对减排目标。发展中国家缔约方应当继续加强它们的减缓努力，应鼓励它们根据不同的国情，逐渐实现全球经济绝对减排或限排目标。这表明，所有国家均要减排，仅在减排力度上不同而已。无疑，这与《京都议定书》只规定"附件一国家"承担减排义务完全不同，从而意味着发展中国家游离于全球温室气体减排的时代已不复存在。另一方面，这种将发展中国家纳入减排是强制性的。这是因为，首先，《巴黎协定》是一份具有法律拘束力的协议，不同于联合国气候变化大会历次通过的决议，违反其相关规定，国家应承担国际法上相应的国际责任。其次，这也不同于《京都议定书》中对"非附件一国家"的减排规定，发展中国家的减排不再是可有可无的，而且根据《巴黎协定》第 3 条的规定，"所有缔约方的努力将随着时间的推移而逐渐增加"。这表明，除非有国际法上国家责任的免除情形和《巴黎协定》中的特殊规定，所有缔约方，包括发展中国家的减排都应是增加，而不是减少的。

（三）《巴黎协定》依然坚持了共同但有区别的责任原则

尽管如上文所言，《巴黎协定》将所有国家都纳入了全球减排行列，但仍坚持了共同但有区别的责任原则。这体现在：

第一，在《巴黎协定》序言中明确强调了共同但有区别的责任原则。《巴黎协定》序言第 3 段明确指出，推行《联合国气候变化框架公约》目标，并遵循其原则，包括以公平为基础并体现共同但有区别的责任和各自能力的原则。可见，共同但有区别的责任原则仍是《巴黎协定》得以构建的根基，《联合国气候变化框架公约》的缔约方并没有放弃，而是继《京都议定书》之后，沿革了这一原则。

第二，从正文文本来看，《巴黎协定》中多处明确指出适用共同但有区别的责任原则。例如，《巴黎协定》第 2 条第 2 款规定，本协定的执行将按照不同的国情体现平等以及共同但有区别的责任和各自能力的原则。第 4 条第 3 款也规定，各缔约方下一次的国家自主贡献将按不同的国情，逐步增加缔约方当前的国家自主贡献，并反映其尽可能大的力度，同时反映其共同但有区别的责任和各自能力。第 19 款再次规定，所有缔约方应努力拟定并通报长期温室气体低排放发展战略，同时注意第二条，根据不同国情，考虑它们共同但有区别的责任和各自能力。

第三，从内容来看，《巴黎协定》多处体现的对发展中国家、最不发达国家、小岛屿发展中国家在减缓、适应、损失和损害、技术开发和转让、能力建设、行动和支助的透明度、全球总结，以及为执行和遵约提供便利等体制安排方面给予的特殊规定，充分体现了共同但有区别责任原则在具体实施方面所具有的现实意义。

（四）《巴黎协定》确定了国家自主贡献在全球温室气体减排中的法律地位

《巴黎协定》的出台，是联合国气候变化大会历史上第一次以法律形式确定国家自主贡献作为 2020 年后全球温室气体减排的基本运行模式。它产生的法律意义在于以下几个方面。

首先，国家自主贡献的模式打破了联合国气候变化谈判的法律僵局。自 1992 年《联合国气候变化框架公约》出台之际，气候变化协议的法律性就一直是谈判的难点。在不规定国家具体减排事项的前提下，

《联合国气候变化框架公约》才最终出台。❶ 而当 1997 年制定《京都议定书》时，又是由于其法律性的强制减排，美国拒绝参加该议定书。❷ 更有甚者，加拿大于 2011 年宣布退出《京都议定书》。这些都使致力于防止气候变暖的全球努力命悬一线。自 2009 年《哥本哈根协议》以来，联合国气候变化缔约方会议出台具有法律拘束力的协议就成为国际社会关注的重点。各国政要、学者乃至民间组织都旨在为实现这一目标而进行广泛的制度创新，而《巴黎协定》最终选择了国家自主贡献的减排模式。这表明，这一模式是所有缔约方，特别是发展中国家亦可接受的一种减排模式，从而打破了联合国气候变化谈判的法律僵局，为 2020 年后全球减排奠定了重要的法律基础。

其次，国家自主贡献突破了全球温室气体减排的模式。与《京都议定书》不同，国家自主贡献的减排模式，不是一种自上而下，而是自下而上的机制安排。这种减排模式的优势在于，每一个国家都可从其自身能力出发进行减排，从而避免因自上而下的减排可能带来的国内经济动荡。同时，它是一种在全球气候变化科学、温室气体减排与经济发展存在不确定性时，从国家理性出发的减排策略；也是一种国际制度安排下可行的"软减排"模式，具有将国家声誉等作为达到减排效用的手段和方法。❸ 因此，从一定意义上而言，《巴黎协定》也开创了一种将软策略纳入到硬法中的国际法创新。

最后，国家自主贡献赋予了发展中国家更多的减排灵活性。国家自主贡献的实质乃是将发展中国家纳入到全球减排行列中，因此，《巴黎协定》赋予了发展中国家更多的减排灵活性，以促使 2020 年后全球温室气体减排成为可能。例如，《巴黎协定》第 3 条规定，"作为应对全球气候变化的国家自主贡献，……所有缔约方的努力将随着时间的推移

❶ See Daniel Bodansky, "The United Nations Framework Convention on Climate Change: A Commentary," *Yale Journal of International Law*, Vol. 18, 1993, pp. 451-558.

❷ See Greg Kahn, "The Fate of the Kyoto Protocol under the Bush Administration," *Berkeley Journal of International Law*, Vol. 21, 2003, pp. 548-571.

❸ 关于声誉在国际法中的作用, See Andrew T. Guzman, "Reputation and International Law," *Georgia Journal of International and Comparative Law*, Vol. 34, 2006, pp. 379-391.

而逐渐增加，同时认识到需要支持发展中国家缔约方，以有效执行本协定"。第 4 条第 3 款规定，"各缔约方下一次的国家自主贡献将按不同的国情，逐步增加缔约方当前的国家自主贡献，并反映其尽可能大的力度"。第 6 条第 8 款规定，"缔约方认识到，在可持续发展和消除贫困方面，必须以协调和有效的方式向缔约方提供综合、整体和平衡的非市场方法，包括酌情主要通过，减缓、适应、融资、技术转让和能力建设，以协助执行它们的国家自主贡献"。第 13 条第 12 款规定，"本款下的技术专家审评应包括适当审议缔约方提供的支助，以及执行和实现国家自主贡献的情况。……审评应特别注意发展中国家缔约方各自的国家能力和国情"。

（五）《巴黎协定》开创了包括可持续发展机制在内的新的全球应对气候变化机制

无疑，新的协议需要新的机制来加以应对。《巴黎协定》在一定程度上是对《京都议定书》的继承，但又不同于前者，因此，在应对气候变化方面，创建新的机制是一种必然选择。为此，《巴黎协定》开创和加强了如下应对气候变化机制：

第一，创建了新的可持续发展机制。《巴黎协定》第 6 条第 4 款规定，"兹在作为《巴黎协定》缔约方会议的《公约》❶ 缔约方会议的授权和指导下，建立一个机制，供缔约方自愿使用，以促进温室气体排放的减缓，支持可持续发展"。无疑，这一机制的确立与《巴黎协定》中确立国家自主贡献的减排模式具有直接关联，且从其产生的背景来看，可持续发展机制亦与联合国 2015 年通过的《2030 年可持续发展议程》密切联系，这从与《巴黎协定》同时通过的《巴黎决议》中明确提到联合国可持续发展议程就可窥见一斑。此外，从《巴黎协定》的第 6 条第 8 款的规定来看，可持续发展机制将包括市场方法和非市场方法两个方面。其具体的机制规则、模式和程序将在"作为《巴黎协定》缔

---

❶　此处"《公约》"及以下"《公约》"皆指《联合国气候变化框架公约》。

约方会议的《公约》缔约方会议的第一届会议上通过"（《巴黎协定》第6条第7款）。

第二，气候变化影响相关损失和损害华沙国际机制得以继续。2013年，华沙联合国气候变化大会上曾通过"损失与损害"（Loss and Damage）机制，即华沙国际机制（Warsaw Implementation Mechanism on Loss and Damage，WIM）。尽管一些国家强烈反对将任何损害赔偿条款写入《巴黎协定》中，但《巴黎协定》第8条肯定了与气候变化影响相关损失和损害华沙国际机制存在的必要性。未来的华沙国际机制将至少在预警系统、应急准备、缓发事件等8个方面开展合作和提供便利。此外，根据此次联合国气候变化缔约方会议通过的《巴黎决议》，《巴黎协定》第8条涉及的气候变化影响相关损失和损害华沙国际机制将不涉及任何义务或赔偿，或为任何义务或赔偿提供依据。可见，这一机制将继续发挥其在信息方面的作用，而并不是作为承担气候变化法律责任的调查机构。

第三，在资金机制方面没有创设新的气候基金，但却强化了资金规定。《巴黎协定》第9条具体规定了资金问题，且特别强化了资金规定。这表现在：其一，指出发达国家提供资金，是发展中国家继续履行《公约》下现有义务的必要条件（《巴黎协定》第9条第1款）。其二，强调发展中国家的资金使用应以支持国家驱动战略为主，而发达国家提供的气候资金应逐年增加，而不能减少（《巴黎协定》第9条第3款）。其三，强调资金应包括适应和减缓两个方面，不应仅仅偏重于减缓而忽视适应（《巴黎协定》第9条第4款）。其四，对发达国家提供资金提出可预测性要求。众所周知，资金问题一直是联合国气候变化谈判的重点内容，但发达国家往往强调减排，而忽视向发展中国家提供资金。特别是在资金提供方面承诺多，而实际行动少。为解决这一问题，《巴黎协定》在第9条第5~7款规定了提供资金的可预测性：要求发达国家每两年对其提供资金进行定量定质的信息通报；要求在《巴黎协定》全球总结中考虑发达国家提供气候资金的信息；同时强调发达国家在资金的公共干预措施方面每两年提供一次透明信息。毫无疑问，《巴黎协定》对资金可预测性的要求将极大促进资金问题的切实履行和落实，这相比前期的资金规定前进了一大步。此外，与《巴黎协定》相关的此次联合国气候变化缔约方会议通过的《巴黎决议》第 54 段也明确提出，发达国家在 2025 年之前，每年应提供不低于 1000 亿美元的集体筹资目标。

第四，在技术开发和转让方面建立新的技术框架。《巴黎协定》第 10 条第 4 款提出，兹建立一个技术框架，为技术机制在促进和便利技术开发和转让的强化行动方面的工作提供指导。同时，《巴黎协定》也首次将技术开发与转让和资金支助相关联。《巴黎协定》第 10 条第 5~6 款规定，应对这种努力酌情提供支助，包括由《公约》技术机制和《公约》资金机制通过资金手段，以便采取协作性方法开展研究和开发。对技术开发和转让提供的资金支助将被纳入到《巴黎协定》的全球总结中。

第五，在能力建设方面，应通过现有体制安排加强能力建设活动。《巴黎协定》第 11 条第 4~5 款规定，所有缔约方，凡在加强发展中国家缔约方执行本协定的能力，包括采取区域、双边和多边方式，均应定期就能力建设行动采取措施。并且应在《巴黎协定》第一次会议上审议，并就能力建设的初始体制安排通过一项决定。尽管《巴黎协定》中没有对能力建设进行相关体制构建，但在与《巴黎协定》相关的此次联合国气候变化缔约方会议通过的《巴黎决议》的第 72 段则明确提出，设立巴黎能力建设委员会，以处理发展中国家缔约方在执行能力建设方面现有的和新出现的差距和需要，以及进一步加强能力建设工作，包括加强《联合国气候变化框架公约》之下能力建设活动的连贯性和协调性。并决定启动 2016—2020 年工作计划，包括评估现有机构的合作，促进全球、区域、国家和次国家层面的合作等 9 个方面的活动。

第六，创建关于行动和支助的强化透明度框架。《巴黎协定》第 13 条第 1、4~5 款规定，为建立互信并促进有效执行，兹设立一个关于行动和支助的强化透明度框架，并内置一个灵活机制。其透明度框架的安排，是为了实现《联合国气候变化框架公约》第 2 条所列的目标，明确了解气候变化行动，包括明确和追踪缔约方在第4条下实现各自国家自主贡献方面所取得的进展；以及缔约方在第7条之下的适应行动。透明度框架将依托和加强《联合国气候变化框架公约》下设立的透明度安排，包括国家信息通报、两年期报告和两年期更新报告、国际评估和审评以及国际协商和分析。此外，与《巴黎协定》相关的此次联合国气候变化缔约方会议通过的《巴黎决议》在其第99段中亦指出，这一透明度框架的模式、程序和指南应立足于并最终在最后的两年期报告和两年期更新报告提交之后，立即取代第1/CP.16号决定第40~47段和第60~64段及第2/CP.17号决定第12~62段设立的衡量、报告和核实制度。由此可见，《巴黎协定》对透明度框架的创设，其实质在于取代原有的减排核查制度，而且透明度框架增加了针对发达国家向发展中国家开展技术转让、能力建设等方面的审评，这将有力地突破原来仅是对减排的核查，而将发展中国家积极要求的技术转让等纳入强制性规定，体现了发达国家与发展中国家在减缓与适用权利义务方面的平衡。

第七，创建了气候变化的全球总结模式。《巴黎协定》第14条创立了气候变化的全球总结模式。所谓全球总结模式，是指作为《巴黎协定》缔约方会议的《联合国气候变化框架公约》缔约方会议应定期总结《巴黎协定》的执行情况，以评估实现《巴黎协定》宗旨和长期目标的集体进展情况。《巴黎协定》第14条第2款规定，将于2023年进行第一次全球总结，此后每五年进行一次，除非缔约方会议另有决定。毫无疑问，气候变化的全球总结模式是在《巴黎协定》确立国家自主贡献这一减排模式后，为了更全面地考虑减缓、适应，以及执行和支助中存在的问题，顾及公平和利用最佳科学而设立，它将最终成为未来联合国气候变化缔约方会议在考虑加强温室气体减排和适应方面的累积性总结，并在此基础上实现全球应对气候变化的制度安排。

此外，《巴黎协定》在第15条还建立了一个促进执行和遵守协议的机制，该机制将由一个专家委员会组成，以促进性的、行使职能时采取透明、非对抗的、非惩罚性的方式，该机制将在《巴黎协定》第一次会议通过的模式和程序下运作，并每年向缔约方会议提交报告。

三、《巴黎协定》在全球应对气候变化制度安排方面仍有不确定和亟待改进的事项

如上所述,《巴黎协定》在全球应对气候变化的制度安排中开创了一个新的时代。然而也必须指出的是,正如参加联合国气候变化谈判的中国气候事务特别代表解振华,在正式通过《巴黎协定》之后,在其发言中所指出的,"所达成的协定并不完美,也还存在一些需要完善的内容"。❶ 可见,尽管《巴黎协定》取得了诸多成果,但仍存在一些问题亟待后期解决。这不限于但至少包括了以下三个方面。

(一) 2015—2020 年的全球应对气候变化问题

《巴黎协定》是旨在确定 2020 年后全球温室气体减排与适应的制度安排,在此之前,全球温室气体减排仍将由《京都议定书》来保障。由于分属于两个不同的温室气体减排制度安排,因此不可避免会产生如下问题:

第一,存在《巴黎协定》与《京都议定书》的衔接问题,亦即利用《京都议定书》作出的减排如何与《巴黎协定》中国家自主贡献相衔接。根据《巴黎协定》第 4 条 13 款和第 6 条第 2~3 款的规定,缔约方如果在自愿的基础上采取合作方法,并使用国际转让的减缓成果来实现国家自主贡献,应运用稳健的核算,确保避免双重核算。而且使用国家转让的减缓成果来实现国家自主贡献,应是自愿的,并得到参加的缔约方的允许。由此可以看出,《京都议定书》项下的减排机制所产生的成果并不一定能纳入到《巴黎协定》项下的国家自主贡献中,而是需要在一定条件下才可以,这就为缔约方之间开启了一个双边甚至多边的过渡减排协商,其无疑将为未来国家自主贡献与前期减排的衔接带来不确定。

---

❶ 徐芳、刘云龙:《〈巴黎协议〉终落槌,中国发挥巨大推动作用》,载新华网 2015 年 12 月 13 日, http://news.xinhuanet.com/world/2015−12/13/c_128525228.htm.(访问日期:2018 年 12 月 16 日)

第二，2020年前行动的不确定性。由于《巴黎协定》仅是规定2020年后全球应对气候变化的制度安排，尽管2020年之前的行动被放入此次联合国气候变化缔约方会议通过的《巴黎决议》中的第四部分，即2020年之前的强化行动，但从此部分来看，更多的是道义上的强调缔约方尽可能作出最大的减缓、适应、资金等方面的努力，以及对减缓和适应行动的技术审查。此外，《巴黎决议》提出在2016—2020年，在利马—巴黎行动议程基础上召集高级别会议，但其仍是将缔约方的自愿努力、举措和联盟作为更新的重点。因此，2015—2020年的应对气候变化问题将更多地依赖于国家的自愿行为，而非强制行动。

第三，绿色悖论问题有待于解决。"绿色悖论"（Green Paradox）是指以减排为目的的环境政策可能反而导致污染排放的增加。所谓绿色悖论问题，是指由于应对气候变化的相关制度的出台，而在其实施之前采取的一种与减缓和适应相悖的行为，以实现自身经济利益。例如，随时间推移而增加碳税（carbontax-碳税是指针对二氧化碳排放所征收的税。它以环境保护为目的，希望通过削减二氧化碳排放来减缓全球变暖。碳税通过对燃煤和石油下游的汽油、航空燃油、天然气等化石燃料产品，按其碳含量的比例征税来实现减少化石燃料消耗和二氧化碳排放。与总量控制和排放贸易等市场竞争为基础的温室气体减排机制不同，征收碳税只需要额外增加非常少的管理成本就可以实现），会鼓励化石能源供给者加速开采，从而导致短期碳排放不降反增。❶ 无疑，由于《巴黎协定》规定了2020年之后的全球温室气体减排，那么如果不考虑其他因素，这一制度安排也将不可避免地产生绿色悖论问题。所幸的是，《巴黎协定》序言中指出，认识到缔约方不仅可能受到气候变化的影响，而且还可能受到为应对气候变化而采取措施的影响，以及《巴黎决议》中在其第33、34段都提出关于"执行应对措施的影响问题"。尽管从文本来看，"采取措施的影响"和"执行应对措施的影响问题"主要是针

❶ 参见李玉婷：《气候政策的绿色悖论文献述评》，载《现代经济探讨》2015年第8期，第88~92页。

对减排措施对国家经济发展的影响，但缔约方仍应积极利用这一机制，尽早展开对气候变化绿色悖论相关政策的研究和制定，从而有效防止这一困境的出现。

（二）《巴黎协定》创立的新的应对气候变化机制存在不确定性

尽管《巴黎协定》在其文本中创建了一系列新的应对气候变化机制，但这些机制，除极个别的，都需要联合国缔约方会议的相关机构进行具体规则的制度创建。例如，《巴黎决议》中第 38~41 段提出未来的可持续发展机制，将由《联合国气候变化框架公约》附属科学技术咨询机构拟订可持续发展机制的相关规则、模式和程序，并交由《巴黎协定》第一次缔约方会议通过。同样，新建立的技术框架、能力建设委员会、透明度框架、全球总结模式，甚至国家自主贡献的基本标准都需要进行具体的规则建设，无疑，它们的制定、运行都有待于后期的经验检验和总结。

（三）《巴黎协定》的国家自主贡献减排模式仍有待改进

毫无疑问，国家自主贡献减排模式有力地推动了《巴黎协定》的出台，但这种减排模式与《京都议定书》的减排模式相比，仍存在着需要改进的地方。这正如《巴黎决议》第 17 段所指出的，估计 2025 年和 2030 年由国家自主贡献而来的温室气体排放合计总量不符合成本最低的 2℃情景，而是在 2030 年预计会达到 550 亿吨水平。因此，需要作出的减排努力应远远大于与国家自主贡献相关的减排努力，唯有如此才能将排放量减至 400 亿吨，将与工业化前水平相比的全球平均温度升幅维持在 2℃以下。因此，未来国家自主贡献减排模式如何发展，有待于国际社会的进一步努力和创新。

四、《巴黎协定》与中国应对气候变化的制度选择

《巴黎协定》的出台，无疑有助于推动中国温室气体减排的国内开展。然而，我们也应清醒地认识到，由于受国际社会和自身国情限制的

双重压力，未来我们仍将面临诸多挑战。为此，中国应采取积极应对策略，加强制度选择和安排。

（一）《巴黎协定》项下中国面临的诸多挑战

在《巴黎协定》项下中国面临的挑战来自于国际和国内两个方面，其具体表现在以下几点。

第一，中国减排之路任重道远。自 2007 年起，中国已超越美国，成为全球最大的温室气体排放国。[1] 这无疑意味着中国的减排行动势必对全球应对气候变化具有特别重要的意义，但同时也凸显了中国碳减排将任重道远。2015 年 6 月 30 日，中国提交的自主贡献文件中已明确提出，中国 2030 年自主行动目标：二氧化碳排放 2030 年左右达到峰值并争取尽早达峰；单位国内生产总值二氧化碳排放比 2005 年下降 60%～65%，非化石能源占一次能源消费比重达 20% 左右。[2] 然而现实是，到 2017 年，中国的非化石能源也仅占到消费总量的 13.8%。这一差距就要求中国要在接下来的 15 年里，温室气体减排和非化石能源占一次能源消费比重均要翻一倍之多。毫无疑问，这将是一场非常艰巨的攻坚战，特别是随着中国碳减排从相对减排走向绝对减排，减排空间会越来越小，减排难度亦会越来越大。之前，曾有学者预言，中国的温室气体减排峰值将在 2050 年达到峰值。[3] 而中国政府现在提出的目标则整整提前了 20 年。尽管这体现了在温室气体减排上中国国际担当魄力，但也需注意的是，正式批准《巴黎协定》，那就意味着我们的温室气体减排将受国际法的拘束，且根据《巴黎协定》的内容来看，减排须是逐年增加的，这就进一步意味着无论国内经济、能源价格如何波动，均不能

---

[1] See United Nations, Environmental Indicators Greenhouse Gas Emissions: CO$_2$ Emissions in 2007, from http://unstats.un.org/unsd/environment/air_co2_emissions.htm. (2018-12-22)

[2] 中华人民共和国国家发展和改革委员会：《强化应对气候变化行动——中国国家自主贡献》，2015 年 6 月 30 日，第 4 页。

[3] See Zhongxiang Zhang, "In What Format and under What Timeframe would China take on Climate Commitments? A Roadmap to 2050," *International Environmental Agreements*, Vol. 11, 2011, pp. 245-259.

成为国家不减排的充分理由。因此，此种强制性也极可能使中国温室气体减排成为一种无后路的必然之举。

第二，中国能源结构面临重要调整。温室气体减排的关键在于化石能源利用的减少、新能源和可再生能源等低排放和零排放能源的增加。然而，由于受自身能源禀赋的限制，煤炭等化石能源在中国能源消费总量中仍居于高位。根据国家统计局《2014 年国民经济和社会发展统计公报》，尽管煤炭消费量下降了 2.9%，但仍占能源消费总量的 66%。毫无疑问，这种高碳的能源结构严重制约着中国温室气体减排，能源结构调整势在必行。但是，我们面临的问题是，2014 年作为化石能源中碳排放最少的天然气仅占到 5.7%，这与发达国家 20% 多的天然气比例相距甚远。尽管在新能源和可再生能源发展方面，中国在水电、风电和太阳能供热方面都居于世界前列，❶ 但也应看到，国内新能源和可再生能源发展已进入一个攻坚阶段，诸如像"弃风""欧美对中国光伏产品的双反"，以及地方能源保护主义都已形成了新的桎梏。❷ 如何从法律政策等制度方面破解这一难题，将是中国能否实现《巴黎协定》项下中国自主贡献的关键。

第三，中国面临来自欧美的国际压力。此次《巴黎协定》得以通过，中国作出了巨大贡献，特别是与欧美等国家或区域经济组织先后发表的气候变化联合声明，❸ 有力地推动了《巴黎协定》的出台。然而也应看到，在温室气体减排方面，相比中国，欧美现在都具有某种减排优势，这将使中国极可能面临来自它们要求更多减排的国际压力。例如，

---

❶ 参见国家发展与改革委员会：《国家应对气候变化规划（2014—2020 年）》，2014 年 9 月，第 2 页。

❷ 参见王赵宾：《中国弃风限电报告》，载《能源》2014 年第 7 期，第 42~48 页。于南：《欧盟正式启动对华光伏反规避立案调查，中国多晶硅反倾销措施遭"挑衅"》，载《证券日报》2015 年 6 月 4 日第 B03 版。徐炜旋：《"双反"调查或令我光伏产业再陷低谷》，载《中国石化报》2014 年 6 月 13 日第 8 版。肖蔷：《云南风电开发为何叫停》，载《中国能源报》2013 年 12 月 30 日第 3 版。

❸ 参见国家发展与改革委员会：《中国应对气候变化的政策与行动 2015 年报告》，2015 年 11 月，第 39~40 页。《中法元首气候变化联合声明》，载《人民日报》2015 年 11 月 3 日，第 002 版。

欧盟由于《巴黎协定》的出台，避免了气候变化领域的前期投入转变为"沉没资本"，[1] 从而也使其在国际民航领域的单边行动得以缓和或消解。[2] 而美国页岩革命的成功，其温室气体排放锐减，也扩大了其在国际气候变化领域的发言权。[3] 为此，中国须谨防欧美针对未来中国减排所作出的联手打压。

（二）中国须采取的应对策略及制度选择

无疑，在面对诸多挑战与机遇时，中国应积极开展应对气候变化的策略和制度建设，其具体可从如下四个方面入手。

首先，中国应发挥大国的作用，积极筹措《巴黎协定》的相关制度构建。这主要应从两个方面入手：一方面，应从国际法角度出发，充分分析各国，特别是美国、欧盟以及基础四国（指中国、印度、巴西、南非四个在世界气候变化问题上立场一致的发展中国家）对《巴黎协定》所开展的法律行动。另一方面，中国应积极介入《巴黎协定》相关新机制的构建中。由于《巴黎协定》创建的一批新机制都处于构建中，中国应发挥自身的大国优势，在这些机制的规则、模式和程序方面尽可能地体现中国在气候变化方面的国家核心利益。

其次，中国应充分考虑"十三五"规划与《巴黎协定》的衔接问题。2016 年起，中国进入"十三五"期间。因此，"十三五"规划中应积极反映《巴黎协定》所要求的相关内容，以期在"十三五"结束时，达到《巴黎协定》对 2020 年后全球温室气体减排所要求的基本任务，特别是在国家自主贡献方面，中国应结合 2016 年 4 月向《联合国气候

---

❶ 参见吕江：《破解联合国气候变化谈判的困局》，载《上海财经大学学报》，2014 年第 4 期，第 95～104 页。

❷ See Joanne Scott, "EU Climate Change Unilateralism," *European Journal of International Law*, Vol. 23, No. 2, 2012, pp. 469-494.

❸ 美国《2014 年能源展望》中指出，到 2035 年，天然气将成为美国第一大发电燃料来源，为此，与能源相关的二氧化碳排放量将得以进一步稳定。而且，如若加速燃煤发电设备和核电站退役的话，到 2019 年天然气发电就可居于首位，2040 年则将占到全部发电的 47%。并在此种情景下，到 2040 年，美国碳排放量将比 2012 年下降 20%。See U. S. Energy Information Administration, *Annual Energy Outlook* 2014, Washington DC：EIA, p. ES-4.

变化框架公约》提交的新的国家自主贡献，来筹划"十三五"规划期间，各个部门在应对气候变化，特别是温室气体减排方面所应达到的节能减排要求。

再次，中国应加强新能源和可再生能源的制度选择。如上文所言，中国在新能源和可再生能源方面，尽管取得了不菲的成绩，但也面临着诸如像"弃风"之类的问题。因此，未来中国在新能源和可再生能源方面，应更多关注制度选择，而不是制度制定。这是因为，国内新能源与可再生能源发展已进入一个新阶段，这一阶段的特点不再是新能源和可再生能源规模的扩大问题，而是深化问题；更确切地说，是新能源和可再生能源的"内生"经济发展问题。因此，这将不取决于有更多的法律政策，而是需要更高"质量"的制度安排，这就产生一个制度选择问题。所以，只有通过认识国内前期新能源和可再生能源的发展特点，并结合欧美在新能源和可再生能源发展上成功的制度构建，才能走出一条具有中国特色的新能源与可再生能源的发展之路。

最后，中国应加强地方气候治理的多元化模式。中国地理幅员辽阔，各地气候特性迥然不同，因此，加强地方气候治理的多元化模式，将有助于中国应对气候变化。此外亦可发现，无论是从联合国气候变化大会所总结出的实践经验，还是各国在气候治理上的发展模式，未来的气候治理将逐渐走向一种自下而上的应对机制。尽管在具体制度设计上可能存在不同，但它们均在应对气候变化上取得了一定实效。例如，欧盟规定了区域的排放交易机制，但在实践中，英国采取的是碳预算模式，德国采取的是可再生能源模式，路径虽完全不同，但却都起到了减排效果。再如，美国并没有统一的国家应对气候变化安排，但东部地区的减排协议和西南部的页岩气开发却殊途同归。因此，中国在加强宏观上应对气候变化的同时，应积极扩展地方气候治理的多元化模式，充分促发个体在应对气候变化方面的创新性和创造力。

正如习近平同志所指出的，"巴黎协议不是终点，而是新的起点"。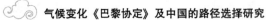为此，包括中国在内的世界各国都应努力去落实《巴黎协定》所要求的应对气候变化的举措。唯有如此，我们才能有一个与自然和谐共处的人类社会，才能真正实现向生态文明转型的基本诉求。

❶ 习近平：《携手构建合作共赢、公平合理的气候变化治理机制——在气候变化巴黎大会开幕式上的讲话》，载《人民日报》2015 年 12 月 1 日第 002 版。

第四章

气候变化巴黎议定结果作为"协定"
而非"议定书"的国际法意义

2015 年 12 月 12 日，第 21 次联合国气候变化大会在法国巴黎闭幕。会议通过了旨在 2020 年后全球温室气体减排的《巴黎协定》（Paris Agreement）。国际社会对这一协定的出台给予广泛好评，时任联合国秘书长的潘基文更是激动地指出，"对于地球及全人类而言，《巴黎协定》乃是气候变化领域一次不朽的胜利"。[1] 然而，会议的议定结果并未采用 1997 年《京都议定书》的形式，而选择了以"协定"作为巴黎气候变化大会的成果体现。尽管从国际法角度来看，无论"议定书"还是"协定"均不影响议定结果的法律效力，但采用"协定"而非"议定书"仍存在一定差别，且同样会影响到条约的实际执行。[2] 特别是对中国而言，作为全球最大的温室气体排放国，《巴黎协定》将其正式纳入到强制减排行列，未来中国如何开展温室气体减排无疑将受其实质影响。因此，充分考量《巴黎协定》的形式要件，妥善利用国际

---

[1]　See UN News Centre, COP21: UN Chief Hails New Climate Change Agreement as "Monumental Triumph", http://www. un. org/apps/news/story. asp? NewsID = 52802 #. Vm0TzNKl – DE. (2018–4–4)

[2]　例如，美国联邦规章汇编第二十二编外交关系第 181. 2 部分在条约形式方面的规定就曾指出，"通常情况下，形式并不是一个重要的因素，但它确实值得考虑"。参见我国外交部条约法律司编：《主要国家条约法汇编》，法律出版社 2014 版，第 387 页。英国外交与英联邦事务部法律顾问奥斯特（Anthony Aust）教授也深刻指出，"条约实践中最神秘的方面之一乃是其非系统的命名条约的方式"。See Anthony Aust, *Modern Treaty Law and Practice*, Cambridge: Cambridge University Press, 2000, p. 19.

法对"协定"和"议定书"的不同规定，维护中国在应对气候变化方面的国家核心利益，就具有特别重要的现实意义。

一、对"议定书"和"协定"的国际法规则

对"议定书"和"协定"的国际法规则主要体现在条约法领域。其具体表现在如下两个方面。

（一）《维也纳条约法公约》对"议定书"和"协定"的国际法规定

1969 年《维也纳条约法公约》是条约法领域最为重要的国际公约。截至 2016 年 1 月，共有 114 个国家批准了该公约。❶ 无疑，其已成为指导各国条约实践的权威性规范。❷ 尽管在《维也纳条约法公约》中并没有具体规定"议定书"和"协定"的法律适用，但仍能从约文的整体结构和内容看出，"议定书"和"协定"存在着以下异同。

第一，无论采用"议定书"，还是"协定"的名称，只要符合《维也纳条约法公约》中条约定义，就应认定二者具有同等的法律效力。《维也纳条约法公约》第 2 条第 1 款第 1 目规定，称"条约"者，谓国家间所缔结而以国际法为准之国际书面协定，不论其载于一项单独文件或两项以下相互有关之文书内，亦不论其特定名称如何。可见，该条款所言的"亦不论其特定名称如何"表明了，条约的名称并不是条约成立的必要条件，而应以"议定书"或"协定"是否符合条约成立的要件，来判断其是否是条约。

第二，广义上的"协定"具有比"议定书"更宽泛的适用空间。从文本来看，一方面，《维也纳条约法公约》中出现"协定"一词就达

---

❶　See United Nations Treaty Collection, Status of Treaties on Vienna Convention on the Law of Treaties, https://treaties. un. org/pages/ViewDetailsIII. aspx? src = TREATY&mtdsg _ no = XXⅢ - 1& chapter =23&Temp=mtdsg3& lang =en. (last visited on 2016-1-8)

❷　See Ian Brownlie, *Principles of Public International Law*, 6th ed., Oxford: Oxford University Press, 2003, pp. 579 - 581. See also Malcolm N. Shaw, *International Law*, 6th ed., Cambridge: Cambridge University Press, 2008, pp. 902 - 907.

25 处之多，无疑，"协定"已成为条约当然无愧的同义词。另一方面，从条约的定义也可看出，条约既然可以用国家间缔结的"国际协定"替代，那么，相比"议定书"而言，"协定"一语无疑就适用于整个国家间缔结的所有类型条约。

第三，《维也纳条约法公约》肯定了国际习惯作为"议定书"和"协定"区分的主要国际法依据。由于《维也纳条约法公约》中没有对"议定书"和狭义上的"协定"作出具体规定❶，因此，应根据《维也纳条约法公约》序言的规定，"凡未经本公约各条规定之问题，将仍以国际习惯法规则为准"。所以，关于条约中"议定书"和"协定"在法律适用上的区别将取决于国际习惯法的规定。

（二）国际习惯对"议定书"和"协定"的不同认识

国际习惯法是由国家实践与法律确信所构成，表现为不成文的形式。因此，关于"议定书"和"协定"的国际习惯法规多可从国际法院的判决、各国的具体实践中发现。这主要表现在以下三个方面。

首先，国际法院的判决表明采用"议定书"还是"协定"是缔约方自主行为，但并不因此影响条约效力。如国际法院在 1962 年"隆端寺案"的初步反对意见中曾指出，"就国际法的一般情况而言，主要考虑缔约方的意图。法律并没有对形式给予特殊规定，只要能清晰地体现其意图，缔约方即可自由选择其形式"。❷ 又如在 1962 年的"西南非洲案"（初步反对意见）中也指出，"就国际协定或约定的性质而言，名称并不是决定性因素。在国家和国际组织的实践，以及国际法院的判例中，存在着相当多的各种用法；许多不同文书的类型均被赋予了条约的

---

❶ 从《维也纳条约法公约》的谈判背景来看，公约的起草者们并非没有注意到条约名称问题，但鉴于当具体涉及条约名称的各自意义时，将会产生更多的谈判折冲，最终决定不在该公约中规定这一方面。See T. O. Elias, *The Modern Law of Treaties*, New York: Oceana Publications, 1974, pp. 13–14.

❷ *Case concerning the Temple of Preah Vihear (Cambodia v. Thailand), Preliminary Objections, Judgment of 26 May* 1961: *I. C. J. Reports* 1961, p. 17.

性质"。❶

其次，各国法律中关于适用"议定书"还是"协定"的规定均语焉不详。据中国外交部条约法律司对世界上主要国家有关条约法律的汇编来看，绝大多数国家没有专门规定条约名称的条款，仅有德国、法国、乌兹别克斯坦以及美国对条约的名称进行了规定。其中 2004 年德国在《德国国际条约处理准则》的第六条专门规定了条约名称，其第一款规定，"原则上需在条约标题与文本中使用相关名称，以标示该条约种类与其作用"。这表明德国是承认不同条约名称之间是存在一定区别的，但遗憾的是，该法条中并没有再具体指明相关情况。同样，美国在其《美国联邦规章汇编》第二十二编外交关系的第一章国务院的第181.2 部分有关标准的规定的第五项"形式"的内容中指出，"通常情况下，形式并不是一个重要的因素，但它确实值得考虑"。然而，在承认形式重要性的同时，美国也认为，"协议的标题也不是决定因素。据以作出相关决定的基础是协定的实质内容而非诸如国际协定、谅解备忘录、换文……等名称"。而法国则在其《法国关于起草和缔结国际协定的通告》中就"议定书"进行简要规定，即"旨在补充或修改某现有协定的协议为'附加议定书''关于修改……协定的议定书'，必要时可称'附加条款'。然而，应避免'协定备忘录'或'协定议定书'之措辞，以免模糊所签协定的效力"。此外，乌兹别克斯坦在其 1995 年通过的《乌兹别克斯坦共和国国际条约法》中尽管第四条规定了国际条约的名称与类型，但仅是列举了名称，而并没有具体指出这些名称间的不同。

最后，从"议定书"和"协定"的国家实践来看则存在不同。具体表现为：

（1）以"议定书"和"协定"为名的文书，一般认为其所规定的事项无论在正式程度，还是重要性上都低于以"条约"或"公约"为

---

❶ *South West Africa Cases* (*Ethiopia v. South Africa*; *Liberia v. South Africa*), *Preliminary Objections*, *Judgment of* 21 *December* 1962: *I. C. J. Reports* 1962, p. 319.

名的文本。具体而言，"协定"与条约相比，在适用范围和缔约方数量方面都受到较大限制，且多具有技术和行政性特征。例如《商标国际注册马德里协定》《国际热带木材协定》等。而"议定书"则更多地表现为"公约"的附属性文书，它可以与"公约"同时制订，也可在"公约"之后，前者如2001年同时通过的《移动设备国际利益公约》和《移动设备国际利益公约关于航空器设备特定问题的议定书》；后者如1989年的《儿童权利公约》及2000年通过的《儿童权利公约关于儿童卷入武装冲突问题的任择议定书》。此外，"议定书"更多地依赖于"公约"，当"公约"终止时，"议定书"往往也终止。❶ 当然，并不是所有的"议定书"都如是，也有"议定书"经缔约方同意后继续有效，或作为一项单独的国际条约加以适用的情形。❷

（2）以"协定"命名的多边条约数量远远超过"议定书"。美国宾夕法尼亚州立大学的国际法教授甘布尔（John K. Gamble）在对1919年至1971年的多边条约的名称进行研究时指出，从过去到现在，多边条约的数量及类型是稳定的，从名称上看并没有出现某一类名称的多边条约增长或消亡的现象。❸ 而以"协定"命名的多边条约数量无论在过去还是现在，都是条约中数量最多的。此外，仅就"协定"本身而言，"二战"后的以"协定"命名的多边条约数量呈增长趋势，从原来的28%增加到了41%。❹

（3）以"议定书"命名的条约多集中在政治和经济事项上，而以"协定"命名的则更多地集中在经济事项上。根据甘布尔教授的统计，在有关经济事项上，以"协定"命名的多边条约占到了45%，而"议定书"则仅占到7%。但是，就以"议定书"命名的多边条约而言，在

---

❶ 参见［英］詹宁斯、瓦茨修订：《奥本海国际法》，王铁崖等译，中国大百科全书出版社1998年版，第693页。

❷ 参见李浩培著：《条约法概论》，法律出版社1987年版，第27页。

❸ See John King Gamble, Jr., "Multilateral Treaties: The Significance of the Name of the Instrument," *California Western International Law*, Vol. 10, 1980, pp. 12–13.

❹ See John King Gamble, Jr., "Multilateral Treaties: The Significance of the Name of the Instrument," *California Western International Law*, Vol. 10, 1980, p. 14.

政治和经济事项上其所占比例是均等的。❶ 这表明，以"协定"命名的多边条约更适合处理具体经济问题，而以"议定书"命名的多边条约在处理政治与经济问题时区分并不明显。

（4）以"议定书"命名的多边条约比以"协定"命名的更具开放性和一般性。以"协定"命名的多边条约往往是封闭式的，缔约国家数量有限，在诸边条约（plurilateral treaty）中更多适用。而以"议定书"命名的多边条约，由于其往往是"公约"的附属性文件，更多体现一般性条约（general treaty）的特性，允许向不同国家开放签署批准，故而，"议定书"有更多的当事国。此外，以"议定书"或"协定"命名的多边条约在有效期、条约保留方面区分不大，而"协定"比"议定书"则更多地使用在双边条约中。❷

综上所述，从一般国际法的角度来看，国际习惯是决定条约名称的主要渊源。但国际习惯的不成文性，使其在识别标准上仍存在着模糊性。然而，尽管如此，国际法学者仍肯定了不同条约名称所具有的意义。这正如前美国国务院法律顾问梅尔斯（Denys P. Myers）所言，自格劳秀斯以降，所有学者都认为条约的名称对于条约而言具有弱的法律意义；但是他们也均承认在国际关系中，具有某些名称的条约确实更为重要一些，例如以"条约"或"公约"命名的。❸ 而且，学者们也认为，尽管在国际层面上，不同条约名称并不影响其法律效力，但在条约的谈判主体、所涉内容和目标、国内立法程序上仍存在着一定差别。❹

---

❶ See John King Gamble, Jr., "Multilateral Treaties: The Significance of the Name of the Instrument," *California Western International Law*, Vol. 10, 1980, pp. 14-15.

❷ See John King Gamble, Jr., "Multilateral Treaties: The Significance of the Name of the Instrument," *California Western International Law*, Vol. 10, 1980, pp. 16-23.

❸ See Denys P. Myers, "The Names and Scope of Treaties," *American Journal of International Law*, Vol. 51, No. 3, 1957, p. 574. See also J. L. Brierly, *The Law of Nations*, 6th ed., Oxford: Oxford University Press, 1963, p. 317.

❹ 在美国哈佛大学的"条约法"版本中曾专列一条关于"条约的名称"，其详尽讨论了不同名称所存在的具体情况。See Harvard Research in International Law, "Law of Treaties, Art. 4, Commentary," *American Journal of International Law Supplement*, Vol. 29, 1935, pp. 710-722.

二、《联合国气候变化框架公约》对"议定书"和"协定"的规定及其实践

尽管《维也纳条约法公约》和国际习惯对"议定书"和"协定"都有相关规定,但最终决定适用何者,仍将取决于《联合国气候变化框架公约》的规定及缔约方会议的具体实践。

(一)《联合国气候变化框架公约》对"议定书"和"协定"的文本规定

《联合国气候变化框架公约》对"议定书"和"协定"的文本规定主要体现在以下三个方面:

第一,《联合国气候变化框架公约》暗含采取"公约-议定书"的框架模式。这体现在《联合国气候变化框架公约》的多个条款中。例如其序言指出,"(本缔约方)回顾1985年《保护臭氧层维也纳公约》和于1990年6月29日调整和修正的1987年《关于消耗臭氧层物质的蒙特尔议定书》,(决心为当代和后代保护气候系统,兹协议如下:)"。毫无疑问,这一点表明:一方面,《联合国气候变化框架公约》缔约方肯定了在臭氧层保护方面所取得的前期成就;另一方面,亦是证明在臭氧层国际保护方面的"公约-议定书"框架模式是成功的,这促使《联合国气候变化框架公约》考虑继续适用这一框架模式。❶ 此外,《联合国气候变化框架公约》的第1条第6款关于"区域经济一体化组织"的定义,指出其"有权处理本公约或其议定书所规定的事项"。第8条第2款关于秘书处的职能,"行使本公约及其任何议定书所规定的其他秘书处职能"。第25条第3款关于退约的规定,"退出本公约的任何缔约方,应被视为亦退出其作为缔约方的任何议定书"。这些规定都暗含着《联合国气候变化框架公约》将采取"公约-议定书"的框架模式。

---

❶ See Daniel Bodansky, "The United Nations Framework Convention on Climate Change: A Commentary," *Yale Journal of International Law*, Vol. 18, 1993, pp. 493-496.

第二，《联合国气候变化框架公约》第 17 条对"议定书"进行了专门规定。《联合国气候变化框架公约》第 17 条规定了 5 款内容，即"缔约方会议可在任何一届常委会上通过本公约的议定书。任何拟议的议定书案文应由秘书处在举行该届会议至少六个月之前送交各缔约方。任何议定书的生效条件应由该文书加以规定。只有本公约的缔约方才可成为议定书的缔约方。任何议定书下的决定只应由该议定书的缔约方作出"。由此可见，"议定书"形式已被《联合国气候变化框架公约》明确规定为，联合国气候变化缔约方大会，一旦达成具有法律拘束力的议定结果，必将采取条约名称和形式。

第三，《联合国气候变化框架公约》中没有对"协定"进行专门规定。《联合国气候变化框架公约》只在第 14 条关于争端的解决和第 15 条公约的修正中出现关于"协定"的表述。此外，第 7 条第 2 款中亦有关于缔约方会议"审议任何法律文书的履行情况"的表述。然而，尽管这些表述暗含着"协定"具有法律效力，但却没有直接指涉"协定"的具体内容。而且，第 14 条的具体表述更是旨在排除"协定"在争端解决中适用。第 15 条也仅是强调"协定"在《联合国气候变化框架公约》修正方面的适用。因此，从《联合国气候变化框架公约》的文本可以看出，缔约各方在谈判和缔结该公约之时，仅是考虑了"公约–议定书"的框架模式，并没有充分意识到未来联合国气候变化缔约方会议产生其他框架模式的可能性。

（二）实践经验

如上所述，由于《联合国气候变化框架公约》文本中没有就"协定"作出相关法律规定，因此，关于《巴黎协定》所具有的法律意义则无疑取决于联合国气候变化缔约方会议的具体实践。这具体表现在两个方面。

一方面，在《巴黎协定》之前，联合国气候变化缔约方会议并没有关于"协定"的法律实践。联合国气候变化缔约方会议是由《联合国气候变化框架公约》所创设，根据其第 7 条第 2 款的规定，"缔约方

会议作为本公约的最高机构，应定期审议本公约和缔约方会议可能通过
的任何法律文书的履行情况，并应在其职权范围内作出促进本公约的有
效履行所必要的决定"。这就为联合国气候变化缔约方会议创设包括议
定书在内的其他具有法律拘束力的国际协定提供了基本的法律依据。❶
然而，从联合国气候变化缔约方会议的具体实践来看，自 1995 年联合
国气候变化缔约方会议在德国柏林召开第一届会议以来，共召开了 21
次缔约方会议。除此次通过的《巴黎协定》以外，仅在 1997 年第 3 次
缔约方会议上通过了具有法律拘束力的《京都议定书》。至于缔约方会
议上通过的其他决定，尽管名称有所不同，如《柏权授权》《马拉喀什
协议》《巴厘路线图》《哥本哈根协议》等，但均是不具法律拘束力的
决定，或言之，仅是具有国际道德义务的"软法"。❷

　　另一方面，《巴黎协定》是联合国气候变化缔约方会议创设的新的
法律名称和形式。之所以这样认为是基于以下三点：第一，如上所述，
《联合国气候变化框架公约》第 7 条第 2 款暗含了缔约方会议有权创设
新的法律文书的权利；第二，第 13 次缔约方会议通过的《巴厘路线
图》，提出对"后京都时代"减排安排，应出台议定结果的要求；第
三，2011 年第 17 次缔约方会议上出台的《德班决议》则是《巴黎协
定》的直接法律依据。这从《德班决议》第 4 段，"德班加强行动平台
问题特设工作组应争取尽早但不迟于 2015 年完成工作，以便在缔约方会
议第二十一届会议上通过以上所指议定书、另一法律文书或某种有法律
约束力的议定结果，并使之从 2020 年开始生效和付诸执行"，以及《巴
黎协定》序言，"按照《公约》缔约方会议第十七届会议第1/CP.17号决
定建立的德班加强行动平台"，都可窥见这一点。无疑，《巴黎协定》是
缔约方在《德班决议》三种法律形式上的理性选择。

---

❶　See Jutta Brunnée，"COPing with Consent：Law-Making under Multilateral Environmental
Agreement，" *Leiden Journal of International Law*，2002，Vol. 15，pp. 1-52. 亦可参见吕江：《〈联
合国气候变化框架公约〉缔约方会议制度及其影响》，载王继军主编：《三晋法学》（第六
辑），中国法制出版社 2011 年版，第 313~326 页。

❷　参见吕江：《〈哥本哈根协议〉：软法在国际气候变化制度中的作用》，载《西部法学
评论》2010 年第 4 期，第 109~115 页。

三、对气候变化巴黎议定结果采用"协定"的法理反思及其实践意蕴

从国际法对"协定"和"议定书"的一般性规定，以及《联合国气候变化框架公约》对二者的具体规定与实践来看，尽管对二者的选择尚缺乏绝对标准，但也并非是像其他学者所言，是一种"任意的""极其偶然"的国家行为。[1] 那么，重视条约名称选择的意义又何在呢？

（一）法理反思：法律形式主义在国际法中的意义

无疑，在当前整个法学界大力开展法律解释的学术研究之时，提倡法律形式主义抑或是一股逆流。[2] 然而，不仅在国内法，而且在国际法学界，法律形式主义并没有彻底消逝；相反，学者们高度肯定了法律形式主义之于法律，特别是对国际法的意义。[3] 具言之，形式对国际法而言具有更重要的意义乃在于，所有国际法学者都必须面对"为什么说国际法是法"，进而言说"什么是法"这一根本命题。而其产生这一问题的根由，亦如英国国际法学家劳特派特所指出的，实是因为学界对国际法"确定性之合理程度规则的认同缺失"。[4] 因此，为了诠释"国际法为法"，法律形式就具有了格外重要的意蕴。

然而从更本质的方面来看，形式是在解决一个国际法的根本问题，即国家如何来辨别彼此间所作出的承诺呢？显然这种识别不是来自于国

❶ See A. Mastny and Simon Rundstein, "Whether It is Possible to Formulate Rule to be Recommended for the Procedure of International Conference and the Conclusion and Drafting of Treaties, and What Such Rules should Be," in League of Nations, "Second Session of the Committee of Experts for the Progressive Codification of International Law," *American Journal of International Law Special Supplement*, Vol. 20, 1926, p. 215.

❷ See James Lindgren, "The Fall of Formalism," *Albany Law Review*, Vol. 55, 1992, pp. 1009-1033.

❸ See Ernest J. Weinrib, "Legal Formalism: On the Immanent Rationality of Law," *Yale Law Journal*, Vol. 97, 1988, pp. 949-1016. See also Jean D'Aspremont, *Formalism and the Sources of International Law*, Oxford: Oxford University Press, 2011.

❹ Hersch Lauterpacht, "Codification and Development of International Law," *American Journal of International Law*, Vol. 49, 1955, p. 19.

家的意向，而在于国际法形式所承载的预期。甚至，采取制裁的理由，亦是对形式预期的违反，而不能是对方的意图。故而，国际法的形式提供了一种预期行为的识别标准，从而使国家间合作成为可能。因此，正如英国曼彻斯特大学国际法教授达斯普瑞蒙特（Jean d'Aspremont）在其《形式主义与国际法渊源》一书所认为的，在国际法中，一些基础性的法律探寻形式的存在，是保持国际法规范性特征的必要条件。❶ 同样，作为国际法批判学派的代表，芬兰著名国际法学家科斯肯涅米（Martti Koskenniemi）早在其 1989 年的著作《从辩解到乌托邦：国际法论证结构》中就对国际法话语的内在不一致表现出了极度的悲观倾向。❷ 而在对这一问题反思之后，他找到的解决办法，则仍是回归到国际法的"形式主义文化"中。正如他所言，形式主义文化"确保了对权力的限制，从而使那些居于强位的国家承担责任，也使那些弱国能被听到和保护"。❸

依此，回溯条约法的发展历程可以发现，《维也纳条约法公约》在条约名称方面所秉持的乃是一种"去形式"的定义模式，这从"亦不论其特定名称如何"即能窥见一斑。然而，这却可能带来忽视形式从而危及国际法的可能性。例如 1969 年的北海大陆架案中，荷兰和丹麦的辩词中就认为，尽管德国没有批准 1958 年的《大陆架公约》，但德国的行为、公开声明和宣示等均表明了其是认可《大陆架公约》项下之义务的。❹ 无疑，倘若这种理由成立，国际社会极可能重陷无序状态。因此，在一定程度上，形式之于条约在当今国际社会中仍是不可或缺的。这正如俄罗斯科学院国家与法研究所丹尼连科（Gennady M. Danilenko）教授所言，"在现代国际法下，就协定形式而言，在谈判

---

❶ See Jean D'Aspremont, *Formalism and the Sources of International Law*, Oxford：Oxford University Press, 2011, pp. 29-30.

❷ See Martti Koskenniemi, *From Apology to Utopia：The Structure of International Legal Argument*, Cambridge：Cambridge University Press, 2005, pp. 513-561.

❸ Martti Koskenniemi, *The Gentle Civilizer of Nations*, Cambridge：Cambridge University Press, 2002, p. 502.

❹ 关于丹麦与荷兰在 1969 年北海大陆架案中就此的详细辩词，参阅 I. C. J Report 1969, p. 25.

国总体上享有完全自由的同时，那种对非形式化没有任何限制的假定，无疑是错误的"。❶ 是以，条约名称的存在，进言之，条约不同名称的存在，正是国际法从形式的角度保障条约乃至国际社会运行必不可少的基本要件。

（二）实践意蕴：《巴黎协定》是气候变化制度安排的新创新

毫无疑问，此次巴黎气候变化缔约方会议上最终决定采取"协定"，而非"议定书"作为议定结果的条约名称，更大程度上是来自联合国气候变化缔约方会议的不断实践，这种实践不仅支持了《联合国气候变化框架公约》，而且亦作出了新的制度创新。就此，它所产生的法律后果及其影响至少体现在如下四个方面。

第一，实现了《联合国气候变化框架公约》的基本目标。《联合国气候变化框架公约》第2条规定指出，"本公约以及缔约方会议可能通过的任何相关法律文书的最终目标是：根据本公约的各项规定，将大气中温室气体的浓度稳定在防止气候系统受到危险的人为干扰的水平上"。由此可见，缔约方会议上通过的任何法律文书均是为了促成或保障这一目标的实现。然而，从1997年通过的法律文书，即《京都议定书》的实施来看，并不理想。❷ 相反，这样一种附加条约形式却在各缔约方中间留下了消极阴影，这从《哥本哈根协议》最终采用不具法律拘束力的形式就可窥见一斑。因此，唯有选择"协定"，而非"议定书"，才能将缔约各方纳入到公约的目标之下，才不会造成破裂。尽管学界试图

---

❶ G. M. Danilenko, *Law-Making in the International Community*, London: Martinus Nijhoff Publishers, 1993, p. 55.

❷ 先是时任美国总统的小布什拒绝在《京都议定书》上签字。之后，加拿大宣布退出《京都议定书》，而俄罗斯、日本等国则明确表示不参加《京都议定书》第二期减排承诺，都体现出《京都议定书》的尴尬境遇。See Sean D. Murphy ed., "U. S. Rejection of Kyoto Protocol Process," *American Journal of International Law*, Vol. 95, 2001, pp. 647-650. See also See Ian Austen, "Canada Announces Exit from Kyoto Climate Treaty," *The New York Times*, 2011-12-13, A10. 参见裴广江，苑基荣：《德班气候大会艰难通过决议》，载《人民日报》2011年12月12日第003版。张陨璧，刘叶丹：《外交部：新西兰不参加〈京都议定书〉第二承诺期令人遗憾》，中国日报网，2012年12月3日，http://www.chinadaily.com.cn/hqzx/2012-12/03/content_15981730.htm.（2019-4-4）

从实体角度，对具有法律效力的国际文书进行设计，但最终缔约各方从形式上以"协定"取代"议定书"，则更具有实效性，进而促成和保障了《联合国气候变化框架公约》基本目标的实现。

第二，规避了"议定书"形式的条约生效问题。1997年《京都议定书》在其第二十五条规定，"本议定书应在不少于五十五个《公约》缔约方、包括其合计的二氧化碳排放量至少占附件一所列缔约方1990年二氧化碳排放总量的55%的附件一所列缔约方已经交存其批准、接受、核准或加入的文书之日后第九十天起生效"。而《巴黎协定》在其第二十一条则规定，"本协定应在不少于55个《公约》缔约方，包括其合计共占全球温室气体总排放量的至少约55%的《公约》缔约方交存其批准、接受、核准或加入文书之日后第三十天起生效"。由此可见，鉴于对《京都议定书》项下美国消极态度的经验，《巴黎协定》在关于条约生效的三个方面都进行了改革：一是将《京都议定书》的"二氧化碳排放量"，改为"温室气体总排放量"，扩大了协定得以生效的气体数量；二是将"占附件一所列缔约方"，扩大为"《公约》缔约方"，使协定生效的缔约方得以扩大；三是将"交存其批准、接受、核准或加入的文书之日后第九十天"，改为"三十天"，大大缩短了条约生效日期。毫无疑问，这三个方面的不同，可有效避免《京都议定书》生效所带来的问题，使《巴黎协定》更易于尽快生效，付诸实施。❶

第三，赋予了"协定"更大的法律效力。无疑，《巴黎协定》生效之后，关于气候变化领域，将出现《保护臭氧层维也纳公约》及其《蒙特利尔议定书》《联合国气候变化框架公约》及其《京都议定书》

---

❶　《京都议定书》于1997年缔结，但由于美国的拒绝签署，直到2005年俄罗斯联邦的批准，才使该议定书得以生效，从缔结到生效长达8年之久。所幸的是，《京都议定书》规定的减排承诺期为2008—2012年，才使该议定书规定的减排承诺得以实施，倘若生效日期超出《京都议定书》所规定的减排承诺期，《京都议定书》极可能面临一个条约修正的问题。而《巴黎协定》主要针对是2020年后的全球温室气体减排，从缔结到承诺期仅有短短的5年时间，倘若不能尽快生效，将面临与《京都议定书》同样的命运。因此，简化《巴黎协定》生效条件是缔约方作出的理性选择。See David W. Childs, "The Unresolved Debates that Scorched Kyoto: An Analytical Framework," *University of Miami International and Comparative Law Review*, Vol. 13, 2005, pp. 233-260.

和《巴黎协定》五份国际条约都生效的情景。尽管这些条约之间大多为前后相继的关系，但仍存在出现条约冲突的可能性，特别是《京都议定书》与《巴黎协定》在温室气体减排方面存在交叉内容。然而，就文本而言，它们都没有规定当条约间出现冲突的解决办法。因此，应以国际法中关于条约冲突的解决办法为准。根据《维也纳条约法公约》第30条的规定，只要同时为《京都议定书》与《巴黎协定》的当事方，当发生冲突时，《巴黎协定》则优先适用。

此外，《巴黎协定》也开创了缔约方履约的灵活性。试想联合国气候变化缔约方会议如仍局囿于国际环境法中固有的"公约—议定书"的形式和内容，那么《联合国气候变化框架公约》的基本目标势必难以实现，而选择"协定"，则使全球应对气候变化走得更远，更为理性和现实。无疑，《巴黎协定》也昭示着未来全球应对气候变化的法律形式将更趋于多元化和灵活性。

四、中国应采取的法律对策

20世纪80年代，在美国政府屡屡违反其条约义务之时，国际法学家弗兰克（Thomas M. Franck）曾不安地指出，"条约是全球政治体的骨骼和肌肉，它使国家从谈话、妥协走向庄严承诺。它也是我们的道德纤维，是政府与人民承诺彼此忠诚与信任的明证"，而"贬损条约价值和简单化，则无异于将处于自我毁灭和罔顾自身最佳利益的危险境地"。❶正如其所言，我们应认真对待条约，不仅在内容方面，而且也应在形式领域，注意到那些微妙变化可能产生的各种结果。就中国而言，尽管我们于1990年已制定《缔约条约程序法》，但其中并没有规定条约名称的适用问题。而从法律实践来看，也没有具体规律可循。❷因此，强化条约名称方面的规范亦是中国条约立法需要面对的现实问题。❸而仅就此

---

❶ Thomas M. Franck, "Taking Treaties Seriously," *American Journal of International Law*, Vol. 82, 1988, p. 67.

❷ 参见段洁龙主编：《中国国际法实践与案例》，法律出版社2011年版，第185~194页。

❸ 参见王勇著：《中华人民共和国条约法问题研究（1949—2009年）》，法律出版社2012年版，第193~206页。

次《巴黎协定》而言，中国至少应在形式要件方面采取如下的法律对策。

一方面，应加强对《巴黎协定》程序性事项的关注。联合国气候变化谈判，从本质上讲，乃是一个不完全契约的缔结过程。❶ 因此，从这一角度来看，特别是鉴于中国在温室气体减排方面的劣势情境，中国不应只关注气候变化谈判的实质内容，而是应加强对全球应对气候变化机制的设计及争端解决等程序性事项的关注。充分利用中国作为碳大国的比较优势，将气候变化谈判的"剩余权利"牢牢控制在自己手中。当前，尽管《巴黎协定》已出台，但其仍面临着协定生效、内部机制构建等程序性问题。

对此，中国应：第一，不急于批准《巴黎协定》，而是应在开放签署之后，充分分析欧盟、美国等在《巴黎协定》上的国家行动趋向，根据国际形势的变化，审时度势，作出正确的批准判断，甚至可在一定程度上充分利用国内条约批准程序之藉，更多地控制应对气候变化谈判的主动权。❷ 第二，鉴于《巴黎协定》的批准与否，并不影响当前其诸多内部机制的构建，因此，中国应积极参与此类机制构建，反映中国立场，维护国家核心利益。第三，应加强对《巴黎协定》的国际法研究。随着《巴黎协定》的出台，气候变化条约体系的雏形已构建起来，未来不仅在其体系内部，甚至在与诸如国际贸易等领域之间，都需要法律承担起冲突与协调的解决。此外，当前《巴黎协定》的生效日期至关重要，倘若生效日期发生五年之后，即在 2020 年之后，那么《巴黎协定》无疑将面临一个重大的条约修正问题，因此，中国必须加强此方面的国际法研究，以备不时之需。

另一方面，应保障《巴黎协定》与国内气候变化立法的制度衔接。"约定必须遵守"是整个国际法治的根基。故而，中国一旦作出批准

---

❶　参见吕江：《破解联合国气候变化谈判的困局——基于不完全契约理论的视角》，载《上海财经大学学报》，2014 年第 4 期，第 95～104 页。

❷　中国已决定于 4 月 22 日《巴黎协定》开放签署日签署该条约。参见 2016 年 3 月 31 日，中国国家主席习近平与美国总统奥巴马联合发表的第三次《中美元首气候变化联合声明》。

《巴黎协定》的决定，就应认真履行协定义务，承担大国责任。为此，应加强《巴黎协定》与国内立法的制度衔接。从当前的国内现状来看，最为紧迫的是"十三五"规划与《巴黎协定》的适度衔接，以期为2020年后中国碳减排承诺奠定物质基础。此外，国内气候变化立法也应加紧进行，使国际承诺转化为国内法，为应对气候变化提供有力的法律保障。❶

结　语

法国后现代哲学家利科（Paul Ricoeur）在其著述《从文本到行动》一书中曾指出，"世界就是由文本打开的指涉对象形成的整体"，当"某种文本——甚至是所有文本——把行动本身作为指涉对象，那么进行这样一种转换的正当性看起来会更加有力"。❷无疑，在肯定《巴黎协定》所带来的积极意义之时，依此所展开的应对气候变化行动，将是我们更为期待的理想彼岸。

---

❶ 中国早在2009年，全国人大常委会就通过关于积极应对气候变化的决议，提出"要把加强应对气候变化的相关立法作为形成和完善中国特色社会主义法律体系的一项重要任务，纳入立法工作议程"。参见《全国人民代表大会常务委员会关于积极应对气候变化的决议》，载国家发展和改革委员会：《中国应对气候变化的政策与行动——2009年度报告》，附件四，2009年11月，第67～72页。中国也在积极开展《应对气候变化法（初稿）》的起草和征求意见工作。参见国家发展和改革委员会：《中国应对气候变化的政策与行动——2015年度报告》，2015年11月，第29页。此外，中国社会科学院于2010年亦编写了《中华人民共和国气候变化应对法》（社科院建议稿），而在地方上，青海、山西都有相关应对气候变化的办法出台，江苏、湖北等省也正在加紧制定地方应对气候变化立法。参见吕江：《气候变化立法的制度变迁史：世界与中国》，载《江苏大学学报（社科版）》，2014年第4期，第41～49页。然而，尽管如此，所有这些立法活动都应重新考虑《巴黎协定》对国家应对气候变化的新要求，才能实现国内立法与《巴黎协定》的衔接一致。

❷ ［法］利科著：《从文本到行动》，夏小燕译，华东师范大学出版社2015年版，第190、205页。

第五章

新发展理念与气候变化

——以国家自主贡献为视角

2015 年 10 月，习近平在关于《中共中央关于制定国民经济和社会发展第十三个五年规划的建议》的说明中指出：发展理念是发展行动的先导，是管全局、管根本、管方向、管长远的东西，是发展思路、发展方向、发展着力点的集中体现。[1] 2015 年 10 月 26 日至 29 在北京召开了中国共产党第十八届中央委员会第五次全体会议。会议强调，实现"十三五"时期发展目标，破解发展难题，厚植发展优势，必须牢固树立并切实贯彻创新、协调、绿色、开放、共享的发展理念。[2] 2016 年 1 月29 日，习近平在中共中央政治局第三十次集体学习时强调：新发展理念就是指挥棒、红绿灯。[3]

党的十九大报告中将"坚持新发展理念"作为新时代坚持和发展中国特色社会主义基本方略的重要原则和组成部分。报告指出："发展是解决我国一切问题的基础和关键，发展必须是科学发展，必须坚定不

---

[1] 参见霍小光：《五个细节折射中国发展理念新飞跃》载新华网，http://www.xinhuanet.com/politics/2015-11/04/c_1117041527.htm.（访问日期 2019-1-25）

[2] 参见丁峰：《授权发布：中国共产党第十八届中央委员会第五次全体会议公报》载新华网，http://www.xinhuanet.com/politics/2015-10/29/c_1116983078.htm.（访问日期 2019-1-26）

[3] 参见潘旭涛：《中国这 5 年：坚定不移贯彻新发展理念（砥砺奋进的 5 年）》，载《人民日报（海外版）》2017 年 08 月 05 日第 01 版。

移贯彻创新、协调、绿色、开放、共享的发展理念。"❶ 点明了在中国特色社会主义新时代，我们要始终坚持新发展理念，把它作为全面建成小康社会、实现"两个一百年"奋斗目标的理论指导和行动指南。❷ 2018 年 3 月，全国人大会议上将新发展理念写入宪法，将习近平新时代中国特色社会主义经济思想的主要内容固化为共同遵循，让党中央推动经济发展实践的理论结晶上升为国家意志，有利于更好发挥其在决胜全面建成小康社会、开启全面建设社会主义现代化国家新征程中对经济发展的重要指导作用。❸

新发展理念强调创新与绿色，这与 2015 年气候变化《巴黎协定》提出的国家自主贡献极为吻合。国家自主贡献开创了新的减排模式。❹尽管国家自主贡献创设的直接诱因，实是国家间气候政治博弈的结果，但一定程度上，其亦是全球应对气候变化机制的新变革，是当前国际环境法在新的全球背景下作出的重要调整。然而，作为一项新机制，国家自主贡献仍存在着或背离气候正义，以及机制亟待完善的诸多挑战。为此，在回顾国家自主贡献的演变历程之后，本章剖析了其在制度安排方面的创新对新发展理念的体现，并指出其在未来可能面临的诸多挑战，从而提出相应的制度性建议。

一、国家自主贡献的产生背景

国家自主贡献的模式设想最早可溯源到《联合国气候变化框架公约》。该公约创设了以发达国家与发展中国家为分类标准的减排制度设计，其中对发展中国家的制度安排是，其自行决定是否承担《联合国气

---

❶ 参见钱中兵：《习近平：决胜全面建成小康社会 夺取新时代中国特色社会主义伟大胜利——在中国共产党第十九次全国代表大会上的报告》载新华网，http://www.xinhuanet.com/politics/19cpcnc/2017-10/27/c_1121867529.htm.（访问日期 2019-1-27）

❷ 参见本报评论员：《坚持新发展理念——四论深入学习贯彻党的十九大精神》，载《光明日报》2017 年 10 月 31 日第 1 版。

❸ 参见高波：《解读宪法修正案之九将新发展理念写入宪法顺势应时》，载《中国纪检监察报》2018 年 3 月 27 日第 2 版。

❹ 参见第 21 次联合国气候变化大会第 1/CP.21 号决定的第 12-40 段和《巴黎协定》第 4 条。

候变化框架公约》中与发达国家相同的承诺。❶ 毫无疑问，尽管《巴黎协定》中规定的国家自主贡献模式，从适用主体、具体规则都已与《联合国气候变化框架公约》的规定有了天壤之别，但却一定程度上反映该公约关于自愿减排这一目标理念。之后，1997 年的《京都议定书》继承了这一制度性设想，对发展中国家仍仅是要求在自身基础上开展自愿减排。❷ 然而，由于美国拒绝加入《京都议定书》，从而使这个温室气体排放最大的发达国家"绝缘"于全球碳减排的制度安排（其不仅游离于发达国家的强制减排行列之外，甚至从严格意义上讲，对发展中国家进行自愿减排的制度安排都无法直接适用于美国）。为了改变这种格局，全球碳减排的制度构建开始出现微妙变化，从只要求"发展中国家"进行自愿减排，开始向"每一国"均须自愿减排转向。例如，2009 年《哥本哈根协议》既要求发达国家提交量化的排放指标，又要求发展中国家提交缓解行动。❸

　　2013 年联合国气候变化华沙会议第一次提出了"国家自主贡献"的概念。根据会议通过的《进一步推进德班平台》的决定，"邀请所有缔约方在通过一个在公约下适用于所有缔约方的议定书、其他法律文书或具有法律效力的议定成果的背景下，并在不影响相关贡献法律性质的情况下，开始或强化其关于计划的国家自主决定贡献的国内准备工作"。❹ 2014 年联合国气候变化利马会议进一步完善了国家自主贡献相关内容，在《利马气候行动呼吁》的决定中，除要求各国在联合国气候变化第 21 次会议前尽早通报各自的预期国家自主贡献外，也提供了一个关于国家自主贡献的信息识别标准。❺ 2015 年 10 月 30 日，在联合国气候变化巴黎会议召开之前，147 个缔约方中包括中国在内的 119 个国

---

　　❶　其具体体现在《联合国气候变化框架公约》第 4 条第 2 款（g）项的规定，"不在附件一之列的任何缔约方，可以在其批准、接受、核准或加入的文书中，或在其后任何时间，通知保存人其有意接受上述（a）项和（b）项的约束"。

　　❷　参见《京都议定书》第 10 条的规定。

　　❸　参见《哥本哈根协议》第 4-5 段的规定。

　　❹　《进一步推进德班平台》决议的第 2（b）段。

　　❺　参见《利马气候行动呼吁》第 8-16 段的规定。

家提交了各自的"预期国家自主贡献"（Intended Nationally Determined Contributions，INDCs）。❶ 2015 年 12 月，联合国气候变化巴黎会议通过的《巴黎协定》正式将国家自主贡献模式确定为 2020 年后全球应对气候变化的基本模式。

二、国家自主贡献的具体内容

从狭义上讲，国家自主贡献仅是指《巴黎协定》中规定的内容，广义上则应包括联合国气候变化巴黎会议通过的第 1/CP.21 号决定（以下简称《巴黎决定》）中关于国家自主贡献的相关内容，以及缔约方通报并记录在公共登记册上的国家自主贡献。❷ 其具体内容应包括以下四个方面：

（一）国家自主贡献的目标

根据《巴黎协定》第 2 和 3 条的规定，从广义角度来看，国家自主贡献的目标包括了三项：第一，减排目标。应实现"把全球平均气温升幅控制在工业化前水平以上低于 2℃ 之内，并努力将气温升幅限制在工业化前水平以上 1.5℃ 之内"。第二，适应目标。应"提高适应气候变化不利影响的能力并以不威胁粮食生产的方式增强气候复原力和温室气体低排放发展"。第三，资金目标。应"使资金流动符合温室气体低排放和气候适应型发展的路径"。然而，从狭义角度来看，特别是从《巴黎协定》"国家自主贡献"的严格定义出发，其目标应仅是指减排目标。此外，上述目标的实现也应与可持续发展和消除贫困相联系，并在履行过程中体现出不同国情基础上的公平及共同但有区别的责任和各自

---

❶ See Claudio Forner, *Synthesis Report on the Aggregate Effect of INDCs*, Germany, Bonn：UNFCCC Secretariat，2015，p. 5.

❷ 这是因为：一方面，《巴黎协定》第 4 条第 9 款和第 12 款为《巴黎决定》和公共登记册创设了潜在的拘束力；另一方面，《巴黎协定》中国家自主贡献的实施，与《巴黎决定》中关于国家自主贡献的内容和缔约方通过的国家自主贡献的记录有着密不可分的关系，在一定程度上，二者起到了对《巴黎协定》说明与补充的解释性功能。当然，倘若二者的具体内容与《巴黎协定》发生冲突时，仍应以《巴黎协定》为准。参见《维也纳条约法公约》第 31 条"解释之通则"。

能力原则。●

（二）国家自主贡献的范围

国家自主贡献的范围，从较广泛的意义来看，根据《巴黎协定》第 3 条的规定，应包括减排（第 4 条）、适应（第 7 条）、资金（第 9 条）、技术开发与转让（第 10 条）、能力建设（第 11 条），以及监督机制（第 13 条），涵盖了气候变化制度构建以来的大部分领域。● 然而，从严格定义出发，国家自主贡献也应仅是指减排领域。这可以从以下三个方面看出：第一，2013 年联合国气候变化华沙会议通过《进一步推进德班平台》的决议时，国家自主贡献的范围仅限于减排领域。● 第二，尽管 2014 年联合国气候变化利马会议上通过《利马气候行动呼吁》，并作出扩大性解释，规定"请所有缔约方考虑通报其在适应行动规划方面的承诺，或考虑在预期国家自主贡献中列入适应方面的内容"●，但是《巴黎协定》中并没有认可适应必须纳入到国家自主贡献中，仅承认其是一个"可选项"。这从《巴黎协定》第 7 条第 11 款及《巴黎决定》第 18 段可窥见一斑。●

● 值得注意的是，《巴黎协定》中共同但有区别的责任原则已悄然发生变化，其已不再是建立在"发展中国家与发达国家"之间的划分，而是建立在"每一个不同国家"之上。参见《巴黎协定》第 2 条第 2 款。

● 《巴黎协定》第 3 条规定：作为全球应对气候变化的国家自主贡献，所有缔约方将采取并通报第四条、第七条、第九条、第十条、第十一条和第十三条所界定的有力度的努力。

● 《进一步推进德班平台》第 2 段（b）规定"开始或强化其关于计划的国家自主决定贡献的国内准备工作，以朝着实现公约第二条设定的目标努力"，鉴于《联合国气候变化框架公约》第 2 条规定的内容，主要是减排。因此可以看出国家自主贡献仅涉及减排。参见《联合国气候变化框架公约》第 2 条。

● 《利马气候行动呼吁》第 12 段。

● 《巴黎协定》第 7 条第 11 款规定，"本条第十款所述适应信息通报应酌情定期提交和更新，纳入或结合其他信息通报或文件提交，其中包括国家适应计划、第四条第二款所述的一项国家自主贡献和/或一项国家信息通报"。《巴黎决定》第二部分"预期国家自主贡献"第 18 段规定，"在这方面还注意到许多发展中国家缔约方在其预期国家自主贡献中表示的适应需要"。

（三）国家自主贡献须提交的信息内容

2015 年联合国气候变化巴黎会议通过的《巴黎协定》中没有将信息内容标准纳入，只是在其第 4 条第 8 款中规定，"在通报国家自主贡献时，所有缔约方应根据第 1/CP. 21 号决定和作为本协定缔约方会议的《公约》缔约方会议的任何有关决定，为清晰、透明和了解而提供必要的信息"。因此，从目前来看，鉴于《巴黎协定》缔约方会议尚未召开，作为具有法律拘束力的信息内容标准应仅是指第 1/CP. 21 号决定，即《巴黎决定》第 27 段规定，亦即"商定了为促进清晰、透明和可理解，缔约方提供的通报本国国家自主贡献的信息除其他外，可酌情包括各种可量化信息，以说明参考点（酌情包括基准年）、实施时限和（或）时期、范围和覆盖面、规划进程、假设和方法学方针（包括在人为温室气体排放量的估计和核算方面），也可酌情包括清除量，并说明缔约方何以认为其国家自主贡献就本国国情而言公平而有力度，以及该国家自主贡献如何能为实现《公约》第 2 条的目标作出贡献"。

关于国家自主贡献提交的信息内容包括哪些？2013 年在联合国气候变化华沙会议中就已凸显出来，为此，在会议通过的《进一步推进德班平台》决议中提出应考虑提交的信息内容标准的规定。❶ 2014 年联合国气候变化利马会议通过的《利马气候行动呼吁》决议中正式提出了关于缔约方提交国家自主贡献的信息内容标准。❷ 然而，尽管其与《巴黎决定》中提出的信息内容标准基本一致，但与后者相较其没有法律拘

---

❶ 2013 年《进一步推进德班平台》决议第 2 段（b）和（c）项规定，"……，（预期国家自主贡献）要以有利于拟作出的承诺的明晰度、透明度及对此种承诺的理解的方式"。"请德班加强行动平台问题特设工作组在缔约方会议第二十届会议之前，确定缔约方在提出以上第 2 段（b）分段提及的承诺（但不影响承诺的法律性质）时提供信息"。

❷ 2014 年《利马气候行动呼吁》决议第 14 段规定，"商定缔约方在通报拟作出的由本国自定的贡献时为促进明晰度、透明度和理解而提供的信息可酌情包括：关于参考点（酌情包括基准年）、执行时间框架和（或）期限、实施范围和覆盖面、规划进程、假设和方法的量化信息，包括关于估计和核算人为温室气体排放量以及可能的清除量所用方法的量化信息，以及缔约方为何认为其拟作出的本国自定的贡献从国情看公平而有力度，如何能促进实现《公约》第 2 条列明的目标"。

束力。此外，从《巴黎协定》的规定来看，缔约方提交的国家自主贡献信息内容有可能进一步扩大，而扩大的内容则有待于《巴黎协定》缔约方会议的进一步决定。❶

（四）国家自主贡献的实施与监督

国家自主贡献的实施主要体现在《巴黎协定》第4条，即应编制、通报并保持缔约方计划实现的连续国家自主贡献；连续国家自主贡献将比当前的国家自主贡献有所进步；每五年通报一次国家自主贡献；并根据缔约方会议的指导，随时调整其现有的国家自主贡献；最终缔约方通报的国家自主贡献将记录在秘书处保持的一个公共登记册上。❷

国家自主贡献的监督主要体现在《巴黎协定》的第13条新创设的"透明度框架"机制下。其第5、7（2）、11款规定，"行动透明度框架的目的是按照《公约》第2条所列目标，明确了解气候变化行动，包括明确和追踪缔约方在第四条下实现各自国家自主贡献方面所取得进展"，"各缔约方应定期提供跟踪在根据第四条执行和实现国家自主贡献方面取得的进展所必需的信息"，"各缔约方应参与促进性的多方审议，以对第九条下的工作以及各自执行和实现国家自主贡献的进展情况进行审议"。

此外，在实施方面，《巴黎决定》第14段要求《联合国气候变化框架公约》秘书处在其网站公布各缔约方通报的国家自主贡献。在其第23、24段要求缔约方于2020年通报或更新其国家自主贡献，之后每五次通报一次。

---

❶ 《巴黎协定》第4条第8、9款规定，"在通报国家自主贡献时，所有缔约方应根据第1/CP.21号决定和作为本协定缔约方会议的《公约》缔约方会议的任何有关决定，为清晰、透明和了解而提供必要信息"，"各缔约方应根据第1/CP.21号决定和作为本协定缔约方会议的《公约》缔约方会议的任何有关决定，并从第十四条所述的全球盘点的结果获取信息，……"。《巴黎决定》第20段规定，"决定在2018年召开缔约方之间的促进性对话，以盘点缔约方在争取实现《协定》第4条第1款所述长期目标方面的进展情况，并按照《协定》第4条第8款为拟定国家自主贡献提供信息。"

❷ 参见《巴黎协定》第4条第2、3、9、11和12款的规定。

三、国家自主贡献的法律性质

国家自主贡献的法律性质至少包括以下三点：

（一）国家自主贡献的减排目标将具有法律效力

《巴黎协定》中提出的国家自主贡献的减排目标内容与之前联合国气候变化大会通过的决议表述并无太大变化。但是需要指出的是，《巴黎协定》中提出的减排目标是具有法律效力的，这显然不同于自《哥本哈根决议》以来关于温室气体减排目标的历次决议，其实质乃是从一种政治承诺转化为法律义务。换言之，《巴黎协定》中提出的"把全球平均气温升幅控制在工业化前水平以上低于2℃之内，并努力将气温升幅限制在工业化前水平以上1.5℃之内"的减排目标，实际上不仅规定了全球温室气体排放的总量限额，而且也为应对气候变化的制度安排提供了法律依据。无疑，这是自《联合国气候变化框架公约》制定以来，首次为所有缔约方设定明确的法律减排目标，不同于《京都议定书》仅是为发达国家设立减排目标。在一定意义上，是全球应对气候变化制度安排的一次重大进步，是对温室气体减排从长期、概念性目标，走向阶段、具体性目标的实质转变。

（二）缔约方提交的国家自主贡献的具体承诺将具有法律拘束力

鉴于《巴黎协定》的性质属于国际条约，因此缔约方据此作出的国家自主贡献，无论其内容如何，都将具有法律拘束力，一旦违反其具体承诺，将承担相应的国家责任。具体而言，这表现在：一方面，《巴黎协定》中规定的国家自主贡献与联合国气候变化历次会议上通过的有关国家自主贡献的决议不同。例如，尽管2013年的《进一步推进德班平台》和2014年《气候行动利马呼吁》中都涉及国家自主贡献，但由于二者均属于《联合国气候变化框架公约》缔约方会议的决议而不具有法律拘束力。因此，缔约方对其规定的违反仅是承担政治上的或道义上的责任。另一方面，《巴黎协定》中的国家自主贡献也不同于《联合国气候变化框架公约》和《京都议定书》中关于发展中国家自愿减排的规定。尽管后两者也都具有法律拘束力，但从内容上而言，它们关于发展中国家自愿减排的法律拘束力，与《巴黎协定》中依据国家自主贡献所产生的减排有着质的区别。或言之，一旦国家依据国家自主贡献作出减排承诺，其将是强制性的，而《联合国气候变化框架公约》和《京都议定书》中关于发展中国家的自愿减排则不受此种限制。

（三）缔约方提交的国家自主贡献的法律效力将处于动态发展中

从目前规定来看，缔约方提交的国家自主贡献基本上有两大块，亦即缔约方批准《巴黎协定》之前提交的预期国家自主贡献（INDCs），和缔约方批准《巴黎协定》时提交的国家自主贡献。❶ 严格意义上讲，预期国家自主贡献并不能等同于国家自主贡献，《巴黎协定》中并没有关于预期国家自主贡献的相关规定。然而，《巴黎决定》第 22 段规定，"缔约方最晚于提交各自《巴黎协定》批准、接受、核准或加入文书之时通报它们的第一次国家自主贡献；如果缔约方在加入《协定》之前已经通报了预期国家自主贡献，该缔约方应视为已经满足了本项规定，除非该缔约方另有决定"。这表明，只要国家没有相反的意思表示，那么其提交的预期国家自主贡献将作为具有法律拘束力的国家自主贡献来看待。

此外，从《巴黎协定》第 4 条第 2、9、11 款提出的"连续国家自主贡献""每五年通报一次国家自主贡献""缔约方可根据……指导，随时调整其现有的国家自主贡献，以加强其力度水平"的规定，均潜在表明国家自主贡献将采取不断更新的方式。那么，这就意味着缔约方提交的国家自主贡献的法律效力将处于动态发展中。换言之，一旦缔约方提交了新的国家自主贡献，原国家自主贡献将即行失效，从而受新的国家自主贡献的法律拘束，除非该缔约方另有决定。

---

❶ 参见《巴黎决定》第 12、13 和 22 段。

四、国家自主贡献在制度安排方面的创新对新发展理念的体现

国家自主贡献在制度安排方面的创新对新发展理念的体现主要表现在以下两个方面：

（一）国家自主贡献体现了新发展理念在全球应对气候变化的制度创新

《巴黎协定》的出台被时任联合国秘书长的潘基文赞誉为气候变化应对史上"一次不朽的胜利"。[1] 然而，究其根源实是因为《巴黎协定》中国家自主贡献的创设，在一定程度上纾解了全球应对气候变化安排的制度危机。其实，早在《联合国气候变化框架公约》缔结之时，这种制度危机就已被埋下；[2] 而《京都议定书》时，美国的拒绝加入则将这种制度危机充分暴露出来。[3] 因此，如何破解这一制度性困境，就成为国际社会后期一致努力的方向。[4] 但是令人遗憾的是，这种制度危机的裂痕却愈演愈烈，尽管 2007 年"巴厘路线图"启动"后京都"全球应

---

[1] See UN News Centre, COP21: UN Chief Hails New Climate Change Agreement as "Monumental Triumph", http://www.un.org/apps/news/story.asp?NewsID=52802#.Vm0TzNKl-DE. (last visited on 2016-4-29)

[2] 从 1990 年至 1992 年的联合国气候变化谈判历程就可看出，由积极参与公约文本的起草工作，到后期的强烈抵制，美国险些使谈判努力化为泡影，这已说明制度危机的存在。所幸的是，英国的斡旋，以及《联合国气候变化框架公约》中排除了强制减排的规定，才使美国勉强加入该公约，从而避免了制度危机的爆发，但却由此埋下了制度危机的祸根。See Daniel Bodansky, "The United Nations Framework Convention on Climate Change: A Commentary," *Yale Journal of International Law*, Vol. 18, 1993, pp. 451-558.

[3] See Sean D. Murphy, "U. S. Rejection of Kyoto Protocol Process," *American Journal of International Law*, Vol. 95, 2001, pp. 647-650. See also Greg Kahn, "The Fate of the Kyoto Protocol under the Bush Administration," *Berkeley Journal of International Law*, Vol. 21, 2003, pp. 548-571.

[4] See Paul G. Harris, "Collective Action on Climate Change: The Logic of Regime Failure," *Natural Resources Journal*, Vol. 47, 2007, pp. 195-224. See also Harro van Asselt, "From UN-ity to Diversity? The UNFCCC, the Asia-Pacific Partership, and the Future of International Law on Climate Change," *Carbon and Climate Law Review*, Vol. 1, 2007, pp. 17-28. Alan Carlin, "Global Climate Change Control: Is There a Better Strategy than Reducing Greenhouse Gas Emission?" *University of Pennsylvania Law Review*, Vol. 155, 2007, pp. 1401-1497. See Richard B. Stewart & Jonathan B. Wiener, *Reconstructing Climate Policy: Beyond Kyoto*, Washington, DC: The AEI Press, 2003.

对气候变化的谈判，但其收效甚微，2009 年仅达成了不具法律拘束力的《哥本哈根协议》。❶ 更有甚者，2011 年，加拿大宣布退出《京都议定书》，俄罗斯、日本和新西兰也明确表示不参加《京都议定书》第二期减排。而此时的欧盟，当发现自身的减排努力极可能化作"泡影"时，则贸然采取了具有对抗措施的单边行动，宣布将所有进入欧盟的国际航空纳入其排放贸易机制中，凡未达到欧盟排放要求的航空公司将受到处罚。❷ 这一单边行动立刻激起了包括美国在内的其他国家的强烈反对，一场"剑拔弩张"的国家间对抗一触即发。❸ 尽管最终在国际民航组织的协调下，欧盟未对他国航空公司实施处罚，❹ 但也仅承诺是暂缓，而未放弃这一举措。

因此，全球应对气候变化进入到一个艰难的"十字路口"，国家间的气候合作极可能因这场制度性危机而分崩离析。毫无疑问，正是国家自主贡献解决了制度危机中强制减排的关键节点，从而促使拥有不同诉求的国家最终能坐在一起，将应对气候变化推向更高阶段，从而避免了一场全球性的气候制度危机。

我国的国家自主贡献把新发展理念落到了实处。根据自身国情、发展阶段、可持续发展战略和国际责任担当，中国确定了到 2030 年的自主行动目标：二氧化碳排放 2030 年左右达到峰值并争取尽早达峰；单位国内生产总值二氧化碳排放比 2005 年下降 60%～65%，非化石能源占一次能源消费比重达到 20% 左右，森林蓄积量比 2005 年增加 45 亿立方米左右。中国还将继续主动适应气候变化，在农业、林业、水资源等

❶ See Daniel Bodansky, "The Copenhagen Climate Change Conference: A Postmortem," *American Journal of International Law*, Vol. 104, 2010, pp. 230-240. See also Lavanya Rajamani, "The Making and Unmaking of the Copehhagen Accord," *International & Comparative Law Quarterly*, Vol. 59, 2010, pp. 824-843.

❷ See Joanne Scott & Javanya Rajamani, "EU Climate Change Unilateralism," *European Journal of International Law*, Vol. 23, 2012, pp. 469-494.

❸ 参见赵川：《23 国家联合宣言：8 条措施反制欧盟航空税》，载《21 世纪经济报道》2012 年 2 月 28 日第 21 版。

❹ 参见张琪：《ICAO 达成全球航空碳排协议》，载《中国能源报》2013 年 10 月 14 日第 7 版。

重点领域和城市、沿海、生态脆弱地区形成有效抵御气候变化风险的机制和能力，逐步完善预测预警和防灾减灾体系。[1]

（二）国家自主贡献体现了新发展理念的全球绿色转型

新发展理念是中国共产党在深刻总结国内外发展经验教训和研判世界发展大势的新背景下形成的思维结晶。[2]绿色、低碳发展是人类为应对生态环境危机、全球气候变化提出的新的发展理念，是对可持续发展理念的继承和创新。[3]国家自主贡献在全球温室气体减排方面具有开创性以外，它也给全球经济带来一个重大的发展信号，那就是未来全球发展将锁定在绿色转型的路径上。自 2003 年英国首次在其《2003 年能源白皮书》中提出"低碳经济"的概念以来，全球在清洁能源投资领域方兴未艾。然而，自 2008 年金融危机时起，全球能源供应进入一个相对疲软期，供大于求的现状使清洁能源投资受到传统能源强有力的挑战，且许多国家清洁能源发展进入一个曲折期（如当前中国新能源发展中出现的弃风、弃光等问题），人们普遍对未来清洁能源投资的可行性提出了质疑，再加之全球应对气候变化的制度安排迟迟不能确定下来，严重影响到未来对清洁能源投资的积极性。

然而，《巴黎协定》的出台，特别是国家自主贡献对全球碳排放的法律肯定，从制度层面为绿色经济投资带来了确定性。尽管缔约方也须每五年更新一次国家自主贡献，但却不像《京都议定书》那样不断地重新谈判，因此国家自主贡献在减排方面具有更强的长效性。这也就意味着，即使当前传统能源在成本、规模等领域都是绿色能源所无法抗衡的，但国家自主贡献的制度性设计使后者具备了与传统能源相竞争的优

---

[1] 参见国务院新闻办公室：《强化应对气候变化行动 ——中国国家自主贡献》，2018 年 6 月 19 日，http://www.scio.gov.cn.（访问日期：2018-5-2）

[2] 参见张学中、何汉霞：《新发展理念的三维视域：新背景 新内涵 新要求——中国化马克思主义发展思想研究》，载《观察与思考》2017 年 08 期，第 65 页。

[3] 参见田智、宇杨晶：《我国城市绿色低碳发展：理论综述及引申》，载《中国经贸导刊（理论版）》2018 年 02 期，第 70 页。

势，这不仅为未来全球经济绿色转型奠定了法律基础，也表明一场新能源革命的开启。

五、新发展理念下国家自主贡献面临的挑战

如上所述，国家自主贡献为全球温室气体减排带来了契机，但从目前的规定来看，仍存在包括但不限于如下三个方面在后期需亟待解决：

（一）国家自主贡献难以独立完成减排任务

一方面，从各国目前提交的预期国家自主贡献（INDCs）来看，到2030年时，全球温室气体总排放将达到550亿吨水平，远远高于将全球平均气温升幅控制在低于工业化前水平的2℃之内的目标。对于这一点，在《巴黎决定》中已明确指出。❶ 由此可见，目前缔约方以预期国家自主贡献为基准而作出的减排承诺是难以完成《巴黎协定》中既定减排任务的。另一方面，从国内角度来看，倘若仅以提交的国家自主贡献为依据进行减排，难以起到更大的激励作用。特别是那些包括美国在内的尚未建立起全面减排机制的国家，极可能在完成国家自主贡献减排承诺后就止步不前。因此，国家自主贡献如何克服其来自国内自下而上模式所固有的缺陷，将是未来联合国气候变化制度构建的重点内容。

（二）国家自主贡献可持续发展机制的构建问题

国家自主贡献中，除了关于缔约方应提交哪些信息以外，对减排量的核算则居于关键地位。因为核算的科学与准确将直接关系到国家自主贡献减排目标的实现。而这将涉及两个方面：一个是核算的方法和标准问题；另一个则是双重核算问题。对于前者，《巴黎协定》第4条第13、14款规定，要求各缔约方在《巴黎协定》缔约方会议通过的"指导"下进行国家自主贡献的核算。但从目前来看，这一指导尚未构建起来，有待于《巴黎协定》特设工作组拟订并经第一次《巴黎协定》缔

---

❶　参见《巴黎决定》第17段。

约方会议通过。❶ 而对于后者，《巴黎协定》在其第 6 条专门创设了新的机制，即可持续发展机制。

无疑，双重核算问题在当前国家自主贡献中更为紧迫。这是因为：一方面，它涉及《巴黎协定》与《京都议定书》在减排方面的衔接。《京都议定书》创设的清洁发展机制（CDM），通过与发展中国家进行减排合作，以完成发达国家的减排任务。由于《京都议定书》中并未涉及发展中国家的强制减排问题，因此，一般情况下不会产生双重核算问题。然而，《巴黎协定》中国家自主贡献将发展中国家纳入到减排行列中；这样，那些通过清洁发展机制所达到的减排量应归属哪一缔约方就成了问题。对此，《巴黎协定》中没有规定，而在《巴黎决定》的第四部分"2020 年之前的强化行动"的第 106、107 段提出利害关系方"自愿"和"以透明方式报告"来解决这一问题。然而，这一方式不仅不利于 2020 年温室气体减排，而且限制了清洁发展机制在这一阶段继续发挥作用。因此，如何完善仍有待缔约方会议采取相关措施和决议。另一方面，在国家自主贡献下如何实现减排的国家合作将是更为重要的问题。因为鉴于国家自主贡献使所有缔约方都有减排义务，那么它将比《京都议定书》下的减排合作更为困难；换言之，没有缔约方会愿意将自己的减排量拱手送给另一缔约方。为此，《巴黎协定》创设了可持续发展机制，立图解决未来在国家自主贡献下的国家合作减排问题。但这也有待于《巴黎协定》第一次缔约方会议出台合理的、能促进国家间合作减排的可持续发展机制的规则、模式和程序。

（三）国家自主贡献范围的扩大问题

如前文所言，从狭义上讲，国家自主贡献仅涉及缔约方减排的具体设计，而适应、资金、技术等诸多应对气候变化方面并没有作为硬性规定被列入到国家自主贡献范围内。但从缔约方提交的预期国家自主贡献来看，许多国家都涉及适应行动。然而，《巴黎协定》最终仍是将这一

---

❶ 参见《巴黎决定》第 31、32 段。

问题遗留给未来缔约方会议考虑了，这从《巴黎协定》第 7 条第 11 款和《巴黎决定》第 18 段都可看出。是以，未来国家自主贡献范围是扩大还是按不同类别成立不同的机制来解决应对气候变化的相关问题，也有待缔约方会议作出进一步的考虑。

六、新发展理念下未来中国在新的气候变化机制下的应对策略

中国应审慎考虑如何在新的气候协定下，既维护中国的国家核心利益，又促进全球碳减排。就国家自主贡献方面，我们认为至少应从如下四个方面采取相应对策。

（一）充分研究《巴黎协定》中的国家自主贡献，精准定位国家责任

《巴黎协定》最大的挑战莫过于将所有缔约方纳入到强制减排行列。无疑，中国是全球最大的温室气体排放国，同时也是最大的发展中国家，《巴黎协定》对中国的影响将远远超过其他国家。尽管从字面含义来看，国家自主贡献要求的减排是由国家自由裁量的，但深究其规则，则会发现远非如此，缔约方仍将受到一些重要的规范性束缚。其具体表现在：

一方面，国家自主贡献的法律义务有"必须做"和"选择做"之分。从《巴黎协定》的文本来看，其将缔约方的法律义务划分为两类，一类是"缔约方"或"所有缔约方"（Parties/All Parties）；另一类是"各缔约方"（Each Party）。两种不同的划分中，凡规定"各缔约方"的，则是每一个缔约方需要去完成的；而规定"缔约方或所有缔约方"，则是选择性法律义务，如未履行仅承担一种集体责任，缔约方并不承担一国意义上的国家责任。就国家自主贡献而言，第 4 条第 2、3、9、16、17 款和第 13 条第 7、11 款中的规定，都是每一缔约方需要去完成的，特别是第 4 条第 2、9、17 款和第 13 条第 7、11 款中规定的法律义务是必须即时履行的（"shall"一词的要求），否则将承担相应的国家责任。

另一方面，国家自主贡献法律义务的客体是"行为"而非"结果"。《巴黎协定》第4条第2款无疑是国家自主贡献的"核心"条款，它构建起缔约方的减排义务。然而，要注意的是该条并不是以结果而是以"行为"作为减排义务履行的要件。文本的"计划实现"（intend to achieve）一语即表明这一点。因此，未来缔约方减排的国家责任应放在减排行动上，而最终是否实现减排并不能成为缔约承担国家责任的理由。当然，此条的规定实际上是对缔约方提出了一个"预期"，尽管结果并不是国家责任承担的理由，但出于法律上的善意原则，缔约方仍应尽全力促成减排结果的实现。❶

（二）通过《巴黎协定》机制构建，掌控国家自主贡献的剩余权力

《巴黎协定》从本质上说乃是一个不完全契约，而其剩余权力对于缔约方在未来气候变化政治博弈中占据主动将具有重要意义。❷ 因此，掌控国家自主贡献的剩余权力将是中国在未来气候变化制度安排中的主要应对方向。为此，中国应：

第一，积极参与对国家自主贡献的信息、核算、可持续发展机制及透明度等规则的进一步构建。从《巴黎协定》及《巴黎决定》的规定来看，国家自主贡献的信息、核算、可持续发展机制和透明度规则等方面的实施都有待于进一步出台具体规则。❸ 特别是在程序、模式和指南方面，目前都处于空白阶段，因此，中国应积极参与到这些与国家自主贡献相关的机制构建中，从而稳妥地反映中国在气候变化和温室气体减排方面的国家核心利益，防止国家自主贡献的剩余权力被其他国家蚕食和不当攫取。

---

❶ See Lavanya Rajamani, "Ambition and Differentiation in the 2015 Paris Agreement: Interpretative Possibilities and Underlying Politics," *International and Comparative Law Quarterly*, Vol. 65, No. 2, 2016, pp. 493-541.

❷ 参见吕江：《破解联合国气候变化谈判的困局——基于不完全契约理论的视角》，载《上海财经大学学报》2014年第4期，第95~104页。

❸ 参见《巴黎协定》第4、6、13条和《巴黎决定》第26、28、29、31、37-41、85-105段的规定。

第二，高度重视《巴黎协定》缔约方会议决定的造法意义。从条约法和相关国际实践来看，缔约方会议的决定（Decisions of COP）并不具有法律拘束力，仅仅被当作"软法"来看待。❶ 然而，根据《巴黎协定》第 4 条第 8~14 款的规定来看，由于国家自主贡献处于动态发展中，《巴黎协定》缔约方会议（CMA）的决定将具有某种潜在的法律拘束力。这显然与《联合国气候变化框架公约》《京都议定书》缔约方会议所作出的不具法律拘束力的决定有着根本区别。❷ 因此，中国应高度重视《巴黎协定》缔约方会议决定的造法意义，加强对缔约方会议议事规则等程序性事项的构建，以期使中国在《巴黎协定》缔约方会议决定的产生方面把握更多的主动权。

（三）审慎设计中国国家自主贡献文本，防止气候义务失衡

毫无疑问，《巴黎协定》项下缔约方减排义务的完成，主要依据其提交的国家自主贡献。然而，倘若提交的文本设计不当，未完成承诺的具体减排，则势必承担国家责任。因此，中国应审慎设计国家自主贡献文本，防止气候义务的失衡。具体而言，至少应注意两个方面：

首先，应关注国家自主贡献中减排倒退问题。根据《巴黎协定》第 4 条第 3 款的规定，"各缔约方的连续国家自主贡献将比当前的国家自主贡献有所进步"，似乎一旦缔约方在提交的国家自主贡献中规定了具体的减排量，那么之后的国家自主贡献只能规定更多的减排量，而不能倒退。特别是根据国际法上的禁止反言原则，倘若国家未完成国家自主贡献中的减排量，或在下一次国家自主贡献中出现减排的倒退，都应承担相应国家责任。

然而值得注意的是，此条款的设计并不严格，它采取了"将比"

---

❶ 参见《维也纳条约法公约》第 31 条第 3 款第一目。See also ICJ Report, *Whaling in the Antarctic（Australia v. Japan；New Zealand intervening）*（Judgment），2014, p. 46.

❷ See Jutta Brunnée, "COPing with Consent：Law-Making under Multilateral Environmental Agreement," *Leiden Journal of International Law*, Vol. 15, 2002, pp. 1-52. See also Annecoos Wiersema, "The New International Law-Makers? Conferences of The Parties to Multilateral Environmental Agreement," *Michigan Journal of International Law*, Vol. 31, 2009, pp. 231-287.

（will）一词而不是"应比"（shall），属于非命令性规则，这也就意味着缔约方提交的国家自主贡献在减排量方面倘若倒退，并不一定承担国家责任。且关于何为"进步"，仍有待于《巴黎协定》缔约方会议作出进一步解释。当然，从中国角度而言，在提交的国家自主贡献内容上，一方面应尽可能不出现减缓努力的倒退；但一方面，也应始终把握住共同但有区别的责任原则，在文本中不作出过高的或只有发达国家须完成的绝对减排的承诺。

其次，应认真分析其他缔约方，特别是大国提交的国家自主贡献。由于国家自主贡献将减排的裁量权交由国家自行决定，那么就存在着缔约方在可以多减排的情况下削减减排量的可能性。尽管存在着《巴黎协定》第 13 条透明度框架等监督机制，但仍无法完全排除相关国家，特别是发达国家采取此种行为的可能性。而这带来的结果，则有可能出现气候义务或减排义务的失衡。因此，中国在未来提交国家自主贡献之前，应密切关注其他缔约方，特别是大国在国内减排制度安排方面的趋向。❶

（四）加强国内减缓努力，提升国家自主贡献的实质要件

无论《巴黎协定》的规定如何，应对全球气候变化作出中国贡献，历来是我们秉持的基本理念。因此，未来中国国家自主贡献的提升仍需端赖于国内的减缓努力。无疑，中国不仅应在"十三五"规划中反映出已提交的中国预期国家自主贡献所作出的承诺，而且也应尽早出台国内《应对气候变化法》和区域、次区域的应对气候变化制度安排。在加强排放贸易机制试点的同时，总结实施以来的经验教训，尽快建立全国范围的减排机制。此外，在温室气体减排国际合作方面，中国也应在《巴黎协定》可持续发展机制的框架内，积极引导国内的公私实体参与

---

❶ 例如，欧盟不仅有关于自身减排的法律规定，而且各成员国都有相关减排国内法作为限制，例如英国《2008 年气候变化法》，这样就易于分析欧盟国家作出的国家自主贡献的情况。但与欧盟不同，迄今为止，美国国内并无一个具有全国范围的减排制度或政策。尽管美国总统奥巴马积极推动《清洁电力计划》，以期促成美国国内减排的制度安排，但其国内政治司法力量的纷争，使其仍存在较大的不确定性，有待进一步观察。

到减缓温室气体排放的国际合作中，为中国乃至全球应对气候变化作出实质性贡献。

结　语

党的十八大以来，党中央、国务院高度重视应对气候变化工作，将应对气候变化融入国家经济社会发展大局，进一步完善应对气候变化顶层设计和体制机制建设，为推动落实新发展理念、推动国际气候治理与生态文明建设作出了重要贡献。❶ 中国将继续推动绿色低碳发展，切实落实已经提出的国家自主贡献等各项目标，与国际社会一道推动《巴黎协定》的实施，不断为推进全球气候治理、推动可持续发展作出新的更大的贡献。

---

❶　参见刘长松：《对我国应对气候变化战略问题的几点认识》，载《中国发展观察》2018 年 01 期，第 36 页。

第六章

论《巴黎协定》遵约机制：
透明度框架与全球盘点

　　2016 年 4 月 22 日，175 个国家代表齐聚纽约联合国总部，正式签署《巴黎协定》。这不仅为 2020 年后全球温室气体减排奠定了新的法律基础，而且也成为全球气候变化谈判史上的一次重大转折，以至于时任联合国秘书长的潘基文都称其为"历史性的一天"。[1] 毋庸讳言，《巴黎协定》的最大贡献乃在于确立了国家自主贡献减排模式的法律地位，从而有效避免近年来国家间气候合作的制度性危机。然而，需要指出的是，国家自主贡献赋予了缔约方较大的自由裁量权，且不具有严格的法律拘束力。[2] 这就为国家不作为或降低减排空间留下了致命的"法律罅隙"。为此，《巴黎协定》创设了新的遵约机制——透明度框架与全球盘点——以期形成制衡措施，从而保障全球应对气候变化始终处于进步状态。[3]

---

　　[1] UN News Centre, "'Today is An Historic Day', Says Ban, as 175 Countries Sign Paris Climate Accord," http://www.un.org/apps/news/story.asp? NewSID = 53756 #.Vx0sROyepX0. （last visited on 2018-03-22）

　　[2] See Daniel Bodansky, "The Legal Character of the Paris Agreement," *Review of European Community & International Environmental Law*, Vol. 25, No. 2, 2016, pp. 142-150.

　　[3] 本章所述之遵约机制是广义范畴上的，这正如国际气候变化专家、加拿大多伦多大学布鲁尼（Jutta Brunnée）所言，遵约机制通常应包括四个部分，即渐进的规范构建（progressive norm-building）、持续的申辩进程（sustained justificatory）、不遵约原因的协商管理（concerted management of non-compliance causes）和执行导向组成部分的范围（a range of enforcement-oriented elements）。无疑，本章阐释的透明度框架与全球盘点应属于这四个部分中的第一部分。从更一般的遵约机制来看，其实质上属于遵约的报告策略。See Jutta Brunnée, "Promoting Compliance with Multilateral Environmental Agreement," in Jutta Brunnée, Meinhard Doelle & Lavanya Rajamani ed., *Promoting Compliance in An Evolving Climate Regime*, Cambridge：Cambridge University Press, 2012, p. 45.

但是，透明度框架与全球盘点能真正实现缔约方履约吗？笔者认为，与之前气候变化治理方面的遵约机制相比较，透明度框架与全球盘点的机制设计更趋于"软约束"；但这种方式却能较好凸显遵约机制的预设理念，强化履约能力，进而促成各国积极开展减排行动。当然，《巴黎协定》在遵约机制设计方面仍存在诸多不足。为此，作为全球气候治理大国的中国：一方面，应积极参与到《巴黎协定》遵约机制中来，特别是透明度框架与全球盘点在未来的制度构建中；另一方面，也应从中国实际出发，密切关注遵约机制的制度衡平问题，从而实现既对《巴黎协定》的诚信履约，又维护中国在气候变化领域的核心利益。

一、《巴黎协定》遵约机制出台背景

在全球气候变化治理演进中，最早涉及遵约机制的乃是 1992 年通过的《联合国气候变化框架公约》。其第 13 条明确提出建立多边协商程序（Multilateral Consultative Process, MCP）来"解决与公约履行有关的问题"。[1] 然而，由于缔约方之间的分歧，多边协商程序最终被搁浅。[2] 1997 年在《联合国气候变化框架公约》第 3 次缔约方会议上，《京都议定书》被通过，这促使缔约方开始着手构建《京都议定书》项下的遵约机制。[3] 2001 年，在第 7 次缔约方会议通过了《马拉喀什协议》，正式出台了《与〈京都议定书〉规定的遵约有关的程序和机

---

[1] See Daniel Bodansky, "The United Nations Framework Convention on Climate Change: A Commentary," *Yale Journal of International Law*, Vol. 18, 1993, pp. 547 – 548. See also Jacob Werksman, "Designing A Compliance System for The UN Framework Convention on Climate Change," in James Cameron, Jacob Werksman & Peter Roderick ed., *Improving Compliance with International Environmental Law*, London: Earthscan, 1996, pp. 85–112.

[2] 尽管多边协商程序的具体案文于 1998 年在阿根廷布宜诺斯艾利斯召开的第四次气候变化缔约方会议上已基本确定下来，但在多边磋商委员会（Multilateral Consultative Committee）的人员选择问题上争执不下。See UNFCCC Decision 10/CP. 4 Multilateral Consultative Process in UNFCCC/CP/1998/16/Add. 1. See also Jacob Werksman, "The Negotiation of A Kyoto Compliance System," in Olav Schram Stokke, Jon Hovi, & Geir Ulfstein ed., *Implementing the Climate Regime: International Compliance*, London: Earthscan, 2005, pp. 21–24.

[3] See UNFCCC, The Buenos Aires Plan of Action, in FCCC/CP/1998/16/Add. 1.

制》。❶ 2005 年《京都议定书》生效后，该遵约机制也于 2006 年开始具体运行。

然而，《京都议定书》仅是规定了到 2012 年全球的温室气体减排，因此，其项下的遵约机制能否运行下去，还有待全体缔约方对 2012 年后全球温室气体减排作出相应的制度安排。2007 年，在缔约方第 13 次会议上通过了《巴厘岛行动计划》，正式启动了 2012 年后应对气候变化制度安排的谈判，并旨在 2009 年达成新的协议。❷ 但由于各方分歧较大，2009 年第 15 次缔约方会议上仅达成不具法律拘束力的《哥本哈根协议》。❸ 之后，更令人忧虑的是，加拿大在 2011 年宣布退出《京都议定书》。❹ 日本、俄罗斯和新西兰也明确表示不参加《京都议定书》第二期承诺。❺

为挽救全球应对气候变化、减少温室气体排放的制度性危机，2011 年第 17 次缔约方会议通过了《德班决议》，决定在第 21 次缔约方会议上通过一项"《联合国气候变化框架公约》之下对所有缔约方适用的议定书、另一法律文书或某种有法律约束力的议定结果"。❻ 经过 3 年的艰难谈判，特别是在中美等国的积极努力之下，❼ 2015 年 12 月第 21 次

❶ See UNFCCC, Procedures and Mechanisms Relating to Compliance under the Kyoto Protocol, in FCCC/CP/2001/13/Add. 3.

❷ See UNFCCC, Bali Action Plan, in FCCC/CP/2007/6/Add. 1.

❸ See UNFCCC, Copenhagen Accord, in FCCC/CP/2009/11/Add. 1. See also Lavanya Rajamani, "The Making and Unmaking of the Copenhagen Accord," *International & Comparative Law Quarterly*, Vol. 59, No. 3, 2010, pp. 824–843.

❹ See UNFCCC, Canada: Withdrawal, from http://unfccc.int/files/kyoto_protocol/background/application/pdf/canada.pdf.pdf. (last visited on 2018-03-22)

❺ See UNFCCC, Amendment to the Kyoto Protocol Pursuant to Its Article 3, Paragraph 9 (the Doha Amendment), in FCCC/KP/CMP/2012/13/Add. 1.

❻ See UNFCCC, Establishment of An Ad Hoc Working Group on the Durban Platform for Enhanced Action, in FCCC/CP/2011/9/Add. 1.

❼ 为达成新的全球应对气候变化协定，中国与美国在 2014 年、2015 年先后在北京和华盛顿发表 2 份《中美元首气候变化联合声明》，表明中美支持新的气候变化协定的基本立场。值得强调的是，2016 年 3 月 31 日，在《巴黎协定》签署前夕，中美再次发表了第三次《中美元首气候变化联合声明》，敦促世界各国尽早签署和批准《巴黎协定》。参见：《中美气候变化联合声明》，载《人民日报》2014 年 11 月 13 日第 2 版；《中美元首气候变化联合声明》，载《人民日报》2015 年 9 月 26 日第 3 版；《中美元首气候变化联合声明》，载《人民日报》2016 年 4 月 2 日第 2 版。

缔约方会议上正式通过了《巴黎协定》，为 2020 年后全球应对气候变化奠定了新的法律基础。❶ 同时，《巴黎协定》也创设了新的应对气候变化遵约机制——透明度框架与全球盘点。

二、《巴黎协定》遵约机制的具体内容

《巴黎协定》在第 13～15 条规定了自身的遵约机制。其中，第 13 条涉及透明度框架，第 14 条涉及全球盘点，而第 15 条则涉及遵约的便利与执行机制。其具体内容可概述为如下三个方面。

（一）透明度框架（The Transparency Framework）

第 13 条透明度框架是由 15 款的具体内容构成，其成为《巴黎协定》中仅次于国家自主贡献规定内容最多的条款。它具体包括：

第一，透明度框架由内置灵活机制的行动和支助两个透明度框架构成。《巴黎协定》第 13 条第 1 款规定，"设立一个关于行动和支助的强化透明度框架，并内置一个灵活机制"。其中，灵活机制是以集体经验为基础，考虑不同缔约方能力，为发展中国家履约提供灵活性。

第二，透明度框架的执行应以"促进性、非侵入性、非惩罚性和尊重国家主权"的方式实施。《巴黎协定》第 13 条第 3 款规定了执行方式遵循的基本原则，并指出在执行过程中应"避免对缔约方造成不当负担"。

第三，"行动"透明度框架应包括缔约方国家自主贡献进展和适应行动的信息。《巴黎协定》第 13 条第 5、7 款规定了行动透明度框架应包括人为排放和清除的国家清单报告，以及国家自主贡献进展信息。这些信息的提交具有强制性。

第四，"支助"透明度框架应包括缔约方在国家自主贡献、适应、资金、技术转让和能力建设支助方面的信息。根据《巴黎协定》第 13

---

❶ 参见吕江：《〈巴黎协定〉：新的制度安排、不确定性及中国选择》，载《国际观察》2016 年第 3 期，第 92～104 页。

条第 6、8~10 款的规定，其中适应信息的提交不具有强制性，而在资金、技术转让和能力建设方面，发达国家信息的提交应是强制性的，而发展中国家则可酌情考虑。

第五，在透明度框架下设立了技术专家审评制度，对缔约方提交信息进行审评。《巴黎协定》第 13 条第 11、12 款规定了技术专家审评制度。其中，关于国家自主贡献进展与资金支助的审议应包括所有缔约方参加。此外，审评应考虑缔约方的支助和其相关的国家自主贡献；并查明需改进的领域及需考虑发展中国家的各自能力和国情。

第六，设立透明度框架的模式、程序和指南。《巴黎协定》第 13 条第 2、4、12、13 款规定，应在反映灵活性的前提下，考虑《联合国气候变化框架公约》透明度安排的经验，包括国家信息通报、两年报告和两年期更新报告、国家评估和审评以及国家磋商和分析。该模式、程序和指南的具体规则应由《巴黎协定》特设工作组在 2018 年前完成，并在《巴黎协定》生效时适用。❶

此外，该条还规定了为发展中国家履行第 13 条提供支助，以及在透明度能力建设方面提供持续支助。作为对此条款的回应，与《巴黎协定》同期通过的《巴黎决议》（第 1/CP. 21 号决定）在其第 84 段提出，设立"透明度能力建设倡议"（Capacity-building Initiative for Transparency)，以支持发展中国家履行《巴黎协定》第 13 条的透明度要求。

（二）全球盘点（Global Stocktake）

《巴黎协定》第 14 条创设了全球盘点的制度设计。其具体包括以下两个方面。

第一，全球盘点的定义及其前提。根据《巴黎协定》第 14 条第 1 款的规定，全球盘点是指，作为《巴黎协定》缔约方会议的《联合国气候变化框架公约》缔约方会议应定期盘点《巴黎协定》的履行情况，

---

❶ 有关透明度框架的模式、程序和指南具体设计的前期要求，具体体现在 2015 年与《巴黎协定》同时通过的《巴黎决议》（第 1/CP. 21 号决定）的第 91~98 段。

以评估实现《巴黎协定》的宗旨和长期目标的集体进展情况。其开展全球盘点的前提为，应以全面和促进性的方式开展，考虑减缓、适应以及执行手段和支助问题，并顾及公平和利用现有的最佳科学。

第二，全球盘点的时间及其内容。根据《巴黎协定》第 14 条第 2~3 款的规定，缔约方会议应在 2023 年进行第一次全球盘点，此后每五年进行一次。全球盘点的内容应包括缔约方在国家自主方式下，更新和提升与《巴黎协定》规定相一致的行动和支助；以及加强气候行动的国际合作。

此外，在《巴黎决议》（第 1/CP. 21 号决定）的第 99~101 段，亦要求《巴黎协定》特设工作组就全球盘点的投入来源和模式向缔约方会议提交报告，以便在第一次缔约方会议上予以审议和通过。

（三）遵约的便利与执行机制

《巴黎协定》第 15 条规定了遵约的便利与执行机制。其大致包括如下三个方面：

第一，创设《巴黎协定》遵约的便利和执行机制。《巴黎协定》第 15 条第 1 款提出，"兹建立一个机制，以促进履行和遵守本协定的规定"。无疑，《巴黎协定》遵约机制的建立将成为自《联合国气候变化框架公约》出台以来的第三份有关气候变化的遵约机制。

第二，《巴黎协定》遵约的便利和执行机制由委员会组成。根据《巴黎协定》第 15 条第 2 款，以及《巴黎决议》（第 1/CP. 21 号决定）第 102 段的要求，委员会将以专家为主，根据公平、地域代表性原则选出在相关科学、技术、社会经济或法律领域具备公认才能的 12 名成员，联合国五个区域集团各派 2 名成员，小岛屿发展中国家和最不发达国家各派 1 名成员，并兼顾性别平衡的目标。

第三，《巴黎协定》遵约机制的工作宗旨。根据《巴黎协定》第 15 条第 2 款的规定，该遵约机制在性质上是促进性的（facilitative），在职能上应采取透明、非对抗的、非惩罚性的方式，并顾及缔约方各自的国家能力和情况。

此外，《巴黎协定》特设工作组将负责制订《巴黎协定》遵约委员会的模式和程序，以便在第一次缔约方会议上通过，之后委员会将按该模式和程序每年向缔约方会议提交报告。

三、《巴黎协定》遵约机制的特点

就气候变化发展史上的三份遵约机制而言，《巴黎协定》的遵约机制，与《联合国气候变化框架公约》和《京都议定书》项下的遵约机制相比，具有如下三个主要特点：

第一，《巴黎协定》遵约机制适用于包括发展中国家在内的所有缔约方的减排。如前所述，尽管《联合国气候变化框架公约》在其第13条规定了"多边协商程序"的遵约机制，但其并没有真正进入实质操作阶段，况且，《联合国气候变化框架公约》并未规定具有法律拘束力的减排内容，因此即使"多边协商程序"最终运行起来，其遵约的实际意义也不大。而毋庸讳言，《京都议定书》项下的遵约机制虽然也涉及发展中国家，但在具体操作层面上，其形成的机制主要是针对发达国家减排为内容的遵约机制。因此，相对《联合国气候变化框架公约》和《京都议定书》而言，《巴黎协定》遵约机制是第一次将发展中国家的"减排"纳入到遵约机制规制的范畴，它无疑是对前两个气候变化公约遵约机制的继承和发展。

第二，《巴黎协定》遵约机制是围绕着国家自主贡献展开的机制创建与设计。作为《巴黎协定》的核心，国家自主贡献成功化解了自2007年以来全球应对气候变化的制度性危机。但不可否认的是，国家自主贡献赋予缔约方在减排方面较大的自由裁量权，这种制度设计带来的问题是无法保障缔约方的减排始终是进步的，这一度曾引发包括发展中国家在内的许多缔约方的质疑和担忧。❶ 而《巴黎协定》遵约机制无疑正是为了平衡这种制度性不足，保障缔约方积极减排的关键设计。从

---

❶ See Lavanya Rajamani, "Ambition and Differentiation in the 2015 Paris Agreement: Interpretative Possibilities and Underlying Politics," *International and Comparative Law Quarterly*, Vol. 65, No. 2, 2016, pp. 493–541.

其条文中可以看出，在关于减排的遵约设计方面，其要求的国家减排清单报告、国家自主贡献进展信息，以及对信息的技术专家审评，都是具有强制性的。❶ 这在一定程度上，对缔约方减排自由裁量权的行使形成制衡，有助于缔约各方在行动透明度框架和全球盘点下遵守和执行减排行动。

第三，《巴黎协定》遵约机制加强了在资金、技术转让等方面的遵约考量。自1992年《联合国气候变化框架公约》出台以来，在向发展中国家提供应对气候变化的资金、技术转让和能力建设等方面的进展始终处于一个缓慢甚至踯躅不前的状态。即使《京都议定书》规定了一个较强的遵约机制，但在这三个方面却呈现出一种"软"的遵守和执行。这也是2007年重启气候变化谈判以来，缔约方一直未能达成共识的桎梏所在。显然，《巴黎协定》在资金、技术转让和能力建设方面的遵约得到了加强，这典型地体现在对支助透明度框架的设立，及第13条第9款发达国家就其在资金、技术转让和能力建设方面的支助提供信息具有强制性的规定。

四、对《巴黎协定》遵约机制的反思

《巴黎协定》遵约机制对全球应对气候变化所产生的意义与局限，可以从以下四个方面来认识：

（一）《巴黎协定》透明度框架与全球盘点的规定打破了气候变化制度安排的困境

在国际法上，遵约机制的出现很大程度上是来自于人们对美国国际法学家亨金（Louis Henkin）教授提出的一个论断之回应。在亨金教授的《国家如何行为》一书中，他曾大胆指出，"几乎所有国家在绝大多数时间里都遵守其在国际法上的原则和义务"。❷ 毋庸讳言，此种遵约

---

❶　这从《巴黎协定》第7、9条使用"each party"和"shall"这些针对每一缔约方和强制用语的表述均可窥见一斑。

❷　Louis Henkin, *How Nations Behave*, New York：Columbia University Press, 1979, p. 47.

机制的实现绝不是因为国际法拥有像国内法那样的警察、监狱、军队等强制执行机构。❶ 所以，强有力的争端解决机制（制裁）并非国家遵守和执行国际法的主要成因。❷ 那么，国家为何遵约？又是什么使国家不遵约？学界传统观点认为，是因为条约符合其国家利益。❸ 换言之，决定国家是否遵约的关键是"条约所要求的国家行为改变的程度"。❹ 无疑，条约没有迫使国家改变其行为，或者要求行为的改变并不损害其国家利益时，国家遵约的可能性极大，反之亦然。❺

然而，晚近一些研究表明，国家遵约并不完全建立在国家利益的成本分析之上。❻ 国际关系新自由制度主义学派认为，权力与国家利益无

---

❶ 这一如国际关系现实主义学派代表人摩根索（Hans J. Morgenthau）指出的，"在没有事实强制下，国际法上绝大多数规则为所有国家所遵守"。See Han J. Morgenthau, *Politics among Nations: the Struggle for Power and Peace*, New York: Alfred A. Knopf, 1948, p. 229.

❷ 从实践角度来看，美国耶鲁大学法学院蔡斯（Abram Chayes）在 20 世纪 90 年代对 100 多项条约进行分析后亦发现，绝大多数条约中从来没有规定过惩罚性制裁。See Abram Chayes & Antonia Handler Chayes, "Compliance without Enforcement: State Behavior under Regulatory Treaties," *Negotiation Journal*, Vol. 7, 1991, p. 320. 此外，现代法学理论研究也进一步表明，即使在国内法体系之下，人们遵守法律的主要原因也并非仅仅是由于其具有强制力，而更多的是来自对其他方面的考量。当然，对其分析已超出本章讨论范围，在此不予赘述。相关研究可参见〔英〕哈特著：《法律的概念》（第二版），许家馨、李冠宜译，法律出版社 2006 年版，第 75~93 页。〔美〕泰勒著：《人们为什么遵守法律》，黄永译，中国法制出版社，2015 年版。〔日〕长谷部恭男著：《法律是什么：法哲学的思辨旅程》，郭怡青译，中国政法大学出版社 2015 年版，第 99~113 页。

❸ 国际关系现实主义学派和国际法中的理性选择理论学派更为支持这种观点。See Han J. Morgenthau, *Politics among Nations: the Struggle for Power and Peace*, New York: Alfred A. Knopf, 1948, p. 229. See also Jack L. Goldsmith & Eric A. Posner, *The Limits of International Law*, Oxford: Oxford University Press, 2005, pp. 3-4. See Andrew T. Guzman, *How International Law Works: A Rational Choice Theory*, Oxford: Oxford University Press, 2008, pp. 9-15.

❹ See Ronald B Mitchell, "Compliance Theory: An Overview," in James Cameron, Jacob Werksman & Peter Roderick ed., *Improving Compliance with International Environmental Law*, London: Earthscan, 1996, p. 7.

❺ 例如，在《联合国气候变化框架公约》和《京都议定书》谈判时，英国都是积极的参与者。这是因为其国内用天然气替代煤炭发电，已使其获得大量减排空间，英国无须改变或只要较小地改变其国内行为就可完成其在气候变化条约项下的减排义务，遵约不仅对其没有困难，而且可使其获得比其他缔约方更大的竞争优势。参见吕江著：《英国新能源法律与政策研究》，武汉大学出版社 2012 年版，第 219~221 页。See also Dieter Helm, *Energy, the State, and the Market: British Energy Policy since* 1979, Oxford: Oxford University Press, 2003, pp. 345-347.

❻ 其实，从国内法的角度来看，人们遵守法律的行为也不是完全建立在利益基础之上。See Mark C. Suchman, "On Beyond Interest: Rational, Normative and Cognitive Perspectives in the Social Scientific Study of Law," *Wisconsin Law Review*, Vol. 1997, 1997, pp. 475-501.

法彻底解释清楚国家为何遵约，故需要考虑更多因素。❶ 这其中，制度因素往往不能忽视，因为它将使国家获得更高水平的信息和降低交易成本。而与此同时，国家对条约的违反则将面临声誉等方面的损失，这些都决定了国家更愿意遵约而不是违约。❷ 而国际关系社会建构主义学派则认为，世界的集体表征是一个被建构和扩散的过程。因此，遵约不是建立在利益的理性计算基础上；相反，它是关于在任何具体政策领域，国家利益如何可能被完成的，一项社会性地生成确信和理解的应用事件。其中，共有的知识、因果关系上的共同理解将起着更为重要的作用。❸

而从国际法的角度来看，以国家利益为分析基础的国际法理性选择理论同样没有得到大多数学者的支持和认可，这不仅来自于理论上的驳斥，而且也来自于对国际法经验性事实的分析。❹ 耶鲁大学法学院蔡斯（Abram Chayes）教授就认为，不应把国家遵约看成是一个执行事项，而更应将其视为一个谈判过程。缔约不是结束，而是在新协定下的开始。❺ 而国家违约往往是由于条约语言的模糊和不确定，缔约方缺乏履

---

❶ See Robert O. Keohane, "Compliance with International Commitment: Politics Within a Framework of Law," *Proceedings of the Annual Meeting American Society of International Law*, Vol. 86, 1992, pp. 176-180.

❷ 参见［美］基欧汉著：《霸权之后：世界政治经济中的合作与纷争》，苏长和、信强、何曜译，上海人民出版社 2001 年版，第 119~133 页。

❸ See Peter M. Haas, "Choosing to Comply: Theorizing from International Relations and Comparative Politics," in Dinah Shelton ed., *Commitment and Compliance: The Role of Non-Binding Norms in the International Legal System*, Oxford: Oxford University Press, 2000, pp. 61-62.

❹ 在经验性的事实分析上，美国凯斯西储大学法学院沙夫（Michael P. Scharf）教授曾于 2004 年对当时美国的 10 位国务院法律顾问进行访谈，他们一致肯定在对美国国家利益产生影响的重大事件中，其外交政策更大程度上受到国际法的限制。See Michael P. Scharf, "International Law in Crisis: A Qualitative Empirical Contribution to the Compliance Debate," *Cardozo Law Review*, Vol. 31, 2009, pp. 45-97. See also Robert O. Keohane, "Rational Choice Theory and International Law: Insights and Limitations," *Journal of Legal Studies*, Vol. 31, 2002, pp. 307-319.

❺ 对此，加拿大瑞尔森大学（Ryerson University）阿尔科比（Asher Alkoby）副教授也颇有同感地指出，"通常，正式接受某一法律义务的行为的确只是标示着一个广泛立法过程的开始点"。See Asher Alkoby, "Theories of Compliance with International Law and the Challenge of Cultural Difference," *Journal of International Law & International Relations*, Vol. 4, 2008, p. 152. See also Abram Chayes & Antonia Handler Chayes, "Compliance without Enforcement: State Behavior under Regulatory Treaties," *Negotiation Journal*, Vol. 7, 1991, pp. 312-313.

约能力，以及条约随时间而产生的社会、经济及政治的变化；因此，可以通过强化缔约方履约能力、增加透明度和设计争端解决机制来促进国家间交流以解决这些违约问题。❶ 无疑，这一被学者称为"管理路径"（Managerial Approach）的遵约模式，尽管仍存在着不足之处，❷ 但从国际法实践来看，其正成为一种主流遵约理念，而被越来越多的国际领域所接受。❸

就《巴黎协定》而言，人们普遍认为，是由于国家自主贡献减排模式被纳入到协定中，才挽救了全球应对气候变化制度安排的危机；然而，仅仅是这一模式尚不能消解缔约方对国家能否真正减排的疑虑，例如欧盟和许多小岛屿国家在《巴黎协定》文本谈判时，就表现出了这种关注。❹ 无疑，透明度框架和全球盘点的制度安排是一种管理路径的遵约机制。它不同于争端解决机制那种强制性的遵约，而是以一种"管理的"软路径来实现国家遵约。❺ 这样，从理论上讲，它既保证了发展中国家愿意接受这种遵约模式，又使得减排始终处于进步中，从而达到发达国家希冀所有国家减排的意愿。此外，从实践来看，管理路径的遵约机制在多边环境协定中也一直有着良好记录，❻ 这也决定了所有缔约

❶ See Abram Chayes & Antonia Handler Chayes, *The New Sovereignty: Compliance with International Regulatory Agreements*, Cambridge, Massachusetts: Harvard University Press, 1995, pp. 9–28.

❷ See George W. Donwns, David M. Rocke, & Peter N. Barsoom, "Is the Good News about Compliance Good News about Cooperation?" *International Organization*, Vol. 50, No. 3, 1996, pp. 379–406.

❸ See Markus Burgstaller, *Theories of Compliance with International Law*, Leiden: Martinus Nijhoff Publisers, 2005, pp. 141–152.

❹ Daniel Bodansky, "The Paris Climate Change Agreement: A New Hope?" *American Journal of International Law*, Vol. 112, 2016, pp. 288–319.

❺ See Kal Raustiala & Anne-Marie Slaughter, "International Law, International Relations and Compliance," in Walter Carlsnaes, Thomas Risse & Beth A. Simmons ed., *Handbook of International Relations*, London: Sage Publications, 2002, pp. 542–543.

❻ See Günther Handl, "Compliance Control Mechanisms and International Environmental Obligations," *Tulane Journal of International and Comparative Law*, Vol. 5, 1997, pp. 29–49. See also K. Madhava Sarma, "Compliance with the Multilateral Environmental Agreements to Protect the Ozone Layer," in Ulrich Beyerlin, Peter-Tobias Stoll & Rudiger Wolfrum ed., *Ensuring Compliance with Multilateral Environmental Agreements: A Dialogue between Practitioners and Academia*, Leiden: Martinus Nijhoff Publishers, 2006, pp. 34–38.

方愿意选择这种模式。因此，从这一角度而言，《巴黎协定》遵约机制的规定是打破当前气候变化制度困境的关键因素。

（二）《巴黎协定》遵约机制在设计上的变化：透明度框架的意义

如上所述，与争端解决机制相比，遵约机制在保证和促进缔约方履约方面具有一定优势。❶ 然而，我们也应清醒地认识到，这种优势的发挥仍在于制度设计的合理性。这正如美国国际关系学者扬（Oran R. Young）所言，"说制度是重要的并不是断言，在国际层面上，它们总是甚至通常作为决定个体或集体行为的关键因素"。❷ 毋庸置疑，除了权力与国家利益的考量之外，制度设计的合理性将直接影响到国家是否遵约。因此，有学者指出，在遵约机制的设计方面，不应只是简单地考查缔约方"为何要遵约"，而是要深入分析它们"不遵约的理由是什么"。❸

回顾整个气候变化领域遵约机制的发展可以发现，尽管在国际实践中，遵约机制在人权、劳工待遇、武器控制等领域都有所体现，❹ 但从设计角度而言，气候变化的遵约机制很大程度上是受到早期国际环境法

---

❶ 有关遵约机制与争端解决机制的详细区别，See Martii Koskenniemi, "Breach of Treaty or Non-Compliance? Reflections on the Enforcement of the Montreal Protocol," *Yearbook of International Environmental Law*, Vol. 3, No. 1, 1992, 123-162.

❷ Oran R. Young, "The Effectiveness of International Institutions: Hard Cases and Critical Variables," in James N. Rosenau & Ernst-Otto Czempiel, *Governance without Government: Order and Change in World Politics*, Cambridge: Cambridge University Press, 1992, p. 193.

❸ See Teall Crossen, "Multilateral Environmental Agreements and the Compliance Continuum," *Georgetown International Environmental Law Review*, Vol. 16, 2004, p. 477.

❹ See J. Donnelly, "International Human Rights: A Regime Analysis," *International Organization*, Vol. 40, No. 3, 1986, pp. 599-642. See also Lars Thomann, *Steps to Compliance with International Labour Standards: The International Labour Organization (ILO) and the Abolition of Forced Labour*, Heidelberg: VS Research, 2011, pp. 65-183. David Fischer, *History of the International Atomic Energy Agency: The First Forty Year*, Vienna: IAEA, 1997, pp. 243-324.

领域遵约机制的影响。[1] 其中，1987 年《蒙特利尔破坏臭氧层物质管制议定书》（简称《蒙特利尔议定书》）有关遵约机制的规定对后来气候变化遵约机制设计理念具有重要影响。[2] 例如，前者在遵约机制中确立的非对抗性、非司法性的合作理念被普遍接受。[3] 然而，尽管 1992 年的《联合国气候变化框架公约》接受了这一合作原则理念，但在"多边协商程序"的具体设计时，并没有全盘吸纳《蒙特利尔议定书》的规则，甚至有所倒退。[4] 究其原因可能是多方面，但这却无不与《联合国气候变化框架公约》前期谈判的复杂性、文本义务规定的模糊性和《京都议定书》的出台有着必然的因果联系。[5]

迄今为止，《京都议定书》可以说是多边环境协定遵约机制中设计最全面、规定最为详尽的，在一定程度上，它弥补了《联合国气候变化

---

[1] 对制度主义（也有学者将称其为理性主义）和建构主义观点兼容并蓄的特征是多边环境协定遵约机制秉持的基本理念，时至今日依然如此。See Elizabeth P. Barratt – Brown, "Building A Monitoring and Compliance Regime under the Montreal Protocol," *Yale Journal of International Law*, Vol. 16, 1991, pp. 519–570. See also Jutta Brunnée, "Promoting Compliance with Multilateral Environmental Agreement," in Jutta Brunnée, Meinhard Doelle & Lavanya Rajamani ed., *Promoting Compliance in An Evolving Climate Regime*, Cambridge：Cambridge University Press, 2012, p. 45.

[2] 1973 年的《濒危野生动植物物种国际贸易公约》是最早开始发展"特别程序"来处理缔约方遵约问题，其可以说是遵约机制的萌芽。但从体系构建来看，要从《蒙特利尔议定书》开始。在多边环境协定制定历史上，其第 8 条第一次明确规定了"不遵约条款"。1992 年其第四次缔约方会议上又正式通过了"不遵约程序"（Non-Compliance Procedures）。

[3] See Report of the First Meeting of the Ad Hoc Working Group of Legal Experts on Non-Compliance with the Montreal Protocol, U. N. Environment Programme, Annex, p. 9, U. N. Doc. UNEP/OzL. Pro. LG1/3 (1989). See also Markus Ehrmann, "Procedures of Compliance Control in International Environmental Treaties," *Colorado Journal of International Environmental Law and Policy*, Vol. 13, 2002, p. 395.

[4] 例如，在遵约机制启动方面，《联合国气候变化框架公约》排除了秘密启动程序的权力。而且也未规定，当确定不遵约后，缔约方会议应采取的具体措施。这无疑会使"多边协商程序"的遵约效果大打折扣。

[5] See Xueman Wang & Glenn Wiser, "The Implementation and Compliance Regimes under the Climate Change Convention and Its Kyoto Protocol," *Review of European Community & International Environmental Law*, Vol. 11, No. 2, pp. 181–198.

框架公约》在遵约机制设计上的不足。❶ 此外，从其实施现状来看也取得了良好的收效。❷ 然而，必须指出的是，鉴于《京都议定书》的遵约机制主要是针对发达国家减排义务设计的，其在"硬性要求"和"惩戒"上都是多边环境协定中最为突出的。❸ 倘若将这种遵约安排直接运用到发展中国家，显然违反了"共同但有区别责任"原则的基本理念，这从自2007年重启气候变化谈判以来，发达国家要求发展中国家执行同样的"可测量、可报告、可核实"（MRV）的减排承诺受到强烈抵制即可窥见一斑。

　　无疑，《巴黎协定》透明度框架的构建实现了气候变化遵约机制的一种"软着陆"。一方面，它构建起一个自上而下的监督体系。要求包括发展中国家在内的所有缔约方都要履行国家自主贡献的信息通报、履约报告和技术专家审评等强制性义务。❹ 这在一定程度上，满足了发达国家要求发展中国家减排的要求。另一方面，透明度框架又不同于"可测量、可报告、可核实"的遵约模式。实际上，后者早在《联合国气候变化框架公约》制定之初，就受到了国家主权强有力的挑战。❺ 这表明，既然合作、非对抗以及能力建设是遵约机制的基本理念；那么，单

---

❶　See Rudiger Wolfrum & Jurgen Friedrich, "The Framework Convention on Climate Change and the Kyoto Protocol," in Ulrich Beyerlin, Peter-Tobias Stoll & Rudiger Wolfrum ed., *Ensuring Compliance with Multilateral Environmental Agreements: A Dialogue between Practitioners and Academia*, Leiden: Martinus Nijhoff Publishers, 2006, pp. 66–68. See also Jan Klabbers, "Compliance Procedures," in Daniel Bodansky, Jutta Brunnee & Ellen Hey ed., *The Oxford Handbook of International Environmental Law*, Oxford: Oxford University Press, 2007, p. 999.

❷　See Sebastian Oberthür & René Lefeber, "Holding Countries to Account: The Kyoto Protocol's Compliance System Revisited after Four Years of Experience," *Climate Law*, Vol. 1, 2010, pp. 133–158.

❸　See Geir Ulfstein & Jacob Werksman, "The Kyoto Compliance System: Towards Hard Enforcement," in Olav Schram Stokke, Jon Hovi & Geir Ulfstein ed., *Implementing the Climate Regime: International Compliance*, London: Earthscan, 2005, pp. 39–62.

❹　这些强制性义务在《联合国气候变化框架公约》和《京都议定书》中对发展中国家都是不实施的，而仅针对发达国家。

❺　See Jacob Werksman, "Designing A Compliance System for The UN Framework Convention on Climate Change," in James Cameron, Jacob Werksman & Peter Roderick ed., *Improving Compliance with International Environmental Law*, London: Earthscan, 1996, p. 95.

纯的"可测量、可报告、可核实"必然是不可行的。[1] 而透明度框架的优势则在于，对这种模式进行了根本性变革。第一，它强调了要为发展中国家"内置灵活机制"，充分考虑缔约方能力的不同。第二，其支助透明度框架充分体现了为发展中国家遵约提供资金、技术转让和能力建设支助的规定。第三，其技术专家审评要求注意发展中国家的各自能力和国情。毋庸讳言，透明度框架的这些设计在一定程度上考虑到了发展中国家的遵约诉求，从而使得机制能被构建起来，并最终促成《巴黎协定》的正式通过。

(三)《巴黎协定》遵约机制在演进策略上的变化：全球盘点的棘轮模式

在全球温室气体减排的进程设计方面，1997 年《京都议定书》构建起的进程安排是以"阶段"路径进行的。它的突出特点是，在一个承诺期行将结束时，再就下一个承诺期的减排量和参与方进行重新谈判。从实践来看，这种减排进程不仅没有使更多的缔约方愿意参与进来，甚至为下一期减排承诺造成许多不利因素。[2] 实际上，《联合国气候变化框架公约》制定之初，已有学者意识到，随着气候变化治理的深入，原有遵约机制的僵化将无法保障缔约方对未来减排义务的遵守。[3]

无疑，《巴黎协定》的全球盘点在演进策略上则采取了与《京都议定书》不同的方式。首先，它没有承诺期的规定。相反，仅是要求每隔五年进行一次减排总结。其次，它不是仅有部分缔约方参加减排，而是所有国家都参与到减排中，在减排性质上已发生了变化。最后，也是最

---

[1] See Sebastien Duyck, "MRV in the 2015 Climate Agreement: Promoting Compliance through Transparency and the Participation of NGOs," *Carbon & Climate Law Review*, Vol. 8, 2014, pp. 175-187.

[2] 参见吕江：《气候变化立法的制度变迁史：世界与中国》，载《江苏大学学报》2014 年第 4 期，第 41~49 页。

[3] See Jacob Werksman, "Designing A Compliance System for The UN Framework Convention on Climate Change," in James Cameron, Jacob Werksman & Peter Roderick ed., *Improving Compliance with International Environmental Law*, London: Earthscan, 1996, p. 96.

为重要的，全球盘点构建起一个棘轮模式，它是一个长期的减排策略，而不同于《京都议定书》的阶段路径。这实际上是将"后京都"的全球温室气候减排纳入到了《巴黎协定》的框架中，未来不是通过再启谈判的方式进行，而是根据前期国家自主贡献的实际情况，进行总结和采取措施，这在一定程度上，既降低了缔约成本，又使减排始终处于提升和进步中。

（四）《巴黎协定》遵约机制仍存在着亟待改进与完善之处

尽管在遵约机制构建方面，《巴黎协定》成绩斐然，但必须承认的是，其仅仅是一个 2020 年后全球温室气体减排的开始。因此，未来该协定，特别是其创建的相关机制能否真正运行起来，仍有待于在如下四个方面的加强。

第一，"透明度框架与全球盘点"的可操作性方面。从《巴黎协定》的条约文本中可以看出，尽管二者在条款数方面居于前列，但在具体操作层面则需要进一步加强。为此，《巴黎协定》第 13 条第 13 款明确规定，缔约方应在第一次会议上确定适用于透明度框架的模式、程序和指南。而具体规则的拟订则交由《巴黎协定》特设工作组于 2018 年前完成。[1] 同样，在全球盘点方面，有关全球盘点的投入来源、信息问题及模式也都将由《巴黎协定》特设工作组和《联合国气候变化框架公约》附属科学技术咨询机构在第一次缔约方会议时提交相关报告。[2]

毋庸讳言，这一拟订规则的难点在于：（1）透明度的开放问题。哪些内容属于可透明度范围，哪些仍属于国家主权范围而不予公开；（2）缔约方完成的情况。如何判别缔约方是否完成或超过自己的国家自主贡献；（3）缔约方完成的效果。缔约方完成的国家自主贡献是否达到减排的真正效果；（4）缔约方的改进。缔约方应如何改进其国家

---

[1] See UNFCCC, Adoption of the Paris Agreement, Decision1/CP. 21, in FCCC/CP/2015/10/Add. 1, p. 96.

[2] See UNFCCC, Adoption of the Paris Agreement, Decision1/CP. 21, in FCCC/CP/2015/10/Add. 1, pp. 99-101.

自主贡献的路径和方法；（5）支持缔约方的办法。如何帮助缔约方克服实现国家自主贡献的障碍；（6）缔约方的相互学习。通过何种方法来促进缔约方相互学习，以克服减排障碍和积累进步。

第二，在资金、技术等方面的遵约设计仍处劣势。诚如上文所言，遵约机制的设计初衷是希冀通过帮助那些没有履约能力的缔约方加强履约能力，从而实现条约的全面执行。无疑，对发展中国家而言，在资金、技术方面的援助是其遵守和执行多边环境协定的关键。例如《联合国气候变化框架公约》第4条第7款就明确指出，发展中国家缔约方能在多大程度上有效履行其在本公约下的承诺，将取决于发达国家缔约方对其在本公约下所承担的有关资金和技术转让的承诺的有效履行。然而，在被誉为多边环境协定中设计最好的《京都议定书》中，被人们诟病的却是在资金和技术的遵约设计方面。❶ 尽管此次《巴黎协定》文本中对资金、技术转让等方面的遵约规定有所突破，但仍存在语焉不详、缺乏可操作性的问题。无疑，这将有待于缔约方会议进一步作出相关规定。

第三，其他预防不遵约机制的构建问题。《京都议定书》遵约机制能被各方看好，很大程度上与其构建起来的"预防不遵约的灵活机制"密切相关。❷ 这从多年来《京都议定书》的灵活机制，特别是清洁发展机制（CDM）的运行可以看出，在减排方面，后者有效地预防了缔约方的不遵约，从而使得遵约机制被启动的可能性降到了最低。❸ 无疑，《巴黎协定》也希冀继续沿革这种模式，其第6条创设了一个可持续发展机制，以便利于缔约方合作来执行它们的国家自主贡献。然而，需要指出的是，这一机制的构建将会面临比《京都议定书》项下更多

---

❶ See Sebastian Oberthür & René Lefeber, "Holding Countries to Account: The Kyoto Protocol's Compliance System Revisited after Four Years of Experience," *Climate Law*, Vol. 1, 2010, pp. 155–158.

❷ See Jutta Brunnee, "A Fine Balance: Facilitation and Enforcement in the Design of a Compliance Regime for the Kyoto Protocol," *Tulane Environmental Law Journal*, Vol. 13, 2000, pp. 223–270.

❸ See Christopher Carr & Flavia Rosembuj, "Flexible Mechanisms for Climate Change Compliance: Emission Offset Purchases under the Clean Development Mechanism," *New York University Environmental Law Journal*, Vol. 16, 2008, pp. 44–62.

的操作困难。这是因为在《京都议定书》项下，由于发展中国家不承担减排义务，联合减排量的分配能较好解决；而《巴黎协定》项下，因所有国家都担负有减排义务，联合的减排量属于哪一缔约方将面临一个选择问题。此外，缔约方如果利用了这一机制，并获得收益，但却没有遵约，又将如何处理。这些无疑都需要缔约方会议进一步协商确定。

第四，遵约程序的构建将成为未来遵约机制的关键。此次《巴黎协定》秉持了以往气候变化条约的一贯做法，即先出台相关气候变化的实质义务，再在未来缔约方会议中考虑遵约程序的具体设计。从这一角度而言，其第 15 条仅是规定了未来遵约程序遵循的原则和方向。❶ 毋庸置疑，这一程序的制定必将成为未来缔约方会议的谈判焦点，如何能实现国家主权原则与国际合作的兼容，如何能避免《京都议定书》遵约机制的不足，以及能否将非政府组织纳入到遵约机制中都将成为关键性议题。❷ 此外，是否将委员会的职权扩大到所有方面，还是仅局限到审议领域，也需要作出相应规定，以便与缔约方会议的职能相区别。

五、中国在《巴黎协定》遵约机制下应采取的策略

作为世界上重要的政治力量，中国历来尊重和信守自己作出的承诺。这一点，即便是从当前西方的学术研究中也能窥见一斑。❸ 然而，

---

❶ 值得注意的一点是，在《巴黎协定》遵约机制委员会的组成问题上，缔约方达成了一致，即确定了 12 名成员，并按公平地域代表性原则进行分配。这是《联合国气候变化框架公约》的"多边协商程序"和《京都议定书》遵约机制在委员会组成上的一次进步。因为之前，发达国家是反对采取公平地域代表性原则选举委员会专家的。

❷ 国际法学者们普遍认为，非国家实体的参与将有助于缔约方遵约。但是，到目前为止，无论是《联合国气候变化框架公约》，还是《京都议定书》，都明确拒绝非政府组织的参与。See Abram Chayes & Antonia Handler Chayes, "Compliance without Enforcement: State Behavior under Regulatory Treaties," *Negotiation Journal*, Vol. 7, 1991, p. 313. See also Sebastien Duyck, "MRV in the 2015 Climate Agreement: Promoting Compliance through Transparency and the Participation of NGOs," *Carbon & Climate Law Review*, Vol. 8, 2014, pp. 175-187.

❸ See Gerald Chan, *China's Compliance in Global Affairs: Trade, Arms Control, Environmental Protection, Human Rights*, London: World Scientific, 2006, p. 7.

这并不代表中国要遵守那些具有"非法"性质的国际行为和裁决。❶ 同时，我们更应认识到，一国遵约的基础并不在于条约的强制力，而更多的是对国家利益、国家声誉和国际观念的考量。❷ 因此，国际法能否取得实效更多地来自于对条约本身的设计，❸ 来自于将尊重国家主权和促进国家合作纳入一个相互沟通的进程中。无疑，遵约机制的设计正旨在反映这种共识。因此，作为气候政治的大国，中国也应积极发挥其在遵约机制设计上的重要作用，使全球应对气候变化的制度安排真正走向公正合理的一面。为此，可以考虑从如下四个方面入手。

（一）详细研究《巴黎协定》遵约机制，做好相应预案

中国在《巴黎协定》遵约机制下的情境已远不同于之前的《联合国气候变化框架公约》和《京都议定书》。因为尽管中国是后两者的缔约方，但并不承担具体的减排义务，因此，对中国启动遵约程序不仅不可行，也无法律依据。然而，随着中国跃居为全球最大温室气体排放国，对中国减排遵约的呼声愈来愈强烈。2009 年《哥本哈根协议》对发展中国家提出汇报其减排情况的要求，由此就可窥见一斑。此次，《巴黎协定》将所有国家都纳入减排行列，对中国而言，无疑将受到较大束缚。特别是遵约程序的启动，将成为发达国家，甚至某些发展中国家（例如小岛屿国家）制约中国温室气体减排的一柄"利器"。

---

❶ 参见外交部：《中华人民共和国外交部关于应菲律宾共和国请求建立的南海仲裁案仲裁庭所作裁决的声明》，http://www.fmprc.gov.cn/web/ziliao_674904/1179_674909/t1379490. shtml.（访问日期：2018-03-22）

❷ See Richard H. Steibberg, "Wanted—Dead or Alive: Realism in International Law," in Jeffrey L. Dunoff & Mark A. Pollack ed., *Interdisciplinary Perspectives on International Law and International Relations: The State of the Art*, Cambridge: Cambridge University Press, 2013, pp. 146 – 172. See also Andrew T. Guzman, "Reputation and International Law," *Georgia Journal of International and Comparative law*, Vol. 34, 2006, pp. 379 – 391. Rachel Brewster, "Unpacking the State's Reputation," *Harvard International Law Journal*, Vol. 50, 2009, pp. 231–269. Ian Hurd, "Constructivism," in Christian Reus – Smit & Duncan Snidal ed., *The Oxford Handbook of International Relations*, Oxford: Oxford University Press, 2008, pp. 298–316.

❸ See Anu Bradford & Omri Ben-Shahar, "Efficient Enforcement in International Law," *Chicago Journal of International Law*, Vol. 12, pp. 375–431.

因此，中国应根据不同国家类别作出应对预案。首先，应尽可能避免针对中国启动《巴黎协定》遵约程序。因为不管任何一缔约方在《巴黎协定》项下的义务完成情况如何，针对其启动遵约程序都将产生负面影响。这不仅会因其根据遵约程序准备如何应对带来成本问题，而且遵约程序启动本身就是对该缔约方在减排义务完成情况方面的怀疑，势必对其应对气候变化的国际声誉产生负面影响。因此，中国应尽可能利用其在全球气候变化治理中的大国地位，通过谈判协商甚至非正式方式，避免《巴黎协定》遵约程序的启动。

其次，对于发达国家针对中国启动遵约程序。一方面，中国应根据《巴黎协定》遵约程序的具体规定，分析其启动遵约程序的合法性，尽可能在未进入实质程序之前，关闭其针对中国的遵约程序启动。倘若进入遵约程序的实质阶段，中国则应积极准备，从各个方面确保中国在气候变化领域的核心利益不受损害或将损害降至最低。另一方面，从长远来看，中国应设立相关内部机构或人员，密切跟踪那些在应对气候变化治理方面有重大影响的发达国家对《巴黎协定》的遵约情况，特别是在国家自主贡献方面。一旦这些国家意欲或启动针对中国的遵约程序，中国或将威胁启动，或启动针对该缔约方的遵约程序，作为一种反报措施。

再次，对于发展中国家针对中国启动遵约程序。发展中国家针对中国启动遵约程序存在两种可能性，一种是受气候变化影响最大的缔约方，例如小岛屿国家。尽管其针对中国单独启动《巴黎协定》遵约程序的可能性较低，但不排除其有可能会以在温室气体减排方面担负有重大义务却怠于行动为借口，针对这些国家启动遵约程序。在此种情况下，从长远来看，中国应与这些国家在应对气候变化方面保持积极的合作和援助立场，使其不针对中国提起遵约程序。而一旦其启动针对中国的遵约程序，中国应联合其他缔约方采取共同策略。另一种是其自身受气候变化影响不大，但却因其他外部因素，对中国启动遵约程序的发展中国家。这种可能性同样较低，但不排除有些发展中国家与中国在应对气候变化方面存在分歧，在受到其他外部负面因素（例如贸易或金融合作等方面）的刺激下会针对中国启动《巴黎协定》下的遵约程序。对此，中国应加强与这些国家的沟通，避免遵约程序进入实质阶段。但更重要的是，要防止其他国家利用针对中国遵约程序的启动，而"渔翁得利"。

最后，对于非国家实体针对中国启动遵约程序。从多边环境协定的遵约机制的实践来看，非国家实体启动遵约程序，大致有协定的秘书处、非政府组织和遵约程序专家审评组三种类别。❶ 而从《联合国气候变化框架公约》"多边协商程序"的规定来看，其是反对非国家实体启动遵约程序的。而《京都议定书》则采用了专家审评组的类别。从遵约程序启动的实践来看，单个国家针对国家的启动记录几乎没有，而更多地是以非国家实体启动遵约程序。因此，未来在遵约程序设计方面，鉴于中国在温室气体排放方面的现状，应谨慎考虑在遵约程序构建时纳入非国家实体启动遵约程序的可能性，以免造成不确定的遵约后果。

此外，如本书所言，遵约机制的预设理念是帮助国家履约，并不是制裁。因此，当中国在经济社会等重大国家核心利益可能由于遵约而受到潜在危害时，中国仍有理由依据遵约机制作出不遵约的行动或决定，但该行动或决定应符合国际法上的一般要求。

（二）积极参与透明度框架与全球盘点的制度构建

作为遵约机制的报告部分，透明度框架与全球盘点对报告要件的规定直接决定着缔约方是否启动遵约程序。当前，透明度框架和全球盘点的具体模式、程序和指南尚未完全建立起来。这就要求中国应积极参与到透明度框架与全球盘点的制度构建中。对此，从中国气候治理实际出发，可以考虑从以下三个方面着力。

第一，应将各自能力和共同但有区别的责任原则彻底贯彻到透明度框架与全球盘点中。从目前《巴黎协定》在透明度框架与全球盘点的

---

❶ 例如，《蒙特利尔议定书》采用了秘书处的形式，而最为激进的是《在环境问题上获得信息、公众参与决策和诉诸法律公约》（《奥胡斯公约》），它允许非政府组织作为启动遵约程序的主体。关于《奥胡斯公约》遵约机制详情，可参见 S. Kravchenko, "The Aarhus Convention and Innovations in Compliance with Multilateral Environmental Agreements," *Columbia Journal of International Environmental Law and policy*, Vol. 18, 2007, pp. 1-50.

规定上来看，多次强调了对发展中国家应给予特殊考虑，例如内置灵活机制、对最不发达国家和小岛屿发展中国家，以及技术专家审评的特殊规定。然而，更重要的是要把这些规定内化到具体操作层面。对此，中国应针对未来拟订的模式、程序和指南逐一分析其是否将共同但有区别的责任原则纳入其中。

第二，应加强对支助透明度框架的构建。如果从遵约机制的理念来看，支助透明度框架相比行动透明度框架更能体现遵约机制设计的目的和宗旨。无疑，绝大多数情况下，没有一个国家会意欲去违约，往往是因为缺乏履约能力，而造成不得不违约的事实。因此，在遵约机制设计时，应将支助透明度框架摆在一个更为重要的方面。对此，不仅要明确在适应、资金、技术转让和能力建设方面，发达国家的具体支助报告，而且在技术专家审评时，应着重在分析支助所产生的效果上，作为开展国家自主贡献和行动透明度框架的前提条件，亦可作为免除其不遵约的必要条件。

第三，应把握透明度框架与全球盘点制度设计的剩余权力。根据不完全契约理论的观点，任何契约都存在着不完全性，因此，只有把握住契约的剩余权力，才能在后期履约时掌握主动。❶ 因此，在透明度框架与全球盘点制度设计时，在程序、模式和指南的规定中，要考虑到这些规定一旦制订后，可能对中国产生的不利影响。故而，中国在制度构建时，应考虑将对规则修改的启动权放在自己手中，或尽可能避免发达国家掌握此剩余权力。❷

（三）力促实现遵约机制的机制衡平

回顾《京都议定书》遵约机制的实践，可以发现在执行委员会部分，履约情况是较好的；但在便利委员会部分则没有起到应有的作用。

---

❶ 参见吕江：《破解联合国气候变化谈判的困局——基于不完全契约理论的视角》，载《上海财经大学学报》2014 年第 4 期，第 98~104 页。

❷ 例如，可以考虑在决定的表决方面，采用"特定+多数票"通过的方式，也可以根据形势的变化，采用协商一致的办法。但一定要防止出现被架空的表决方式。例如，《蒙特利尔议定书》在遵约实践，曾采用"共识+壹"的方式，通过了对俄罗斯联邦不遵约的执行措施。

这不仅是《京都议定书》遵约机制的问题所在，也是所有多边环境协定所面临的问题。因此，如何加强便利机制的重要度、优先性，是未来实现《巴黎协定》遵约机制衡平的关键。为此，从内容上，应加强便利机制的设计；从程序上，则应考虑将便利机制作为启动执行机制的前提条件，以防止发达国家逃避其所承担的资金、技术转让和能力建设方面的义务。同时，也应考虑是否在便利机制部分设立便利遵守基金，以便利于支持发展中国家的履约能力。

（四）组建气候变化遵约机制专家咨询小组

从当前气候变化治理来看，未来气候变化遵约机制将具有比国家自主贡献更强的影响力，甚至可能如同国际贸易领域那样，最终形成一个围绕遵约机制展开的气候变化治理过程。但必须承认的是，到目前为止，我们在此方面的学术研究和专家，与发达国家相比还存在一定差距。因此，应尽快着手组建和培养相关应对气候变化遵约机制的高级人才和高端智库建设。

结　语

正如美国联邦最高法院大法官布兰代斯（L. D. Brandeis）的名言，"阳光是最好的防腐剂"，● 无论从何种意义上而言，透明度框架和全球盘点的规定都代表着全球气候变化治理的又一次大的进步，尽管其未来的运行仍需拭目以待，但这种制度的理性安排无疑将有助于人类迎接一个更美好的气候时代。

● Louis D. Brandeis, *Other People's Money and How the Bankers Use It*, New York：Frederick A. Stokes Company, 1914, p. 92.

第七章

"一带一路"倡议下的国际能源合作：
以气候变化《巴黎协定》为视角

气候变化问题是 21 世纪人类社会面临的最为严峻的挑战之一，关系到人类社会的生存，因而引起世界各国的普遍关注。正如政府间气候变化委员会（IPCC）在《第四次评估报告》中所指出的那样，"自工业化时代以来，人类活动所引发的温室气体排放是造成气候变暖的主要原因。如果不采取相应的减缓措施，未来几十年全球温室气体排放将持续增长，高温、干旱、台风和洪水将更加频繁，全球也将面临严重的粮食短缺和疾病增加"。[1] 由于气候变化具有跨国界性和跨区域性，因此，应对气候变化就需要全世界的决心和协调一致的行动。[2] 所以，气候变化问题是国际社会普遍关心的重大的全球性问题。

"安全低碳"能源战略理念的提出是国际能源发展的新趋势。欧盟将低碳经济视为新的工业革命，并发布"欧洲 2020 战略"，美国制定了《美国清洁能源安全法案》，日本制定了《能源使用合理化法》《节能法》，英国一直把应对气候变化、发展低碳技术作为经济社会发展的重要战略。发达国家出台低碳通行证、碳关税等低碳壁垒，建立二氧化碳排放交易体系，这些做法都促进了低碳经济的持续发展，值得我国学

---

[1] 参见政府间气候变化专门委员会：《政府间气候变化专门委员会第四次评估报告——气候变化 2007 综合报告》，2008 年，第 2~13 页。

[2] 参见巴巴拉·沃德、雷内·杜博斯编著：《只有一个地球》，燃料化学工业出版社，1974 年版，第 275 页。

习、借鉴并加以吸收利用。❶ 这正如英国能源问题专家赫尔姆（Dieter Helm）指出的："未来新能源范式的中心问题将是以能源供应安全和气候变化为核心的制度设计。"❷它要求经济发展应建立在低碳基础之上，并将其作为衡量经济发展是否科学的一个重大指标。改革开放以来，中国经济的高速发展受到世界各国瞩目。然而，我们经济中却存在着高消耗、低产出的发展弊端，改变这一发展模式无疑是未来中国经济可持续发展的根本要求。从长远来看，应对气候变化的行动有利于能源结构调整，也有助于实现能源利用的多元化，进而有益于从根本上保障能源安全。

同时，应对气候变化也是事关"一带一路"沿线国家发展路径选择的战略要素。气候变化问题是我们在进行"一带一路"建设过程中必须考虑的问题。在"一带一路"倡议提出之后，我国与沿线国家的合作和交流日益频繁，为气候合作的加强与全球气候治理的深入开展提供了有力平台。❸ 此外，中国在应对全球气候变化、"一带一路"建设、设立丝路基金、成立亚洲基础设施投资银行与金砖国家开发银行等方面的贡献，都展现了中国履行打造人类命运共同体的责任与担当。❹

2015 年 12 月 12 日，第 21 次联合国气候变化大会在法国巴黎闭幕。会议通过了旨在 2020 年后全球温室气体减排的《巴黎协定》。《巴黎协定》达成以来，国际社会致力于推动协定尽快生效。中国于 2016 年 4 月 22 日《巴黎协定》开放签署首日签署协定，并于 9 月 3 日批准协定。作为主席国，中国推动二十国集团首次发表关于气候变化问题的主席声

❶ 参见吴飞美、郗永勤：《我国低碳经济发展存在的问题与对策研究》，载《福建师范大学学报（哲学社会科学版）》2015 年第 1 期，第 28 页。

❷ Dieter Helm, *The New Energy Paradigm*, Dieter Helm ed., *The New Energy Paradigm*, Oxford：Oxford University Press，2009，p. 34.

❸ 参见王志芳：《中国建设"一带一路"面临的气候安全风险》，载《国际政治研究》，2015 年第 4 期，第 56 页。

❹ 参见高继文、程美：《十八大以来中国特色社会主义发展的新趋向》，载《山东行政学院学报》，2017 年第 1 期，第 6 页。

明，为推动签署《巴黎协定》提供政治支持。❶ 尽管气候变化《巴黎协定》中仍存在着诸多需要进一步完善的地方，但对于世界和中国而言，《巴黎协定》都将具有划时代的意义。2016 年 11 月 4 日，《巴黎协定》生效，进入"履约和采取行动的新时代"。❷

在《巴黎协定》强制减排的条约义务之下，全球煤炭、油气等传统能源需求将持续下降，从而影响到"一带一路"国家开发相关资源的积极性，进而直接影响到中国在该地区的能源投资合作。因此，如何维系和扩大中国在"一带一路"倡议下对传统能源的投资，保障稳定的能源进口，亟待新的制度安排出台。

一、"一带一路"能源建设成果显现

推动能源联通，是"一带一路"建设的重要内容。据不完全统计，自 2013 年 10 月至 2016 年 6 月，由我国企业在海外签署和建设的电站、输电、输油和输气等重大能源项目多达 40 个，涉及 19 个"一带一路"沿线国家。仅 2016 年上半年，我国与"一带一路"沿线国家达成的能源合作项目就有 16 个。我国还与俄罗斯、哈萨克斯坦、巴基斯坦、伊朗等国家开展核合作，推动中国自主三代核电技术"华龙一号"等核电技术走出国门。在油气方面，2016 年 9 月公布的《中蒙俄经济走廊规划纲要》中，过境蒙古国的中俄原油及天然气管道被正式提上研究议程。❸

2014 年 6 月，习近平主席在中阿合作论坛北京部长级会议上提出，中阿共建"一带一路"，构建以能源合作为主轴，以基础设施建设、贸

---

❶ 参见《习近平就气候变化〈巴黎协定〉正式生效致信联合国秘书长潘基文》，载《人民日报》2016 年 11 月 5 日 1 版。

❷ 参见"马拉喀什气候变化大会落下帷幕，缔约国宣布进入履行《巴黎协定》行动期"，联合国电台网站，2016 年 11 月 18 日，http://www.unmultimedia.org/radio/chinese/archives/272489/#.WGIS7dJ94dU。（访问日期：2017 年 1 月 20 日）

❸ 参见于学华：《上半年我国与沿线国家能源合作项目达 16 个》，中电新闻网 2016 年 12 月 19 日，http://www.cpnn.com.cn/zdyw/201612/t20161219_941150.html。（访问日期：2017-10-12）

易和投资便利化为两翼，以核能、航天卫星、新能源三大高新领域为突破口的"1+2+3"合作格局。这一战略构想得到了阿拉伯国家的积极响应，已经成为中阿共同发展的一把金钥匙。❶

2016 年 10 月 14 日至 15 日，国家主席习近平访问孟加拉国期间，两国签署了共建"一带一路"以及产能、能源、信息通信、投资、海洋、防灾减灾和气候变化等领域的合作文件，并发表了《关于建立战略合作伙伴关系的联合声明》，将基础设施、产能合作、能源电力、交通运输、信息通信、农业等作为重点领域加以推进，并鼓励中孟相关企业加强合作。❷

二、气候变化《巴黎协定》对"一带一路"倡议下国际能源合作的影响

《巴黎协定》的通过，展示了各国对发展低碳绿色经济的明确承诺，绿色低碳成为未来全球气候治理的核心理念。

（一）《巴黎协定》加大了东道国可以《巴黎协定》减排义务为由，对中国能源投资进行征收和国有化的可能性

《巴黎协定》第一次将发展中国家纳入到具有法律拘束力的减排协议下，而"一带一路"地区又多为发展中国家。在《巴黎协定》出台之前，尽管存在着这些国家以气候变化为由，阻挠中国能源投资的可能性，但毕竟没有相应的法律依据。然而，在《巴黎协定》下气候责任正式成为具有法律拘束力的社会责任。这一变化无疑加大了能源投资的政治法律风险。一方面，在投资准入方面，气候责任将成为东道国阻碍投资者进入的有力屏障；另一方面，投资者如仍以传统模式进行投资，则可能遭受东道国以气候责任为由的征收和国有化，从而使中国处于法

---

❶ 参见习近平：《弘扬丝路精神，深化中阿合作——在中阿合作论坛第六届部长级会议开幕式上的讲话》，载《人民日报》2014 年 6 月 5 日第 1 版。

❷ 参见赵蕾、王国梁：《孟加拉国投资环境分析》，载《对外经贸》2017 年第 2 期，第 51 页。

律弱势，即使参与诉讼，由于《巴黎协定》的法定义务，败诉机率或增大。

中国在"一带一路"倡议下将面临来自《巴黎协定》的挑战，特别是在能源投资方面，东道国将更强调投资者在条约下的气候义务。同时，中国无法再以传统投资模式进行油气领域的投资，必须在投资中注意到温室气体减排等相关由《巴黎协定》提出的基本要求。而达不到这种要求时，可能会对投资者实施征收和国有化。而之前的因气候变化而采取的征收和国有化，可能更多的是从政治角度而言，但《巴黎协定》的出台为开展这一投资的征收和国有化提供了国际法上的依据。

（二）《巴黎协定》中规定的以气候变化为基的法律责任，将成为未来中国企业在"一带一路"沿线国家开展能源投资的主要社会责任

"一带一路"沿线国家多为气候脆弱型国家。能源工业具有环境污染的特点，区域能源合作将进一步增强和放大环境污染的影响，蕴含高环境风险。因此，当中国进行油气勘探开发、火电等常规能源投资时，极可能触及这些国家敏感的减排义务。此外，新能源投资不当，同样也会产生气候责任，如水电对气候生态的影响，由于水电生产受气候和季节影响较大，而且目前仍然没有充分的证据表明大规模水电开发不会对生态环境造成危害。❶ 风电对土地规模有要求，有多少土地可能用来发展风电，决定了风电可开发利用的数量。世界能源委员会（WEC）风能资源评估（1994）对我国风能资源的估算是：我国土地无限制的风能资源量为 17 万亿千瓦时/年，大致相当于我国 2008 年全国总发电量的 4.9 倍，土地面积利用为 4% 的风能资源量为 0.7 万亿千瓦时/年，大致相当于 2008 年全国总发电量的 1/5❷。因此可以肯定，以气候变化为基的法律责任，将成为未来中国企业在"一带一路"沿线国家开展能

---

❶　参见解百臣、徐大鹏、刘明磊等：《基于投入型 Malmquist 指数的省际发电部门低碳经济评价》，载《管理评论》2010 年 6 期，第 127 页。

❷　参见朱成章：《我国风能资源到底有多少》，载《中国电力企业管理》2010 年第 7 期，第 23 页。

源投资的主要社会责任。然而，目前中国企业不仅对气候责任相关信息了解不足，更谈不上形成基本的责任共识，从而难免遭受东道国的政治干预和法律诉讼。

（三）《巴黎协定》减排义务将进一步削弱"一带一路"沿线国家对传统能源的投资需求，中国在区域内的能源投资必将受到直接影响

《巴黎协定》正式确定了国家自主贡献作为新的全球减排机制的法律地位。《巴黎协定》第 3 条、第 4 条明确规定了国家自主贡献（Nationally Determined Contributions，NDCs）。主要包括：①所有缔约国应当通报其在减缓、适应、提供资金等方面的有力度的努力，并且编制通报其打算实现的下一次国家自主贡献。②下一次的国家自主贡献将按照国情的不同，在当前的国家自主贡献基础上逐步增加，并且其实现方式是国内减缓措施。③肯定了发达国家的带头作用，并指出应向发展中国家提供支助。④每五年通报一次国家自主贡献。⑤缔约方可根据《协定》缔约方会议的《公约》缔约方会议通过的指导调整其现有的国家自主贡献。⑥缔约方在承认和执行减缓方面的行动要依据情况考虑《公约》下已有的方法和指导。⑦对特殊缔约方——经济一体化组织及其成员国的国家自主贡献作出特别规定。❶

从广义角度来看，国家自主贡献的目标包括了三项：第一，减排目标。应实现"把全球平均气温升幅控制在工业化前水平以上低于 2℃ 之内，并努力将气温升幅限制在工业化前水平以上 1.5℃ 之内"。第二，适应目标。应"提高适应气候变化不利影响的能力，并以不威胁粮食生产的方式增强气候复原力和温室气体低排放发展"。第三，资金目标。应"使资金流动符合温室气体低排放和气候适应型发展的路径"。❷《巴黎协定》的性质属于国际条约，因此缔约方据此作出的国家自主贡献，

---

❶ 参见联合国气候变化框架公约秘书处：《巴黎协定》2015 年 12 月 18 日，http://qhs.ndrc.gov.cn/gwdt/201512/W020151218641766365502.pdf。（访问日期：2017 年 10 月 9 日）

❷ 参见《全国人民代表大会常务委员会关于批准〈巴黎协定〉的决定》，载《中华人民共和国全国人民代表大会常务委员会公报》2016 年 9 月 25 日。

无论其内容如何，都将具有法律拘束力，一旦违反其具体承诺，将承担相应的国家责任。尽管《巴黎协定》采取了自主贡献减排模式，但却明确限定温室气体排放应是逐渐减少而不能增加的法定义务。在 189 个提交"国家自主贡献"方案的国家中，147 个国家有关于发展可再生能源的计划，167 个国家有提高能效的计划，不少国家还将调整化石能源补贴政策。❶《巴黎协定》规定了未来温室气体的排放容量，把全球平均气温较工业化前水平升高控制在 2℃ 之内，并为把升温控制在 1.5℃ 之内而努力。❷ 这实际上对"一带一路"国家的化石能源开采产生了约束性规定，必将影响中国对"一带一路"国家传统能源的投资。因此，在目前全球能源供大于求的情况下，《巴黎协定》减排义务将进一步削弱"一带一路"国家对传统能源的投资需求，中国在区域内的能源投资必将受到直接影响。

（四）《巴黎协定》减排义务对"一带一路"能源合作的国别影响

"一带一路"沿线各国资源丰富，同时各国的资源禀赋存在一定差异，这也为各国发挥自身比较优势提供了有利条件。因此，《巴黎协定》对于"一带一路"能源合作的国别影响亦是不同。有的国家较为倚重化石能源，其在《巴黎协定》项下的减排义务将更为艰巨。而有的国家资源匮乏，则更希望通过"气候友好型"的新能源投资实现经济增长。如果不采取果断有效的措施，人类社会将不得不承受气候变化和化石能源枯竭所引发的所有灾难。❸ 这样，不同的国家对能源投资合作将会产生不同的需求。《巴黎协定》减排义务之下，中国如何能从制度安排角度出发，实现前期油气资源的投资稳定，并帮助这些国家完成其减排义务，是一个重要议题。

---

❶ "Renewables 2016 Global Status Report," Renewable Energy Policy Network for the 21ˢᵗ Century（REN21），October 2016，p. 17，http://www.ren21.net/wp-content/uploads/2016/10/REN21_GSR2016_FullReport_en_11.pdf.（最近访问：2017 年 1 月 12 日）

❷ 参见李俊峰：《全球气候治理加快第四次能源革命》，载《环境经济》2016 年 Z1 期，第 37 页。

❸ 参见陈红彦：《碳税制度与国家战略利益》，载《法学研究》2012 年 2 期，第 99 页。

三、气候变化《巴黎协定》对"一带一路"倡议下国际能源合作影响的法律对策

（一）《巴黎协定》下"一带一路"国家的能源投资安全制度性设计

《巴黎协定》与以往《联合国气候变化框架公约》下的决议或协定的不同在于，第一次为所有国家设定了减排的法律义务。《巴黎协定》中提出的减排目标是具有法律效力的，这显然不同于自《哥本哈根决议》以来关于温室气体减排目标的历次决议，其实质乃是从一种政治承诺转化为法律义务。在一定意义上，《巴黎协定》是全球应对气候变化制度安排的一次重大进步，是对温室气体减排从长期、概念性目标，走向阶段、具体性目标的实质性转变。它为所有国家设定了减排的法律义务，"一带一路"国家也概莫能外。因此，在其能源投资方面至少受到两方面的气候政治风险影响：一是投资准入，以投资准入为砝码换取人权，环境价值的输出 FTA（Free Trade Agreement）下的投资准入条款亦成为欧盟向发展中国家输出欧洲环境、人权，甚至减缓气候变化的媒介。❶ 二是征收和国有化问题。避免东道国对投资的征收和国有化是投资保护的重要内容，BIT（Bilateral Investment Treaty）一般都进行了详细规定，要求对外国投资进行征收必须满足一定的前提条件，例如出于公共利益、依照国内法律程序、采取非歧视性的方式并给予补偿等，还应按照投资被征收前的价值及时补偿。❷《巴黎协定》下的法定减排义务将成为"一带一路"国家投资准入和征收最有力地工具，投资者将不得不面临巨大的气候政治风险。为此，应考虑在两个方面进行制度性设计，一是从未来能源投资协定角度入手，如何制定规定以最大程度上

---

❶ 参见王燕：《欧盟投资保护理念的"西学东渐"及其启示》，载《国际商务研究》2015 年 3 期，第 83 页。

❷ 参见宗芳宇、路江涌、武常岐：《双边投资协定、制度环境和企业对外直接投资区位选择》，载《经济研究》2012 年 5 期，第 74 页。

减缓《巴黎协定》对投资准入和征收的限制；二是从已有能源投资入手，一旦东道国以《巴黎协定》法定减排义务为由，实施征收和国有化时，应采取何种法律对策，减少不必要的投资损失。

（二）气候变化与稳定性条款的制度性设计

稳定性条款是国际能源投资合同中保障投资者最为关键的议题。❶稳定性条款是根据投资者在该特定项目中基于自身需求设定的具体条款，是通过各合同方仔细协商而明确表明的各方对该投资项目的期望，是东道国给投资者提供的最为具体的关于法律稳定性的承诺，而不是条约中适用于所有投资的一般条款和规则。它是确保投资合同的主体在投资中不受东道国后续法规或者显著的社会、政治环境变动影响的条款。中国投资者在海外投资中面临着诸多政治风险，订立稳定性条款是防范政治风险的有效方法之一。该条款的作用体现在对相关法律制度的"稳定"。❷但从当前发展来看，稳定性条款越来越多地受到环境风险的影响。无疑，《巴黎协定》的出台使得能源合同的稳定性条款更为脆弱。因此，在能源投资合同中应将环境风险列为稳定性条款的主要考虑事项。其中，最重要的是将如何实现《巴黎协定》法定减排义务与稳定性条款相结合。

笔者认为，稳定性条款不能与《巴黎协定》规定的减排义务相违背，更不能因为稳定性条约而不遵守《巴黎协定》减排义务。但同时，我们也应谨防，东道国以《巴黎协定》减排义务为由，对原有的油气投资合同提出不合理的征收和进行国有化，甚至抛弃稳定性条款，从而造成能源投资合同无法履行。

（三）"一带一路"国家能源合作的机遇与风险的制度性设计

《巴黎协定》的出台使中国对"一带一路"国家新能源投资进入新

---

❶ See Peter D. Cameron, *International Energy Investment Law: the Pursuit of Stability*, Oxford: Oxford University Press, 2010, pp. 5–13.

❷ 参见王斌：《论投资协议中的稳定条款——兼谈中国投资者的应对策略》，载《政法论丛》2010年6期，第66页。

的机遇期。《巴黎协定》除规定减排义务以外，在减缓与适应方面创立了新的应对机制，如可持续发展机制、技术框架机制。《巴黎协定》第10条第4款提出，将建立一个技术性框架，为技术机制开展有关促进和方便技术开发与转让的强化行动提供指导。❶《巴黎协定》还改进了资金援助机制、能力建设机制，并在这些基础上，建立起行动与支助的强化透明度框架。《巴黎协定》首次将技术和开发转让与资金资助关联起来。其第10条第5款和第6款规定，应对这种努力酌情提供资助，包括由《公约》技术机制和《公约》资金机制通过资金手段，以便采取协作性方式进行研究和开发。为技术开发和转让所提供的资金资助被纳入《巴黎协定》所安排的全球总结中。这些新机制的确立和旧机制的改进，无疑将对传统能源升级改造、新能源投资带来新的变化。新的机制能否像《京都议定书》下的清洁发展机制（CDM）一样发挥效用，从而实现对"一带一路"国家的清洁能源投资，对此，应利用《巴黎协定》出台的可持续发展机制和技术框架等新机制，加大对"一带一路"国家新能源的投资。但同时也需防范，如水电对局部生态环境破坏、风电对土地资源需求等新能源投资的环境风险问题。为此，一方面，应加强对《巴黎协定》的可持续发展机制等新制度如何促进在"一带一路"国家的新能源投资展开研究。《巴黎协定》第6条第4款规定，将在作为《巴黎协定》缔约方会议的《公约》缔约方会议的权力和指导下，建立一个机制，供缔约方自愿使用，以促进温室气体排放的减缓，支持可持续发展。从《巴黎协定》的第6条第8款的要求看，可持续发展机制将包括市场方法和非市场方法两个方面。❷另一方面，对新能源投资对"一带一路"国家可能产生的环境损害及其诉讼进行对策研究。

---

❶ 参见吕江：《〈巴黎协定〉：新的制度安排、不确定性及中国选择》，载《国际观察》2016年第3期，第96页。

❷ 参见吕江：《〈巴黎协定〉：新的制度安排、不确定性及中国选择》，载《国际观察》2016年第3期，第96页。

（四）能源合作机制的制度性设计

能源合作机制包括了双边和多边能源合作机制。中国与近 30 个国家建立了双边能源合作机制，覆盖了世界主要的能源消费国和生产国。在多边合作方面，中国已参与了 20 多个国际能源合作组织和国际会议机制，能源领域的国际合作内容不断深入。从目前与"一带一路"相关的能源合作机制来看，对于气候变化问题，尽管有所论及，但没有形成具体制度安排。更为特殊的是，气候变化议题与能源议题是分属于"一带一路"合作中的两个方面，不仅没有实质性的联系，更遑论在二者之间建立起具体的制度安排。因此，在双边能源合作机制中，应广泛建立起以《巴黎协定》减排目标为考量的范本。而在多边能源合作机制中，应充分利用论坛及多边区域性组织，构建起能源与气候变化专门工作组，通过协商、谈判确立起地区能源与气候变化应对机制。国际能源宪章组织是一个可利用的治理机制和平台。我们认为，对于如何构建起具体的双边能源与气候变化范本、分析多边区域组织中能源与气候变化专门工作组构建的可能性、谈判要点，以及对工作组基本职能要进行具体的制度性设计。如上海合作组织，中国与中亚地区的哈萨克斯坦、吉尔吉斯斯坦、塔吉克斯坦、乌兹别克斯坦都是其成员方。他们在该组织的促动下签署了一系列协议，这些政府间协议为中国与丝绸之路经济带沿线国家开展经济贸易合作，特别是能源合作，提供了重要的法律保障。❶

（五）加强能源与气候交叉专家人才的培养机制

传统上，我们对于能源与气候交叉的专家和人才没有较高的重视度。随着《巴黎协定》的出台，特别是将所有国家纳入到强制减排后，如何遵约就成为后期《巴黎协定》主要解决的问题所在。而这就需要

---

❶ 参见曾加、王聪霞：《一带一路能源合作法律问题探析》，载《中共青岛市委党校青岛行政学院学报》2016 年第 3 期，第 90 页。

中国培养大量的气候专家，特别是包括法学专家在内，进行气候制度建设的专家来具体从事减排承诺如何实现的研究。然而，能源领域受到气候制度的影响越来越直接，如果能源专家不了解气候制度安排，就会作出错误的判断。因此，中国亟待培养兼具能源与气候两方面能力的专家。而且更为重要的是，随着中国"一带一路"倡议的深入，中国在中亚等油气国家的能源投资必然会受到《巴黎协定》的影响，只有掌握气候变化制度安排，才能在能源投资领域作出正确判断，从而将能源投资风险消解在萌芽阶段。

结　语

气候变化与能源合作是可持续发展的重中之重，尤其是金融危机后，确保经济持续增长以及实现经济与环境的协调发展，是当前各国迫切需要考虑和应对的重大议题。低碳发展、绿色增长和能源转型，正成为各国的共识和努力的方向。[1] 因此，气候变化《巴黎协定》对"一带一路"倡议下国际能源合作的影响的研究迫在眉睫。参加联合国气候变化谈判的中国气候事务特别代表解振华，在正式通过《巴黎协定》之后，在其发言中指出，"所达成的协定并不完美，也还存在一些需要完善的内容"。[2]《巴黎协定》的出台，有助于推动中国温室气体减排在国内开展。然而，我们也应清醒地认识到，由于受国际社会和自身国情限制的双重压力，未来我们仍将面临诸多挑战。为此，中国应积极采取应对策略并加强制度安排。

---

[1]　参见刘卫平：《中美加强气候能源合作　可持续发展系唯一途径》，载人民网，http://world.people.com.cn/n/2015/0627/c157278-27217431.html.（访问日期：2016 年 11 月 22 日）

[2]　参见徐芳、刘云龙：《〈巴黎协议〉终落槌，中国发挥巨大推动作用》，载新华网 2015 年 12 月 13 日，http://news.xinhuanet.com/world/2015-12/13/c_128525228.htm.（访问日期：2016 年 12 月 16 日）

/ 第八章 /

对美国退出气候变化《巴黎协定》的法律分析

2017 年 6 月，美国总统特朗普宣布美国将退出《巴黎协定》。❶ 此消息一经发布，中国与欧盟即迅速作出反应，均声明表示：美国的退出不会影响中国和欧盟继续履行《巴黎协定》项下的条约义务，中国与欧盟将一如既往地支持全球应对气候变化。❷ 然而，尽管如此，我们也不得不承认，美国的退约行为确实给生效尚不足一年的《巴黎协定》以沉重的一击。❸ 如何看待这一问题，学界多从美国利益、全球应对气候变化，以及二者之间的相互关系上予以分析，❹ 但对于《巴黎协定》

---

❶ See The U. S. White House, *President Trump Announces U. S. Withdrawal from the Paris Climate Accord*, https://www.whitehouse.gov/articles/president-trump-announces-u-s-withdrawal-paris-climate-accord/. (last visited on 2018-07-10)

❷ 参见中国政府网：《第十九次中国—欧盟领导人会晤成果清单》，http://www.gov.cn/guowuyuan/2017-06/04/content_5199627.htm. (最后访问日期：2018-07-10)；又见中国外交部网站：《2017 年 6 月 1 日外交部发言人华春莹主持例行记者会》，http://www.fmprc.gov.cn/web/fyrbt_673021/t1466932.shtml. (最后访问日期：2018-07-10)。

❸ 不可否认，在资金支持和打击其他国家减排雄心方面确实造成了不可挽回的影响。See Johannes Urpelainen & Thijs Van de Graaf, "United States Non-Cooperation and the Paris Agreement," *Climate Policy*, 2017, pp. 1-13.

❹ 参见杨强：《特朗普政府的气候政策逆行：原因和影响》，载《国际论坛》2018 年第 2 期，第 63~78 页；何彬：《美国退出〈巴黎协定〉的利益考量与政策冲击》，载《东北亚论坛》2018 年第 2 期，第 104~128 页；于宏源：《特朗普政府气候政策的调整及影响》，载《太平洋学报》2018 年第 1 期，第 25~33 页；张海滨、戴瀚程、赖华夏和王文涛：《美国退出〈巴黎协定〉的原因、影响及中国的对策》，载《气候变化研究进展》2017 年第 5 期，第 439~447 页；张永香、巢清尘、郑秋红和黄磊：《美国退出〈巴黎协定〉对全球气候治理的影响》，载《气候变化研究进展》2017 年第 5 期，第 407~414 页。See also Jonathan Pickering, Jeffrey S McGee, Tim Stephens & Sylvia L. Karlsson-Vinkhuyzen, "The Impact of the US Retreat from the Paris Agreement: Kyoto Revisited?" *Climate Policy*, Vol. 7, 2017, pp. 1-10. Philip Conway, "Dismay, Dissemble and Geocide: Ways through the Maze of Trumpist Geopolitics," *Law Critique*, Vol. 28, 2017, pp. 111-118.

如何以制度方式影响美国，以及美国又将采取何种策略以影响未来全球气候制度的走向，特别是从国际法视角来解读这一问题，则语焉不详。

我们认为，美国的退约声明并没有使其真正退出《巴黎协定》，后者仍将对全球应对气候变化产生制度上的影响。这是因为，作为一项国际法上的条约，《巴黎协定》不论其内容为何，仅形式上为"法律"这一点，就足以产生必要的拘束力。换言之，制度的本质力量不在于内容，而恰恰端赖于形式。为此，本章旨在从《巴黎协定》文本入手，分析其对美国退约的抑制力，进而探讨国际法上法律形式主义的理论旨趣及其意义；并最终指出我们应深刻认识到，《巴黎协定》的制度构建才刚刚开始，中国应高度重视规则设计中的话语权和剩余权力的掌控，以期防范美国等缔约方通过制度重构的方式，减损中国应对气候变化的国家核心利益。

一、《巴黎协定》的抑制力：美国并未退出《巴黎协定》的文本分析

《巴黎协定》是一份由序言和 29 个条款构成的条约文本。其中，第 20~29 条规定了《巴黎协定》的签署、批准、生效、保留和文字作准等 10 个方面的条约程序性规则。而关于退出的规定则具体体现在《巴黎协定》的第 28 条中。我们言之美国并未真正退出《巴黎协定》的理由，则无疑是来自于对该条款文本的认识和解读。对此，可从以下三个方面予以理解和认识。

（一）对《巴黎协定》第 28 条第 1 款的文本分析

第 28 条第 1 款规定，"自本协定对一缔约方生效之日起三年后，该缔约方可随时向保存人发出书面通知退出本协定"。这一条款涉及三个法律要件，它们分别是退约的时限、交存和形式。

（1）就退出《巴黎协定》的时限来看，其具有严格的时间界点。依据该条的规定，缔约方只有在"生效之日起三年后"，才可申请退出。因此，"生效日期"就成为退出《巴黎协定》的关键节点。

就生效日期而言，《巴黎协定》第 21 条规定，《巴黎协定》"应在不少于 55 个《公约》缔约方，包括其合计共占全球温室气体总排放量的至少约 55% 的《公约》缔约方交存其批准、接受、核准或加入文书之日后第三十天起生效"。由此可知，《巴黎协定》的生效应包括三个法律要素：①必须有 55 个以上的《联合国气候变化框架公约》的缔约方批准、接受或加入《巴黎协定》；②这 55 个以上的缔约方的温室气体排放总量应占到全球的 55% 以上；③前两个条件达到后，还须 30 天之后，《巴黎协定》才能生效。

毋庸赘述，一方面，由于《巴黎协定》属于《联合国气候变化框架公约》中规定的议定书，❶ 因此，只有《联合国气候变化框架公约》的缔约方，才能成为《巴黎协定》的缔约方。❷ 可见，《巴黎协定》在生效日期的缔约方资格方面作出了严格限制。另一方面，《巴黎协定》在生效日期方面吸收了 1997 年《京都议定书》的教训。之前，《京都议定书》规定，需要附件一国家（笔者注：一般意义上指发达国家）的温室气体排放总量占全球的 55%，才可生效。这一苛刻规定使《京都议定书》花了长达 8 年的时间才生效。而在针对《巴黎协定》文本谈判时，各国纷纷意识到《京都议定书》在文本设计方面的明显缺陷，因此，在设计《巴黎协定》的生效条件时，不再区分发达国家与发展中国家，从而实质性地降低了对缔约方数目和温室气体排放总量的生效门槛。

此外，从实践来看亦是如此。《巴黎协定》自 2015 年 12 月 12 日通过，2016 年 4 月 22 日起开放签署，到 2016 年 11 月 4 日即正式生效，历时不到 7 个月的时间。❸ 所以，基于谈判各国对《巴黎协定》生效日期的修改，使其迅速生效，才最终促使美国适用第 28 条第 1 款。倘若

---

❶ 《联合国气候变化框架公约》第 17 条第 1 款规定，缔约方会议可在任何一届常委会上通过本公约的议定书。

❷ 《联合国气候变化框架公约》第 17 条第 4 款规定，只有本公约的缔约方才可成为议定书的缔约方。

❸ 2016 年 10 月 5 日，随着欧盟及 7 个成员国正式递交批准书，《巴黎协定》缔约方达到 74 个，排放总量达到 58.82%，符合了《巴黎协定》的生效条件。

《巴黎协定》仍像《京都议定书》那样迟迟不能生效，那么，对于美国政府来说，则有可能会采取其他的法律对策。因此，《巴黎协定》该条的文本内容是最终决定这一结果的关键。

（2）就退出《巴黎协定》的交存和形式来看，同样也有严格限制。按照此款的规定，倘若缔约方意欲退出《巴黎协定》，则必须向《巴黎协定》的保存人提出退约申请，且以书面形式进行。申言之，拟退出的缔约方应比照结合《巴黎协定》第 26 条的规定，❶ 向联合国秘书长提交退出该协定的书面通知。

因此，鉴于《巴黎协定》于 2016 年 11 月 4 日生效，并根据该协定第 28 条第 1 款的上述规定，美国最早提交退出《巴黎协定》的书面通知时间应在 2019 年 11 月 4 日之后。故而，尽管美国总统特朗普于 2017 年 6 月 1 日宣布美国退出《巴黎协定》，尽管美国政府也于 2017 年 8 月 4 日向联合国秘书长通知了美国退出《巴黎协定》这一事项，❷ 但是特朗普和美国政府的行为均不具备退出《巴黎协定》的法律效力，美国依然是《巴黎协定》的正式缔约方。

（二）对《巴黎协定》第 28 条第 2 款的文本分析

就《巴黎协定》第 28 条第 2 款规定，任何此种退出应自保存人收到退出通知之日起一年期满时生效，或在退出通知中所述明的更后日期生效。这一条款主要是规定了退出《巴黎协定》的生效日期。具体而言：退出《巴黎协定》的生效日期有两个时间节点可供选择，一个是联合国秘书长收到缔约方退出《巴黎协定》的书面通知，并经过 12 个月之后，退出《巴黎协定》即可生效。另一个则是，可以在退出《巴黎协定》的书面通知中写明具体退出的生效日期，但必须是在 12 个月之后的某一具体日期。

---

❶ 《巴黎协定》第 26 条规定，联合国秘书长应为本协定的保存人。

❷ See The U. S. Department of State, Communication Regarding Intent to Withdraw from Paris Agreement, from https://www.state.gov/r/pa/prs/ps/2017/08/273050.htm. (last visited on 2018-07-08)

故此，倘若美国最早于 2019 年 11 月 4 日提交其退出《巴黎协定》的书面通知，那么，也只有在 2020 年 11 月 4 日之后的某一日期，退出《巴黎协定》才能产生正式的法律效力。

（三）对《巴黎协定》第 28 条第 3 款的文本分析

《巴黎协定》第 28 条第 3 款规定，退出《公约》的任何缔约方，应被视为亦退出本协定。此处提及的《公约》是指《联合国气候变化框架公约》。该款的规定表明，任何《联合国气候变化框架公约》的缔约方，一旦退出该《公约》，则意味着同时退出《巴黎协定》。因此，第 3 款实际是将退出的条件设定为《联合国气候变化框架公约》的退出条件。

《联合国气候变化框架公约》在其第 25 条规定了该公约的退出事项，其具体内容是：①自本公约对一缔约方生效之日起三年后，该缔约方可随时向保存人发出书面通知退出本公约。②任何退出应自保存人收到退出通知之日起一年期满生效，或在退出通知中所述明的更后日期生效。③退出本公约的任何缔约方，应被视为亦退出其作为缔约方的任何议定书。

由是观之，《联合国气候变化框架公约》的规定与《巴黎协定》如出一辙。然而，从实践来看，《联合国气候变化框架公约》已于 1994 年 3 月 21 日生效，那么，根据该公约的退约规定，只要美国政府提出退出《联合国气候变化框架公约》，仅需一年后，退出《联合国气候变化框架公约》和《巴黎协定》即可生效。

因此，从《巴黎协定》的文本来看，美国依其第 3 款是退出《巴黎协定》的最快路径。❶ 然而，这一条的适用尽管从国际法角度无可厚非，但从现实来看，则不具可操作性。因为在没有建立起新的应对气候变化的国际机制下，轻易退出《联合国气候变化框架公约》将是一个

---

❶　See Nicolas D. Loris & Brett D. Schaefer, *Withdraw from Paris by Withdrawing from the U. N. Framework Convention on Climate Change*, Washington D. C.：The Heritage Foundation，2017，pp. 1-8.

不利的选择；这样一来，美国或将丧失在全球应对气候变化方面的任何发言权了。❶ 更重要的是，从法律形式而言，也是不可行的。因为《联合国气候变化框架公约》是经美国国会批准的；据此，美国政府在没有得到国会认可下，是否可直接作出退约决定，是存在疑问的。❷ 而要获得国会的认可，则至少需要出席会议的参议员的绝大多数同意，这实际上增加了退约的难度。❸ 因此，在未涉及重大事情变化的情况下，美国政府断然不会选择这一路径的。

二、《巴黎协定》是条约吗：美国国内法的视角

如上所述，倘若承认《巴黎协定》是一项条约，那么，至少到 2020 年 11 月 4 日之前，美国仍是《巴黎协定》的缔约方。然而，倘若其是一份与 2009 年气候变化《哥本哈根协议》一样的政治性协议，❹ 那么，美国就没有必要考虑退出《巴黎协定》的时间限制，因其仅仅是一个政治承诺而已，美国无须顾及《巴黎协定》要求其完成的相关义务。

（一）美国学术界对《巴黎协定》条约属性的四种不同观点

对《巴黎协定》是否是条约，美国法学界和实务界有着极其相左

---

❶ See Jessica Durney, "Defining the Paris Agreement: A Study of Executive Power and Political Commitments," *Carbon & Climate Law Review*, Vol. 11, 2017, pp. 241–242.

❷ 从美国司法实践来看，美国总统并没有权力直接从任何一份国会批准的条约中退出，如果国会和总统在权力分配上出现分歧，最终须由美国最高法院来判断总统的退约行为是否属于"政治问题"。See John Harrison, "The Political Question Doctrines," *American University Law Review*, Vol. 67, 2017, pp. 457–528. 此外，从美国退约的实践来看，在国会执行协定方面也缺乏统一的外交实践。See Congressional Research Service, "Can the President Withdraw from the Paris Agreement," from https://fas.org/sgp/crs/misc/withdraw.pdf. (last visited on 2018-07-10)

❸ 美国宪法第 2 条第 2 款规定，总统有权缔结条约，但须征得参议院的建议和同意，并须出席会议的 2/3 参议员同意。然而，《联合国气候变化框架公约》是以国会执行协定方式通过的，在表决方面是以出席会议的参议员的绝大多数同意票通过的。See Ryan Harrington, "A Remedy for Congressional Exclusion from Contemporary International Agreement Making," *West Virginia Law Review*, Vol. 118, 2016, pp. 1211–1244.

❹ See Lavanya Rajamani, "The Making and Unmaking of the Copenhagen Accord," *International & Comparative Law Quarterly*, Vol. 59, No. 3, 2010, pp. 824–843.

的声音。其大致可分为四种不同的立场。

(1)《巴黎协定》不是国际法上的条约。例如美国前国际法学会主席斯劳特（Anne-Marie Slaughter）教授曾直言不讳地指出，"气候变化《巴黎协定》注定是一个失败，因为其与传统条约的标准相差甚远"。她认为，作为国际法的黄金标准，只有是条约或具有拘束力的文件，才能够被法庭或仲裁庭执行。这些文件当中不仅应包括缔约方明确的意思表示，而且也应包括对于违反条约采取行动的规则。但这些都是《巴黎协定》所欠缺的。因此，斯劳特最后不无感慨地说，"它（《巴黎协定》）不是法律。它只是一项在全球范围内解决公共问题的大胆举措，只是一种工作方法而已"。❶

(2)《巴黎协定》是条约，但须经国会批准。美国智库传统基金会（The Heritage Foundation）专家格罗夫斯（Steven Groves）就认为，《巴黎协定》在形式、内容及其承诺性上都是一项条约，但不是一项独立的执行协定，因此应交由美国参议院批准。❷ 甚至，美国参议院在2015年《巴黎协定》出台之前，也由其环境和公共事务委员会发表了一份决议，声称只要《巴黎协定》涉及减排和资金支持，就须经国会批准。❸此外，美国圣地亚哥法学院教授拉姆齐（Michael D. Ramsey）也认为，前总统奥巴马在《巴黎协定》的批准方面，确实逃避了关于总统在条约制定权力方面的规则限制。❹

(3)《巴黎协定》是条约，美国前总统奥巴马递交的批准书是具有法律效力的。此种观点也是目前美国大多数学者所认可和支持的。例如美

❶ Anne-Marie Slaughter, The Paris Approach to Global Governance, from https://www.pro-ject-syndicate.org/commentary/paris-agreement-model-for-global-governance-by-anne-marie-slaughter-2015-12. (last visited on 2018-05-31)

❷ See Steven Groves, The Paris Agreement is a Treaty and should Be Submitted to the Senate, Washington, D.C.: The Heritage Foundation, 2016, p.1.

❸ See The U.S. Senate Committee on Environment and Public Works, Inhofe, Blunt, Manchin Introduce Resolution on International Climate Agreement, from https://www.epw.senate.gov/public/index.cfm/2015/11/inhofe-blunt-manchin-introduce-resolution-on-international-climate-agreement. (last visited on 2018-07-10)

❹ See Michael D. Ramsey, "Evading the Treaty Power?: the Constitutionality of Nonbinding A-greements," *FIU Law Review*, Vol.11, 2016, pp.371-387.

国亚利桑那法学院、国际气候变化法专家博丹斯基（Daniel Bodasky）就认为，尽管在形式上存在一些变化，但《巴黎协定》仍是一份美国国内法所认可的执行协定。❶ 同样，来自美国哈佛大学法学院的戈登史密斯（Jack Goldsmith）教授也认为，奥巴马递交批准书的法律效力，是来自于《巴黎协定》母约的效力，亦即美国国会 1992 年对《联合国气候变化框架公约》的批准。❷

（4）《巴黎协定》已不是一项简单的条约，其实质是国际组织的规范性文件，其与美国国内法是相冲突的。美国学者罗利斯（Nicolas D. Loris）、舍费尔（Brett D. Schaefer）和格罗夫斯（Steven Groves）三人坚称，2015 年 12 月 18 日，巴勒斯坦国加入《联合国气候变化框架公约》的行为，使美国必须考虑退出《联合国气候变化框架公约》。这是因为巴勒斯坦国尚未成为联合国会员国，而根据美国法典第 22 章第 287e 节的规定，美国不得向有非联合国会员国参加的国际组织分摊会费或提供资助。基于此，美国依据《联合国气候变化框架公约》和《巴黎协定》向其他缔约方提供资助，将违反美国国内法的规定。❸ 况且，在此之前，美国就有因巴勒斯坦于 2011 年加入联合国教科文组织，而最终选择退出该组织（该退出于 2018 年 12 月 31 日起正式生效）的事例。❹

（二）对《巴黎协定》条约属性的认识

对于上述四种观点而言，无论从理论，还是实践方面，我们认为只有第三种观点方能站得住脚，即《巴黎协定》是一项不折不扣的条约。

---

❶ See Daniel Bodansky & Peter Spiro, "Executive Agreement Plus," *Vanderbilt Journal of International Law*, Vol. 49, 2016, pp. 885–929.

❷ See Jack Goldsmith, "The Contributions of Obama Administration to the Practice and Theory of International Law," *Harvard International Law Journal*, Vol. 57, 2016, pp. 455–473.

❸ See Nicolas D. Loris, Brett D. Schaefer & Steven Groves, *The U. S. Should Withdraw from the United Nations Framework Convention on Climate Change*, Washington, D. C.: The Heritage Foundation, 2016, p. 9.

❹ See The US Department of State, *The United States Withdraws from UNESCO*, https://www.state.gov/r/pa/prs/ps/2017/10/274748.htm. (last visited on 2018–07–10).

这是因为：

其一，它并不像斯劳特所言，《巴黎协定》不是法律。因为一方面，《巴黎协定》是可以执行的，遵约机制的规则已在该公约中明确规定；❶ 另一方面，不管是《维也纳条约法公约》的规定，还是包括美国在内的国家实践，都将其视为条约。❷

其二，关于《巴黎协定》是否要经国会批准，这一争议较大。根据美国宪法及外交关系法的规定，美国参加的国际协定大致可分为三类，即须国会批准的条约（treaty）、国会执行协定（congressional-exec-utive agreement）和独立执行协定（sole executive agreement）。须国会批准的条约，是指只有经国会批准，条约才能在美国国内具有法律效力。而国会执行协定，是指协定虽由总统缔结，但仍须国会两院多数通过的授权或随后的核准，才能具有法律效力。独立执行协定，则是仅总统批准即可产生法律效力。❸ 而对于一项国际协定是条约，还是执行协定，美国总统具有决定权。❹ 当然，这一决定权也并非没有限制，总统仍须根据国务院第 175 号通函程序（Circular 175 Procedure，C-175 Procedure）来决定国际协定属于哪一类。❺

除在条约类型上需要甄别外，《巴黎协定》在批准方面遇到的最大问题是，在气候变化方面，之前的美国实践均是提交国会批准。例如，1992 年，美国总统布什（George H. W. Bush）在巴西里约热内卢签署《联合国气候变化框架公约》后，就于同年 9 月向国会提交了批准请

---

❶　《巴黎协定》第 13～15 条均是对遵约机制的体现。

❷　例如，在联合国秘书处条约保存网页上，仍将美国作为《巴黎协定》的缔约方。当然，这并不妨碍在理论研究上，对条约有软法和硬法的考量。See Kal Raustiala, "Form and Substance in International Agreement," *American Journal of International Law*, Vol. 99, 2005, pp. 581-614.

❸　See Curtis A. Bradley, *International Law in the US Legal system*, Oxford：Oxford University Press, 2013, pp. 31-95.

❹　See Jean Galbraith, "From Treaties to International Commitments：the Changing Landscape of Foreign Relations Law," *University of Chicago Law Review*, Vol. 84, 2017, pp. 1678-1680.

❺　See The U. S. Department of State, Circular 175 Procedure, from https：//www.state.gov/s/l/treaty/c175/. (2018-07-10)

求；10 月，美国参议院批准了该公约。❶ 同样，《保护臭氧层维也纳公约》及其议定书也均是由美国国会批准的。❷ 而且，在《联合国气候变化框架公约》的听证会上，布什政府也向参议院外交关系委员会保证，未来缔结的包括减排目标和时间表的议定书将会提交参议院批准。在听证会后的报告中，参议院也明确指出，包括减排目标和时间表的议定书必须寻求参议院的批准。❸

然而，20 世纪 90 年代中期开始，受美国国内政治影响，国会在气候变化立场上的分歧愈加明显，这使得参议院意在通过一份对美国温室气体减排具有拘束力的条约几乎成为不可能。美国未能成为 1997 年《京都议定书》的缔约方就是一明显例证。❹ 因此，倘若没有国内法上的支持，前总统奥巴马对《巴黎协定》的核准也是无效的。

而这一转机的出现，则来自于美国最高法院 2007 年就"马萨诸塞州诉环境保护署"一案的判决。该判决肯定了，依据美国《清洁空气法》，美国环境保护署有权规制温室气体排放，❺ 从而使奥巴马政府获得了无须经国会批准即可通过《清洁空气法》的授权，执行《巴黎协定》的减排承诺。当然，在这一过程中，为尽可能地避免不必要的法律争议，特别是为了避免参议院的批准，奥巴马政府在《巴黎协定》谈判时，至少从两个法律形式方面对《巴黎协定》文本进行了折中。❻ 具

---

❶ Jean Galbraith, "From Treaties to International Commitments: the Changing Landscape of Foreign Relations Law," *University of Chicago Law Review*, Vol. 84, 2017, pp. 1731–1734.

❷ See David A. Wirth, "A Matchmaker's Challenge: Marrying International Law and American Environmental Law," *Virginia Journal of International Law*, Vol. 32, 1992, pp. 377–420.

❸ See the U. S. Government Publishing Office, Daily Digest—Congressional Record (Bound Edition), Vol. 138, 1992, from https://www.gpo.gov/fdsys/granule/GPO－CRECB－1992－pt25/GPO-CRECB-1992-pt25-1. (last visited on 2018-07-10)

❹ See Cass R. Sunstein, "of Montreal and Kyoto: A Tale of Two Protocols," *Harvard Environmental Law*, Vol. 31, 2007, pp. 1–65. See also Greg Kahn, "The Fate of the Kyoto Protocol under The Bush Administration," *Berkeley Journal of International Law*, Vol. 21, 2003, pp. 548–571.

❺ See 549 US 497 (2007).

❻ See David A. Wirth, "Cracking the American Climate Negotiators' Hidden Code: United States Law and the Paris Agreement," *Climate Law*, Vol. 32, 2016, pp. 152–170. See also Eun Jin Kim, "Language and Design of the Paris Agreement: International Deal Crafted to Avoid the Need for Senate's Approval," *Thurgood Marshall Law Review*, Vol. 42, 2016, pp. 45–65.

体表现在，一方面，在减排方面，《巴黎协定》采取了"自下而上"的减排模式，即国家自主贡献。这是一个非拘束的、没有强制减排目标的模式。另一方面，在资助方面，《巴黎协定》则未采取 2009 年气候变化《哥本哈根协议》中提出具体资助数目的方式，而是仅规定了不涉及数目的资助承诺。

是以，经由国内《清洁空气法》的授权和对《巴黎协定》文本的妥当安排，奥巴马政府最终绕开了国会，以独立执行协定的方式核准了《巴黎协定》，从而达到符合美国国内法对国际协定的要求。无疑，对《巴黎协定》的批准，是奥巴马政府在国际条约批准方面的国内法突破，[1] 同时也反映了美国外交关系法实践中的新变化，即行政权开始主导国际承诺。[2]

其三，就第四种观点而言，毋庸置疑，倘若将《联合国气候变化框架公约》及其议定书定性为国际组织的规范性文件，则必然会出现上述学者所强调的，对巴勒斯坦国承认的现实问题。然而，从现状来看，尽管《联合国气候变化框架公约》的国际组织属性较为明显，[3] 但从其严格的法律形式出发，即在没有得到《联合国气候变化框架公约》全体缔约方的认可和明示规定下，其仍不能被定性为国际法上的国际组织。故而，以该理由且不经国会，而由美国政府直接退出《巴黎协定》，仍是存在问题的。[4]

三、《巴黎协定》的法律形式主义洞见

由上观之，美国在《巴黎协定》方面，从谈判到签署，再从批准

---

❶ See Daniel Bodansky & Peter Spiro, "Executive Agreement Plus," *Vanderbilt Journal of International Law*, Vol. 49, 2016, pp. 885-929.

❷ See Cass R. Sunstein, "Changing Climate Change, 2009-2016," *Harvard Environmental Law Review*, Vol. 42, 2018, pp. 231-272.

❸ 例如，《联合国气候变化框架公约》有秘书处、有附属机构，在德国波恩建立了其总部，这些都与国际法上的国际组织别无二致。参见《联合国气候变化框架公约》网站。

❹ 值得注意的是，美国政府有权不经国会批准，直接退出国际组织。See *United States Gives Notice of Withdrawal from UNESCO, Citing Anti-Israel Bias*, from American Journal of International Law, Vol. 112, 2018, pp. 107-109.

到退出，并未纠结在《巴黎协定》的实质内容上；而恰恰相反，仅仅是在《巴黎协定》是否是一项条约，以及在退约的形式要件上就产生了一系列的制度博弈。这带给我们的启示是，国际法上的法律形式具有极其重要的意义，国家对法律形式的忽视或不屑极可能酿成不可挽回的局面。就这方面而言，国际法上的法律形式主义理论提供了颇有意义的理论旨趣。

（一）国际法上的法律形式主义及其批判

自古罗马以降，以逻辑方法和寻求确定性为特征的法律形式主义（Legal Formalism）即成为法学研究的典型特征，特别是 19 世纪欧陆民法法典化后，其理论张力达到前所未有的高度。然而，20 世纪初，美国法律现实主义和德国自由法运动开始质疑法律形式主义的合理性，认为逻辑方法和确定性并不能真正实现和表征法的本质诉求。❶ 至此，一场围绕法律形式主义是否合理的论争，就成为 20 世纪后半叶乃至今天法学理论研究中的核心命题。❷

这一论争在国际法领域亦是如此。早在 20 世纪 50 年代，国际法学家劳特派特（Hersch Lauterpacht）就曾指出，"对国际法法律性质的严重挑战，乃在于缺少一个认可合理确定性程度的同意规则"。❸ 无疑，正是由于国际法中确定性规则的缺失，❹ 国际法往往被认为是"政治"的工具而已，违反条约、习惯与抛弃一份没有拘束力的信件是一样的。

---

❶ See Albert S. Foulkes, "On the German Free Law School," *Archives for Philosophy of Law and Social Philosophy*, Vol. 55, No. 3, 1969, pp. 367–417. See also William W. Fisher III, Morton J. Horwitz & Thomas A. Reed ed., *American Legal Realism*, Oxford: Oxford University Press, 1993, pp. xi–xv. ［美］卢埃林著：《荆棘丛：关于法律与法学院的经典演讲》，明辉译，北京大学出版社 2017 年版，第 3~21 页。

❷ See James R. Hackney, Jr. ed., *Legal Intellectuals in Conversation: Reflections of Contemporary American Legal Theory*, New York: New York University Press, 2012, p. 5.

❸ Hersch Lauterpacht, "Codification and Development of International Law," *American Journal of International Law*, Vol. 49, p. 16, p. 19.

❹ 这种确定性规则的缺失有如哈特在论及国际法时，强调国际法缺乏次级规则一样，但值得肯定的是，哈特并未因此而否认国际法的法律性质。参见［英］哈特著：《法律的概念》，许家馨、李冠宜译，法律出版社 2005 年版，第 196~217 页。

这种立场亦反映在国际关系现实主义学派对国际法虚无主义的影响上。例如摩根索（Hans J. Morgenthau）就认为，"承认国际法的存在，并不等于断言它是像国内法律制度一样有效的法律制度，特别是不能说它能够有效地控制和约束国际舞台上的权力斗争。国际法是一种原始类型的法律"。❶

就国际法学者而言，反对形式主义论断的不乏其人。在欧陆，主要反映在德国法学家施米特（Carl Schmitt）对实在法规范主义的批判上。他认为，在法思维中，不是仅有规范主义一种法律模式，而是存在着规范、决断和具体秩序三种模式。其中规范的法律模式难以对主权作出合理解释，因而必须考虑决断模式的存在，这最终即形成了具体秩序模式。❷ 建立在这种划分的基础上，他指出，所有的法律应是秩序与场域的统一，国际法概莫能外。"新国际法的出现要归功于一个新的具体空间秩序的形成"，而这与"普遍性的承认规则组成的空洞的规范主义秩序"是相悖的。或言之，"如果没有以明确的空间法概念为基础，就不可能建立一个完整的国际法秩序。一套既难以设想又难以解释的规范体系是无法替补上述空白的"。❸ 由是观之，施米特反对将规范作为法律的唯一权威，而作为规范表征的形式主义自然也无法躲过这一批判。因为对其而言，国际法与其说是建立在规范的形式主义旗帜下，毋宁说是建立在包含决断论的具体空间秩序下的。

同样，这种立场也反映在国际法纽黑文学派（New Haven School）的政策定向说（policy-oriented approach）上。其代表人美国耶鲁法学院麦克道格尔（Myres S. McDougal）及其同僚均认为，在国际公共秩序中，应通过适当程序来考虑所有在此程序之下的各种因素，法律规则仅是这些因素中的一分子，并不能完全解决国家间的冲突。或言之，法律

---

❶　［美］摩根索著：《国家间政治：权力斗争与和平》，徐昕、郝望、李保平译，北京大学出版社 2006 年版，第 311 页。

❷　参见［德］施米特著：《论法学思维的三种模式》，苏慧婕译，中国法制出版社 2012 年版，第 45~82 页。

❸　参见［德］卡尔·施米特著：《大地的法》，刘毅、张陈果译，上海人民出版社 2017 年版，第 208~224 页。

形式仅是一个中介物，通过它只是体现要表达的政策，而不是作为行动的目标。❶ 在晚近，这种立场也集中体现在国际法理性选择学派中。其代表人戈德史密斯（Jack L. Goldsmith）和波斯纳（Eric A. Posner）就认为，"国际法产生于各国基于对他国利益及国家间权力分配的认知，理性地追求利益最大化的行为"。❷

此外，从国际实践来看，随着全球化的日益加深，国际社会的多元化发展，特别是非国家主体在国际事务中活跃度的凸显，使得国际法的表征形式越来越复杂，碎片化的程度也日趋严重。❸ 而在对国际法虚无主义无法作出有力回应之后，❹ 国际法的研究则更多地趋向于对"功能"的探讨，亦即对国际软法的肯定。❺ 无疑，这在一定程度上弱化和消解了国际法的法律属性，从而更进一步加深了国际法的规范性危机。

---

❶ See Mónica García-Salmones Rovira, "Sources in the Anti-Formalist Tradition: A Prelude to Institutional Discourses in International Law," in Samantha Besson & Jean D'Aspremont ed., *The Oxford Handbook on The Sources of International Law*, Oxford: Oxford University Press, 2017, pp. 207-214. 当然，也有学者指出，纽黑文学派尽管指责法律形式主义，但其却是以政策概念主义这种形式主义的变形取代了法律形式主义。这就表明，纽黑文学派在一定程度上仍是一个形式主义者。See Hengameh Saberi, "Yale's Policy Science and International Law: between Legal Formalism and Policy Conceptualism," in Anne Orford Florian Hoffmann & Martin Clark ed., *The Oxford Handbook of The Theory of International Law*, Oxford: Oxford University Press, 2016, pp. 427-451.

❷ [美] 戈德史密斯，[美] 波斯纳著：《国际法的局限性》，龚宇译，法律出版社 2010 年版，第 1 页。

❸ 参见 [英] 斯特兰奇著：《权力流散：世界经济中的国家与非国家权威》，肖宏宇，耿协峰译，北京大学出版社 2005 年版，第 162~175 页。See also Gunther Teubner, "'Global Bukowina': Legal Pluralism in the World Society," in Gunther Teubner ed., *Global Law without a state*, Aldershot: Dartmouth, 1997, pp. 3-28. Anne-Marie Slaughter, *A New World Order*, Princeton: Princeton University Press, 2004, pp. 1-35.

❹ 这典型地反映在联合国在一系列国际紧急事件方面的无所作为。例如在科索沃、叙利亚等问题上。See Anne Orford, "The Gift of Formalism," *European Journal of International Law*, Vol. 15, 2004, pp. 179-195.

❺ See C. M. Chinkin, "The Challenge of Soft Law: Development and Change in International Law," *International & Comparative Law Quarterly*, Vol. 38, No. 4, 1989, pp. 850-866. See also Pierre-Marie Dupuy, "Soft Law and the International Law of the Environment," *Michigan Journal of International Law*, Vol. 12, 1991, pp. 420-435. A. E. Boyle, "Some Reflections on the Relationship of Treaties and Soft Law," *International & Comparative Law Quarterly*, Vol. 48, No. 4, 1999, pp. 901-913. Kenneth W. Abbott & Duncan Snidal, "Hard and Soft Law in International Governance," *International Organization*, Vol. 54, No. 3, 2000, pp. 421-456. Gregory C. Shaffer, "Hard vs. Soft Law: Alternatives, Complements, and Antagonists in International Governance," *Minnesota Law Review*, Vol. 94, 2010, pp. 706-799.

（二）国际法上法律形式主义的回归

哈特（H. L. A. Hart）曾指出，"那些很难被理解为道德之成分的武断区分、形式和极度具体的细节，正是法律中最自然也是最容易被理解的特征"。❶ 因此，从这层意义而言，国际法规范性的最终落脚点无疑仍将是回归到法律形式的阐述和论证上。所以，尽管存在着诸多弱化和消解国际法规范性的现实，但大多数国际法学者则更多地强调了法律形式对遵守国际法所起到的不可替代性的作用。

在这一方面，虽然英美和欧陆都形成不同的理论观点，但却有着异曲同工的认识。英国曼彻斯特大学达斯普勒蒙（Jean D'Aspermont）教授在研究形式主义与国际法渊源的确认时指出，形式主义对国际法的意义，乃在于其对国际法渊源的识别，特别是在条约方面。换言之，任何一套规则只有满足了预设的形式标准，才能被认定为法治。❷ 而作为一个标杆，形式主义并不是旨在探求国际法规范性的具体内容，而是要通过前者有效地划分法与非法，从而有助于人们把握国际法的规范性和维护国际法的权威，以及促使国际法与国际道德的形式分离。❸

同样，在欧陆国际法领域，国际法批判法学派的代表人、芬兰国际法学家科斯肯涅米（Martti Koskenniemi）在其早期著作《从致歉到乌托邦：国际法论证结构》一书中极其悲观地指出国际法的不确定性。❹ 然而，在其后期著作《温和的国家教化者：国际法的兴衰 1870—1960》一书中，特别是在其最后篇章，他逐渐认识到法律形式主义有可能是防范这一不确定性的重要指针。❺ 正如其所指出的，形式主义是一种抵制

---

❶ ［英］哈特著：《法律的概念》，许家馨、李冠宜译，法律出版社 2005 年版，第 211 页。

❷ See Jean D'Aspermont, *Formalism and the Sources of International Law：A Theory of the Ascertainment of Legal Rules*, Oxford：Oxford University Press, 2011, pp. 29-37.

❸ See Jean D'Aspermont, "The Politics of Deformalization in International Law," *Goettingen Journal of International Law*, Vol. 3, No. 2, 2011, pp. 503-550.

❹ See Martti Koskenniemi, *From Apology to Utopia：The structure of International Legal Argument*, Cambridge：Cambridge University Press, 2005, pp. 16-70.

❺ See Ignacio de la Rasilla del Moral, "Martti Koskenniemi and the Spirit of the Beehive in International Law," *Global Jurist*, Vol. 10, No. 2, 2010, pp. 1-50.

权力的文化，一种责任的、开放和平等的社会实践，这种社会实践的地位是不能沦为声称在其中能得到解决的、任何一方的政治立场。而且，更重要的是，形式主义并不排斥国家从其利益和偏好出发，但这种利益的可辩护性应是建立在形式主义的框架之内。诚然，形式主义并不是完美的，一方面，它在阻止偏离国际法的国家行动时，并不总是成功的；另一方面，也不排除形式主义中某些恶的存在，那些可疑的或可憎的内容。但是，这并不掩盖形式主义对国际法沿革和传统的继承与彰显，从而在赤裸裸的权力与法律束缚之间形成一条可行的理路。❶

芬兰赫尔辛基大学的克莱伯斯（Jan Klabbers）教授也认同科斯肯涅米的观点，但他补充道，软法其实混淆了法与非法的界限，给国际社会带来了更多的不确定性，而国际法的形式主义则恰恰是减少这种不确定性的关键。❷ 此外，国家的政治行为从来都不是发生在真空中的，作为语言表征的形式主义必然会对其产生影响；而且在一定意义上，形式主义承载了一种国际法的价值追求，即那种可通过交流的方式，实现国家间共存的理念。❸

不宁唯是，从国际法的实践来看，"二战"后，包括美国在内的西方国家，正是经由国际法这种法律形式，展开了与苏联的对抗，以维护其利益。❹ 甚至在"冷战"期间，在苏联严重违反条约的情况下，美国仍不放弃这种法律形式。对其理由，诚如美国哈佛法学院蔡斯（Abram

---

❶ See Martti Koskenniemi, *The Gentle Civilizer of Nations: The Rise and Fall of International Law* 1870—1960, Cambridge: Cambridge University Press, 2004, pp. 500-503. 此处需要指出的是，科斯肯涅米的"形式主义文化"（culture of formalism）是不同于传统法律形式主义的，是建立在对传统法律形式主义批判基础上的"新"法律形式主义，学者也将其称为批判形式主义（critical formalism）。See Justin Desautels-Stein, "Chiastic Law in the Crystal Ball: Exploring Legal Formalism and Its Alternative Futures," *London Review of International Law*, Vol. 2, No. 2, 2014, pp. 263-296.

❷ See Jan Klabbers, "The Undesirability of Soft Law," *Nordic Journal of International Law*, Vol. 67, 1998, pp. 381-391.

❸ See Jan Klabbers, "Towards A Culture of Formalism? Martti Koskenniemi and the Virtues," *Temple International and Comparative Law Journal*, Vol. 27, 2013, pp. 417-435.

❹ See Philippe Sands, *Lawless World: Making and Breaking Global Rules*, London: Penguin, 2006, pp. 1-22.

Chayes）教授所言，即使国家从来没有想去遵守条约，但有条约仍比根本没有条约强。[1]

　　而进入 21 世纪后，国际法法律形式主义的回归更趋明显，这一方面体现在国际法庭的实践上，例如，国际法院在国家主权平等、管辖权等有关审判及判决方面，法律形式主义的理念逐渐占据了优势地位。[2]另一方面，在国际法理论上，国际法法律形式主义得到相应的理论梳理和反思。英国剑桥法学院的辛格（Sahib Singh）就撰文指出，法律形式主义在受到种种责难之后，走向了一种理论回归。这种理论回归带来了两个结果：一是重新认识国际法的自洽性，换言之，国际法之所以独立于政治、经济、历史，其形式主义的表征是最好的辩护理由。二是国际法形式主义也承载着一种力量，它是抵御去形式化、帝国主义和"学科

---

❶　See Abram Chayes & Antonia Handler Chayes, "Compliance without Enforcement: State Behavior under Regulatory Treaties," *Negotiation Journal*, Vol. 7, 1991, p. 313. 值得注意的是，以蔡斯为代表的美国国际法过程学派往往被认为是管理主义路径的，是与法律形式主义相对的。See Daniel Bodansky, "Legal Realism and Its Discontents," *Leiden Journal of international Law*, Vol. 28, 2015, pp. 267-281. Veronika Bílková, "The Threads (or Threats?) of A Managerial Approach: Afterword to Laurence Boisson de Chazournes' Foreword," *European Journal of International Law*, Vol. 28, No. 4, 2018, pp. 1259-1265. 但此处，我们想表达的是，国际法过程学派并不是认为法律形式主义一无是处，他们也强调法律形式主义的意义，例如蔡斯在其著作中开篇就指出条约的形式意义。See Abram Chayes & Antonia Handler Chayes, *The New Sovereignty: Compliance with International Regulatory Agreement*, Cambridge, Massachusetts: Harvard University Press, 1995, pp. 1-28. 当代国际法过程学派代表人、前哈佛法学院院长郭洪柱（Harold Hongju Koh）也指出，绝大多数对法律的遵守不是来自于强制，而是来自于服从的形式。Harold Hongju Koh, "The Trump Administration and International Law," *Washburn Law Journal*, Vol. 56, 2017, p. 415. 因此，在一定意义上，国际法过程学派是一个"弱"国际法法律形式主义者。

❷　See Alex Mills, "The Formalism of State Sovereignty in Territorial and Maritime Disputes," *Cambridge Law Journal*, Vol. 67, No. 3, 2008, pp. 443-447. See also Daniel West, "Formalism Versus Realism: the International Court of Justice and the Critical Date for Assessing Jurisdiction," *UCL Journal of Law and Jurisprudence*, Vol. 5, No. 3, 2016, pp. 31-58. Loris Marotti, "'Establishing the Existence of A Dispute before the International Court of Justice': Glimpses of Flexibility within Formalism," *Questions of International Law*, Vol. 45, 2017, pp. 77-88. Alina Miron, "'Establishing the Existence of A Dispute before the International Court of Justice': between Formalism and Verbalism," *Questions of International Law*, Vol. 45, 2017, pp. 43-51. Jessica Almqvist, "Searching for Common Ground on Universal Jurisdiction: the Clash between Formalism and Soft Law," *International Community Law Review*, Vol. 15, 2013, pp. 437-457.

殖民"的有力武器。❶ 毋庸置疑，作为一种"价值形式主义"，国际法中的强行法（Jus Cogens）正体现了这种力量。❷ 除此之外，一些国际法学者也从法律符号学的角度入手，认为法律形式是法律秩序的符号表征，它将自然语言转化为法律语言，并赋予前者规范意义，而这对于国际法而言亦是同样的。❸

（三）法律形式主义对《巴黎协定》的意义

在法律形式主义对《巴黎协定》的意义方面，一种观点认为，法律形式没有任何意义，特朗普退出《巴黎协定》就是最好的证据。❹ 然而，另一种观点则认为，法律形式的意义不仅在于其所产生的制度黏性，❺ 而且其也有助于国际社会气候意识的持久性。❻ 无疑，后一种观点更深刻地反映了法律对社会的隐性影响。毋庸讳言，奥巴马政府在谈判《巴黎协定》的前后，无论是出台《清洁电力计划》，还是对《巴黎协定》的批准，都在一定程度上以法律的形式锁定了美国应对气候变化的事实；因此，即使特朗普取消《清洁电力计划》、退出《巴黎协定》，都无法在短时期内改变这种制度性的影响。❼

对此，美国杜克法学院布拉德利（Curtis A. Bradley）教授和哈佛法

---

❶ See Sahib Singh, "Narrative and Theory: Formalism's Recurrent Return," *The British Yearbook of International Law*, Vol. 84, No. 1, 2014, pp. 304-343.

❷ See Thomas Kleinlein, "Jus Cogens Re-Examined: Value Formalism in International Law," *European Journal of International Law*, Vol. 28, 2017, pp. 295-315.

❸ See Ottavio Quirico, *A Purely Formal Theory of Law—the Deontic Network*, EUI Working Paper, 2009, pp. 1-8. See also Wouter G. Werner, " 'The Unnamed Third': Roberta Kevelson's Legal Semiotics and the Development of International Law," *International Journal for the Semiotics of Law*, Vol. 12, 1999, pp. 309-331.

❹ See Jean Galbraith, "From Treaties to International Commitments: The Changing Landscape of Foreign Relations Law," *University of Chicago Law Review*, Vol. 84, 2017, pp. 1742-1743.

❺ See Jody Freeman, "The Limits of Executive Power: The Obama-Trump Transition," *Nebraska Law Review*, Vol. 96, 2018, pp. 551-552.

❻ See Yumehiko Ho shijima, "Presidential Administration and the Durability Climate-Consciousness," *Yale Law Journal*, Vol. 127, 2017, pp. 170-244.

❼ See Robert L. Glicksman, "The Fate of the Clean Power Plan in the Trump Era," *Carbon & Climate Law Review*, Vol. 11, 2017, pp. 292-302.

学院戈德史密斯教授在《哈佛法律评论》中就联合撰文指出："诚然，在美国宪法之下，总统有权经由解释和终止方式，改变前任政府所作出的国际法承诺；但这样做，不仅在国内，而且在国际关系方面的政治成本都是极高的。故而美国之所以愿意积极遵守国际义务，部分原因即是来自它期望其他国家也遵守或展开合作。"❶ 范德堡法学院的迈耶（Timothy Meyer）教授也深有感触地认识到，尽管国家依据其国家利益，选择软法形式，或将有助于其未来的再谈判，但它却会使国家付出更高的成本，同时也不利于增强国家间互信，展开长期合作。而且，更关键的是，软法在一定程度上或为单边的不遵守打开了一扇消极的门洞。❷

　　由是观之，一方面，尽管《巴黎协定》不同于一般的条约（它是一个由强制、非强制和自愿义务三种类型条款构成的条约❸），但是只要美国未从《巴黎协定》中退出，就应遵守《巴黎协定》的形式规则。虽然《巴黎协定》中国家自主贡献的完成不是强制义务，但递交行为却是强制义务。❹ 而且，即便国家自主贡献的完成不是强制性的，但缔约方也应负有尽职注意（Due Diligence）的义务，而不是忽视，甚至故意与之相违背。❺

　　另一方面，从实践来看，无论一国在国际社会中拥有多么大的权力，也必须接受法律，至少是形式上的限制。其实，美国的退约行为亦从反面证明了，其本身就是一个践行国际法的过程。美国并没有用其赤裸裸的权力直接摒弃《巴黎协定》，而是严格按照条约的退出规则，试图从法律上剥离《巴黎协定》对美国的限制。可见，法律形式对国家

---

❶　Curtis A. Bradley & Jack L. Goldsmith, "Presidential Control over International Law," *Harvard Law Review*, Vol. 131, 2018, p. 1205.

❷　See Timothy Meyer, "Shifting Sands: Power, Uncertainty and the Form of International Legal Cooperation," *European Journal of International Law*, Vol. 27, 2016, pp. 161-185.

❸　See Lavanya Rajamani, "The 2015 Paris Agreement: Interplay between Hard, Soft and Non-Obligations," *Journal of Environmental Law*, Vol. 28, 2016, pp. 337-358.

❹　这表明缔约方如未能完成其国家自主贡献中的减排承诺并不承担国际责任。

❺　See Christina Voigt, "The Paris Agreement: What is the Standard of Conduct for Parties?" *Questions of International Law*, Vol. 26, 2016, pp. 17-28.

权力的肆意行为形成了实实在在的制约。❶ 此外，即便再退一步讲，具备无上的强制力，或者违反条约而给予严厉制裁，恐怕并不是《巴黎协定》的关注点；相反，向世界表明存在一个应对气候变化的国际法，形成一种各国须减排的法律意识，以及为那些非国家主体展开活动和制定减排规则提供必要的法律支撑和依据，才是《巴黎协定》的重要初衷。❷

四、中国在美国宣布退出《巴黎协定》后的制度策略

2016 年 9 月 3 日，全国人大常委会正式批准《巴黎协定》。❸ 9 月 4 日，国家主席习近平在杭州 G20 峰会上正式向时任联合国秘书长的潘基文递交了中国的批准书。❹ 2016 年 11 月 4 日，在联合国秘书长收到欧盟及其七个成员国递交的批准书后，《巴黎协定》正式生效。中国，作为《巴黎协定》的缔约方，善意履行条约规定，无疑将是我们重要的国际法义务。迄今为止，在温室气体减排、可再生能源和新能源方面的大力推进，都充分表明了中国积极应对全球气候变化的坚强决心和斐然成绩。❺ 更值得一提的是，在向《联合国气候变化框架公约》秘书处提

---

❶ 正如哈特所指出的，"法律的存在至少对某些行为具有规范性"。［英］哈特著：《法律的概念》，许家馨、李冠宜译，法律出版社 2005 年版，第 200 页。

❷ See Harro van Asselt, "International Climate Change Law in A bottom-up World," *Questions of International Law*, Vol. 26, 2016, pp. 5-15.

❸ 参见全国人大官网：《全国人民代表大会常务委员会关于批准〈巴黎协定〉的决定》，http://www.npc.gov.cn/npc/xinwen/2016-10/12/content_1998980.htm.（访问日期：2018-07-10）

❹ 参见中华人民共和国外交部：《习近平同美国总统奥巴马、联合国秘书长潘基文共同出席气候变化〈巴黎协定〉批准文书交存仪式》，http://www.fmprc.gov.cn/web/zyxw/t1394323.shtml.（访问日期：2018-05-31）

❺ 在全球应对气候变化的机制建设方面，中国的积极推动是功不可没的。这不仅表现在中国为促成《巴黎协定》的出台，与美国联合发布了两份中美气候变化的联合声明，同时中国于 2016 年 9 月 3 日对《巴黎协定》的批准，加速了《巴黎协定》的生效。与此同时，中国也是世界上最大的可再生能源和新能源的投资国，为全球温室气候减排作出了实质性的贡献。尤其是从国内来看，中国已形成国家、市场和市民社会多层次应对气候变化的治理机制。See Pu Wang, Lei Liu & Tong Wu, "A Review of China's Climate Governance: State, Market and Civil Society," *Climate Policy*, Vol. 18, No. 5, 2018, pp. 664-679.

交的国家自主贡献的具体减排承诺方面，中国已远远超过欧美国家。[1]

然而，在此种实质减排的基础上，我们也应清醒地认识到，中国在温室气体减排方面存在的诸多困难，[2] 以及在国际气候制度建构方面，由于各国博弈的现实，特别是美国退出《巴黎协定》这一行径，将使中国面临更为严峻的挑战。是以，除了在应对气候变化方面继续开展实质性行动外，中国也应高度重视促成美国重返《巴黎协定》和《巴黎协定》后续规则的建设。

（一）应积极帮助美国重返《巴黎协定》

美国为何要退出《巴黎协定》，从其本国一些重要智库的观点来看，《巴黎协定》并不符合美国国家利益，[3] 且《巴黎协定》在减排方面的功效也是令人质疑的。[4] 然而，着眼于长远战略，美国显然不会放弃在国际气候政治领域中的主导权，[5] 特别是在页岩革命之后，美国天然气产量大增，为其创造了极好的减排空间。[6] 因此，从美国总统特朗普关于《巴黎协定》的声明中亦可看出，美国退出《巴黎协定》，是希

---

[1] See Joshua D. McBee, "Distributive Justice in the Paris Climate Agreement: Response to Peters et al," *Contemporary Readings in Law and Social Justice*, Vol. 9, No. 1, 2017, pp. 120-131.

[2] 基于自然禀赋的原因，中国形成了以煤为主的传统能源消费结构，而煤是所有能源中二氧化碳排放最多的。尽管中国通过法律政策方式在不断降低煤炭的使用率，但到 2017 年为止，中国煤炭消费量仍占到全部能源消费总量的 60% 以上，未来的减排道路仍任重道远。参见国家统计局：《中华人民共和国 2017 年国民经济和社会发展统计公报》，（国家统计局网站 2018 年 2 月 28 日）http://www.stats.gov.cn/tjsj/zxfb/201802/t20180228_1585631.html.（访问日期：2018-07-12）

[3] See Paul Bernstein, W. David Montgomery, Bharat Ramkrishnan & Sugandha D. Tuladhar, *Impacts of Greenhouse Gas Regulations on the Industrial Sector*, Washington D. C.: NERA Economic Consulting, 2017, pp. 4-14.

[4] See John Reilly et al., *Energy & Climate Outlook: Perspectives from* 2015, Cambridge, MA: MIT Joint Program on the Science and Policy of Global Change, 2015, pp. 2-3.

[5] See Charles F. Parker & Christer Karlsson, "The UN Climate Change Negotiations and the Role of the United States: Assessing American Leadership from Copenhagen to Paris," *Environmental Politics*, Vol. 27, No. 3, 2018, pp. 519-540.

[6] 甚至美国白宫也毫不掩饰地指出，页岩革命之后，使其碳排放降至 25 年来美国最低水平。See https://www.whitehouse.gov/issues/energy-environment/.（last visited on 2018-07-10）

望"通过再谈判，重返《巴黎协定》或达成一份新的气候协议"。❶ 这就表明对特朗普政府而言，其并非想彻底退出全球应对气候变化机制，而是旨在寻求一项更有利于美国的气候协议。❷ 这无疑为中国帮助其重返《巴黎协定》奠定了继续合作的可能性。

毋庸置疑，全球应对气候变化机制的构建，没有美国的加入将是不完整的。这不仅是因为美国是世界上第二大温室气体排放国，其减排成效将直接影响全球气候变化，而且美国游离于《巴黎协定》之外，也势必会造成严重的碳泄漏问题，这会使其他缔约方为应对气候变化所作出的贡献化为泡影。因此，帮助美国重返《巴黎协定》对全球应对气候变化有着重要的现实意义。基于此，除了与美国在气候变化、新能源和可再生能源技术以及机制建设等方面继续开展实质性的合作以外，从对法律形式的选择角度而言，中国亦可从如下四个方面加以考虑。

第一，按照《巴黎协定》的规定，2020 年 11 月 4 日是美国退出《巴黎协定》的最早期限。因此，在此期间，可以通过政治、经济、外交，以及充分利用美国国内政治的影响，迫使其取消提交退出《巴黎协定》的书面通知，让美国重新回归到全球应对气候变化的阵营中。无疑，这种选择是一种硬选择。对于《巴黎协定》体系而言，是最简单而没有减损的选择。❸ 但是，这种选择也是现实性最难的，特别是鉴于美国在全球政治经济中的影响力，迫使其直接退回到 2017 年 6 月之前的现状，需要美国政府鼓起很大的政治勇气。

---

❶ See The U. S. White House, *Statement by President Trump on the Paris Climate Accord*, https://www.whitehouse.gov/briefings-statements/statement-president-trump-paris-climate-accord/. (last visited on 2018-07-10)

❷ 从特朗普参加 2017 年 7 月的 G20 峰会也可以看出，尽管他已宣布美国退出《巴黎协定》，但其仍与其他 19 国共同发布了《G20 汉堡气候与能源行动计划》。See G20 Hamburg Climate and Energy Action Plan for Growth, from http://unepinquiry.org/wp-content/uploads/2017/07/Climate_and_Energy_Action_Plan_for_Growth.pdf. (last visited on 2018-07-10)

❸ 在美国总统特朗普宣布退出《巴黎协定》之后，《联合国气候变化框架公约》秘书处随即发表声明，对于美国的行为深表遗憾，并表示会准备与美国继续对话。但声明却明确指出，《巴黎协定》不可能由于美方一国的要求而重启谈判。See UNFCCC Secretariat, UNFCCC Statement on the US Decision to Withdraw form Paris Agreement, https://unfccc.int/news/unfccc-statement-on-the-us-decision-to-withdraw-from-paris-agreement. (last visited on 2018-07-10)

第二，我们可以利用各种双边的、多边的国际合作场所，加强与美国之间在气候变化方面的磋商，充分考虑其相关立场和主张，然后按照《巴黎协定》第 22 条关于修正的规定，吸纳美国的合理观点，使其有条件地重返《巴黎协定》。相比第一种选择，此种选择在程序上要相对复杂。根据《巴黎协定》第 22 条的规定，《联合国气候变化框架公约》第 15 条关于条约修正的规定将比照适用于《巴黎协定》。该公约第 15 条第 1 款则明确规定，任何缔约方均可对本公约提出修正。这就为美国有条件重返《巴黎协定》奠定了相应的法律基础。

第三，亦可通过加入的方式。倘若经过各方努力之后，在前两种选择都无法奏效的情况下，美国势必退出了《巴黎协定》。但这不意味着美国在未来会一直游离于《巴黎协定》之外；相反，其仍可以以加入的方式重返《巴黎协定》。但客观地说，除非美国或全球应对气候变化出现了重大突破或重大事件，这种法律形式的选择，对美国而言，接受的可能性恐怕也是最低的。因为按当前气候变化的现实语境来看，美国选择第四种方式，可能要好于此种法律形式。

第四，缔结新的气候变化条约。❶ 这种选择或将在两种方式下进行，一种是仍在《联合国气候变化框架公约》下，进行新的气候变化条约的谈判与缔结。这种选择有些像《京都议定书》和《巴黎协定》现在的关系，形成一种前后相继的、在《联合国气候变化框架公约》项下的应对气候变化的条约体系。另一种则是完全抛开《联合国气候变化框架公约》，另起炉灶，缔结一份不同于《联合国气候变化框架公约》的应对全球气候变化的条约。这种选择的可能性并不是没有。因为之前，美国在小布什时期，就曾联合澳大利亚等国家，构建过亚太气候变化伙伴关系（Asia-Pacific Partnership on Climate Change，APPCC）这一应对气候变化的国际性组织，只是由于当时的下一任总统奥巴马对此

---

❶ 美国也有学者提出，为尽可能地将美国纳入到全球应对气候变化机制下，考虑美国的重新谈判要求，是值得考虑的。See Elliot Diringer, "Let Trump Claim A Better Deal on Climate," *Nature*, Vol. 546, 2017, p. 329.

的不作为，才使这一应对机制最终式微。❶

综上所述，除这四种法律形式选择之外，随着全球应对气候变化的深入，或将还会有新的、更适宜的机制产生。但无论是何种法律形式，只要能将美国重新纳入到全球应对气候变化的国际合作机制中，本身就是值得肯定的。为此，作为气候变化领域的主导性国家，中国应充分发挥自身优势，对美国应对气候变化产生应有的影响力。

（二）应消解美国负面影响，促成其他重要国家尽快加入《巴黎协定》

从联合国秘书处发布的相关信息获知，截至 2018 年 7 月 8 日，《巴黎协定》的签署国为 195 个国家，而批准国为 178 个国家，仍有 17 个国家游离于《巴黎协定》之外。这其中不仅包括了俄罗斯这样的大国，同时也包括了伊朗、伊拉克、阿曼等油气大国。无疑，美国政府的退约行为，极大地影响到那些没有批准《巴黎协定》的国家，❷ 特别是像俄罗斯这样的大国。

早在《京都议定书》时期，正是由于俄罗斯的加入，才使《京都议定书》在时隔 8 年之后能顺利生效。因此在一定意义上，俄罗斯为《京都议定书》的生效作出了重要贡献。❸ 然而，俄罗斯并未因加入该议定书获得更多的利益，相反本国的温室气体排放却处处受其制约。因此，在加入《京都议定书》方面，俄罗斯留下了极不愉快的阴影，以

---

❶ See Harro van Asselt, "The Continuing Relevance of the Asia-Pacific Partnership for International Law on Climate Change," *Carbon & Climate Law Review*, Vol. 11, 2017, pp. 184-186.

❷ 例如在 2017 年 G20 峰会上，土耳其总统就明确表示，因美国的退出，土耳其议会将暂时不考虑批准《巴黎协定》。See S. Chestnoy & D. Gershinkova, "USA Withdrawal from Paris Agreement—What Next?" *International Organisations Research Journal*, Vol. 12, No. 4, p. 222.

❸ See Stavros Afionis & Ioannis Chatzopoulos, "Russia's Role in UNFCCC Negotiations since the Exit of the United States in 2001," *International Environmental Agreements*, Vol. 10, No. 1, 2010, pp. 45-63.

至于在该议定书第二期承诺时，俄罗斯断然拒绝了。❶ 是以，尽管此次《巴黎协定》采取的是"自下而上"的减排模式，但俄罗斯表现出了更多的谨慎性，在批准《巴黎协定》方面也迟迟不作为。而美国政府宣布退出《巴黎协定》，无疑更强化了俄罗斯的消极心态。在没有看到一个有利的结果时，俄罗斯或将不会作出加入《巴黎协定》的决定。

对于中国而言，俄罗斯加入《巴黎协定》有着重要的意义。这不仅体现在俄罗斯对于中亚国家和其他油气大国的影响力上，而且目前"一带一路"建设方面，中国也亟须与俄罗斯和其他中亚、中东等油气大国开展能源合作，倘若俄罗斯等国家加入到《巴黎协定》下，无疑会扩大中国在"一带一路"国家的清洁能源投资和能源互联网的建设。是以，中国应一方面充分利用中俄以及与其他国家之间的传统友谊，通过上海合作组织、金砖国家会议等双边、多边的国际场所方式，促成这些国家加入到《巴黎协定》中；另一方面，也可发挥第一大能源消费国的优势，通过利益诱导等方式，使这些国家尽早地加入到《巴黎协定》中。

(三) 为《巴黎协定》后续规则提供中国方案

2015 年 12 月，《巴黎协定》在《联合国气候变化框架公约》第 21 次缔约方会议上通过后，缔约方会议成立了"巴黎协定特别工作组"(Ad Hoc Working Group on the Paris Agreement, APA)，来处理《巴黎协定》生效等后续事项；❷ 而且，2016 年 3 月，由《联合国气候变化框架公约》秘书处列出一份工作清单，用于指导未来《巴黎协定》的相关工作。❸ 从这份工作清单可知，在关于国家自主贡献进一步指导方针、

---

❶ Sebastian Oberthur & Rene Lefeber, "Holding Countries to Account: The Kyoto Protocol's Compliance System Revisited after Four Years of Experience," *Climate Law*, Vol. 1, 2010, pp. 133-158.

❷ See UNFCCC, Decision 1/CP. 21.

❸ See UNFCCC, *Taking the Paris Agreement Forward: Tasks Arising from Decision 1/CP. 21*, from http://unfccc.int/files/bodies/cop/application/pdf/overview_1cp21_tasks_.pdf. (last visited on 2018-07-10)

透明度框架，以及便利执行和遵约模式、程序等方面都需要进一步的规定和细化。未来，缔约方则将在"巴黎协定特别工作组"等相关附属机构的安排之下，开展相关谈判，以期出台以上的规定和细则。

由是观之，《巴黎协定》的相关工作才刚刚开始，许多后续规则将进一步谈判确定。然而，尽管这些后续规则是对该协定的补充和完善，但它们往往是《巴黎协定》具体规则的识别性解释；因此，在一定程度上，它们也将决定和判别缔约方在其国家自主贡献等方面是否达到《巴黎协定》的要求。

故而，中国应积极参与《巴黎协定》后续规则的谈判与制订。一方面，在谈判过程中，我们应积极提出中国方案，输出那些可以反映中国在应对气候变化方面的成功经验和制度规则。另一方面，我们也应通过谈判，规避那些与中国应对气候变化立场不同的观点和规则，牢牢把握《巴黎协定》后续规则的剩余权力。

（四）须防范制度构建对中国气候变化国家核心利益的减损

当前，最需要关注的一个事实是，美国仍是《巴黎协定》的缔约方。这就意味着，美国将参与《巴黎协定》后续规则的构建工作。这一如美国国务院所作出的声明，"美国仍将继续参与国际气候变化谈判和会议，……以保护美国的利益，并确保未来的所有政策选择继续向政府开放。这种参与也将包括对《巴黎协定》执行指南的谈判"。❶

无疑，无论美国在退出《巴黎协定》上是否是一种战略行为，但可以肯定的是，美国在《巴黎协定》上将无所作为，绝对是一个错误信号。之所以这样认为，是因为美国的行为与当年在《京都议定书》的做法如出一辙。尽管其没有批准，但却是《京都议定书》的签署国，从而全程参与了《京都议定书》后续规则的构建，特别是其主导了有

---

❶ The U. S. Department of State, Communication Regarding Intent to Withdraw from Paris Agreement, from https://www.state.gov/r/pa/prs/ps/2017/08/273050.htm. （last visited on 2018-07-10）

关遵约机制的设计。● 结果，当《京都议定书》生效之时，美国退了出来，却将一份反映美国立场的遵约规则留给了《京都议定书》的缔约方，使得附件一国家不得不为严格执行减排，而限制本国经济发展；但美国却游离其外，享受着无减排压力下的经济发展。

因此，在《巴黎协定》后续规则设计方面，中国应时刻关注包括美国在内的其他缔约方意欲通过制度建构，对中国气候变化国家核心利益造成的损害，从而防范可能出现的与《京都议定书》后续规则制定过程中同样的负面结果。

结　语

毫无疑问，无论是从《巴黎协定》的文本，还是美国国内法，都清晰地表明美国并没有真正退出《巴黎协定》。这充分体现了国际法律形式所产生的拘束力量。然而，无论我们用怎样的国际法形式主义的理论来看待美国退约问题，这都是对已发生事件的阐释和分析，而更值得我们关注的，应是希冀从中得出有益的经验教训来指导未来全球应对气候变化的制度安排。这一观念如同制度法学代表人、奥地利法学家魏因贝格尔（Ota Weinberger）所指出的，"过去只是在它能够说明现在结构的意义上是重要的；但要关注的不是历史的权利要求或惩罚，这些只能给世界造成混乱，而且肯定不能为普遍和平提供基础，而我们应关注的，是去发现那些将会导致未来的和谐世界的解决办法"。❷ 仅此而已。

● See Jacob Werksman, "The Negotiation of A Kyoto Compliance System," in Olav Schram Stokke, Jon Hovi & Geir Ulfstein ed., *Implementing the Climate Regime: International Compliance*, London: Earthscan, 2005, pp. 17–37.

❷ ［英］麦考密克、［奥］魏因贝格尔著：《制度法论》，周叶谦译，中国政法大学出版社 2002 年版，第 265 页。

参 考 文 献

一、中文部分

(一) 官方文献

［1］国家发展与改革委员会. 强化应对气候变化行动——中国国家自主贡献 ［R］. 北京, 2015.

［2］国家发展与改革委员会. 国家应对气候变化规划（2014—2020 年）［R］. 北京, 2014.

［3］国家发展和改革委员会. 中国应对气候变化的政策与行动 2014 年度报告 ［R］. 北京, 2014.

［4］国家发展与改革委员会. 中国应对气候变化的政策与行动 2015 年报告 ［R］. 北京, 2015.

［5］国家发展和改革委员会. 中国应对气候变化的政策与行动——2009 年度报告 ［R］. 北京, 2009.

［6］国家发展和改革委员会, 外交部, 商务部. 推动共建丝绸之路经济带和 21 世纪海上丝绸之路的愿景与行动 ［R］. 北京, 2015.

［7］国务院新闻办公室. 中国应对气候变化的政策与行动（2011）［R］. 2011.

［8］国务院新闻办公室.《中国的能源政策（2012）》白皮书 ［R］. 2012.

［9］政府间气候变化专门委员会. 政府间气候变化专门委员会第四次评估

报告——气候变化 2007 综合报告［R］. 2008.

［10］中华人民共和国国务院新闻办公室.《中国的能源状况与政策》白皮书［R］. 北京，2007.

（二）著作类

［1］廖建凯. 我国气候变化立法研究：以减缓、适应及其综合为路径［M］. 北京：中国检察出版社，2012.

［2］郭冬梅. 应对气候变化法律制度研究［M］. 北京：法律出版社，2010.

［3］吕江. 能源革命与制度建构：以欧美新能源立法为视角［M］. 北京：知识产权出版社，2017.

［4］外交部条约法律司. 主要国家条约法汇编［M］. 北京：法律出版社，2014.

［5］吕江. 英国新能源法律与政策研究［M］. 武汉：武汉大学出版社，2012.

［6］巴巴拉·沃德，雷内·杜博斯. 只有一个地球［M］. 北京：燃料化学工业出版社，1974.

［7］王伟光，郑国光. 应对气候变化报告（2010 版坎昆的挑战与中国的行动）［M］. 北京：社会科学文献出版社，2010.

［8］张海滨. 气候变化与中国国家安全［M］. 北京：时事出版社，2010.

［9］中国法学会能源法研究会. 中国能源法研究报告 2014［M］. 上海：立信会计出版社，2015.

［10］居辉，等. 气候变化与中国粮食安全［M］. 北京：学苑出版社，2008.

［11］廖建凯. 我国气候变化立法研究：以减缓、适应及其综合为路径［M］. 北京：中国检察出版社，2012.

［12］刘汉元，刘建生. 能源革命：改变 21 世纪［M］. 北京：中国言实出版社，2010.

［13］满志敏. 中国历史时期气候变化研究［M］. 济南：山东教育出版社，2009.

［14］殷培红. 气候变化与中国粮食安全脆弱区［M］. 北京：中国环境科

学出版社，2011.

[15] 中国法学会能源法研究会. 中国能源法研究报告 2011 [M]. 上海：立信会计出版社，2012.

[16] 斯潘塞·R. 沃特. 全球变暖的发现 [M]. 宫照丽，译. 北京：外语教学与研究出版社，2007.

[17] 吕江. 气候变化与能源转型：一种法律的语境范式 [M]. 北京：法律出版社，2013.

[18] 易明. 一江黑水：中国未来的环境挑战 [M]. 南京：江苏人民出版社，2012.

[19] 崔少军. 碳减排：中国经验——基于清洁发展机制的考察 [M]. 北京：社会科学文献出版社，2010.

[20] B. 盖伊·彼得斯. 政治科学中的制度理论："新制度主义"（第二版）[M]. 王向民，段红伟，译. 上海：上海人民出版社，2011.

[21] 刘圣中. 历史制度主义：制度变迁的比较历史研究 [M]. 上海：上海人民出版社，2010.

[22] 卢埃林. 荆棘丛：关于法律与法学院的经典演讲 [M]. 明辉，译. 北京：北京大学出版社，2017.

[23] 哈特. 法律的概念 [M]. 许家馨，李冠宜，译. 北京：法律出版社，2005.

[24] 摩根索. 国家间政治：权力斗争与和平 [M]. 徐昕，郝望，李保平，译. 上海：上海人民出版社，2006.

[25] 施米特. 论法学思维的三种模式 [M]. 苏慧婕，译. 北京：中国法制出版社，2012.

[26] 卡尔·施米特. 大地的法 [M]. 刘毅，张陈果，译. 上海：上海人民出版社，2017.

[27] 戈德史密斯，波斯纳. 国际法的局限性 [M]. 龚宇，译. 北京：法律出版社，2010.

[28] 斯特兰奇. 权力流散：世界经济中的国家与非国家权威 [M]. 肖宏宇，耿协峰，译. 北京：北京大学出版社，2005.

［29］麦考密克，魏因贝格尔. 制度法论 ［M］. 周叶谦，译. 北京：中国政
　　　法大学出版社，2002.

（三）期刊类

［1］李艳芳. 各国应对气候变化立法比较及其对中国的启示 ［J］. 中国人
　　　民大学学报，2010 （4）.

［2］吕江.《哥本哈根协议》：软法在国际气候制度中的作用 ［J］. 西部法
　　　学评论，2010 （4）.

［3］吕江. 气候变化立法的制度变迁史：世界与中国 ［J］. 江苏大学学报
　　　（社科版），2014 （4）.

［4］李玉婷. 气候政策的绿色悖论文献述评 ［J］. 现代经济探讨，2015 （8）.

［5］王赵宾. 中国弃风限电报告 ［J］. 能源，2014 （7）.

［6］于南. 欧盟正式启动对华光伏反规避立案调查，中国多晶硅反倾销措
　　　施遭 "挑衅" ［N］. 证券日报，2015-6-4 （B03）.

［7］徐炜旋. "双反" 调查或令我光伏产业再陷低谷 ［N］. 中国石化报，
　　　2014-6-13 （8）.

［8］肖蔷. 云南风电开发为何叫停 ［N］. 中国能源报，2013-12-30 （3）.

［9］中法元首气候变化联合声明 ［N］. 人民日报，2015-11-3 （2）.

［10］吕江. 破解联合国气候变化谈判的困局 ［J］. 上海财经大学学报，
　　　2014 （4）.

［11］中华人民共和国主席习近平. 携手构建合作共赢、公平合理的气候变
　　　化治理机制——在气候变化巴黎大会开幕式上的讲话 ［N］. 人民日
　　　报，2015-12-1 （2）.

［12］裴广江，苑基荣. 德班气候大会艰难通过决议 ［N］. 人民日报，
　　　2011-12-12 （3）.

［13］田智，宇杨晶. 我国城市绿色低碳发展：理论综述及引申 ［J］. 中国
　　　经贸导刊 （理论版），2018 （2）.

［14］张学中，何汉霞. 新发展理念的三维视域：新背景 新内涵 新要求——中
　　　国化马克思主义发展思想研究 ［J］. 观察与思考，2017 （8）.

［15］高波. 解读宪法修正案之九：将新发展理念写入宪法顺势应时 ［N］.

中国纪检监察报，2018-3-27（2）.

[16] 赵川. 23 国家联合宣言：8 条措施反制欧盟航空税 [N]. 21 世纪经济报道，2012-2-28（21）.

[17] 张琪. ICAO 达成全球航空碳排协议 [N]. 中国能源报，2013-10-14（7）.

[18] 刘长松. 对我国应对气候变化战略问题的几点认识 [J]. 中国发展观察，2018（1）.

[19] 吴飞美，郗永勤. 我国低碳经济发展存在的问题与对策研究 [J]. 福建师范大学学报（哲学社会科学版），2015（1）.

[20] 王志芳. 中国建设"一带一路"面临的气候安全风险 [J]. 国际政治研究，2015（4）.

[21] 高继文，程美. 十八大以来中国特色社会主义发展的新趋向 [J]. 山东行政学院学报，2017（1）.

[22] 习近平就气候变化《巴黎协定》正式生效致信联合国秘书长潘基文 [N]. 人民日报，2016-11-5（1）.

[23] "一带一路"上的国际能源战略 [J]. 国外测井技术，2016（6）.

[24] 李月清. 2016 年度中国石油石化行业 10 大新闻 [J]. 中国石油企业，2017（1-2）.

[25] 习近平. 弘扬丝路精神，深化中阿合作——在中阿合作论坛第六届部长级会议开幕式上的讲话 [N]. 人民日报，2014-6-5（1）.

[26] 赵蕾，王国梁. 孟加拉国投资环境分析 [J]. 对外经贸，2017（2）.

[27] 朱源，施国庆，程红光，等. "一带一路"倡议的环境社会政策框架研究 [J]. 河海大学学报（哲学社会科学版），2017（1）.

[28] 王瑞彬. 落实《巴黎协定》：制约与超越 [J]. 国际问题研究，2017（1）.

[29] 解百臣，徐大鹏，刘明磊，等. 基于投入型 Malmquist 指数的省际发电部门低碳经济评价 [J]. 管理评论，2010（6）.

[30] 朱成章. 我国风能资源到底有多少 [J]. 中国电力企业管理，2010（7）.

[31] 李俊峰. 全球气候治理加快第四次能源革命 [J]. 环境经济，2016（Z1）.

[32] 陈红彦. 碳税制度与国家战略利益 [J]. 法学研究，2012（2）.

［33］王燕. 欧盟投资保护理念的"西学东渐"及其启示［J］. 国际商务研究, 2015（3）.

［34］宗芳宇, 路江涌, 武常岐. 双边投资协定、制度环境和企业对外直接投资区位选择［J］. 经济研究, 2012（5）.

［35］王斌. 论投资协议中的稳定条款——兼谈中国投资者的应对策略［J］. 政法论丛, 2010（6）.

［36］吕江.《巴黎协定》: 新的制度安排、不确定性及中国选择［J］. 国际观察, 2016（3）.

［37］曾加, 王聪霞."一带一路"能源合作法律问题探析［J］. 中共青岛市委党校青岛行政学院学报, 2016（3）.

［38］冯蕾. 全球气候变化治理的落实行动与中国担当［N］. 光明日报, 2016-11-19.

［39］王云松. 马拉喀什气候大会重申支持并落实《巴黎协定》［N］. 人民日报, 2016-11-20.

［40］公欣. 告别马拉喀什 应对气候变化前路几何？［N］. 中国经济导报, 2016-11-25.

［41］常纪文. 马拉喀什大会与应对气候变化的中国贡献［N］. 光明日报, 2016-11-17（12）.

［42］刘长松. 对我国应对气候变化战略问题的几点认识［J］. 中国发展观察, 2018（1）.

［43］习近平. 中国发展新起点全球增长新蓝图——在二十国集团工商峰会开幕式上的主旨演讲［N］. 人民日报, 2016-9-4.

［44］安树民, 张世秋.《巴黎协定》下中国气候治理的挑战与应对策略［J］. 环境保护, 2016（22）.

［45］于宏源. 试析全球气候变化谈判格局的新变化［J］. 现代国际关系, 2012（6）.

［46］曹明德. 中国参与国际气候治理的法律立场和策略: 以气候正义为视角［J］. 中国法学, 2016（1）.

［47］何建坤. 全球绿色低碳发展与公平的国际制度建设［J］. 中国人口.

资源与环境，2012（5）.

[48] 高翔，滕飞.《巴黎协定》与全球气候治理体系的变迁［J］. 中国能源，2016（2）.

[49] 崔国辉. 从《京都议定书》到《巴黎协定》中国逐渐成为国际气候治理引领者［N］. 中国气象报，2018-05-29（3）.

[50] 郑功成. 全面理解党的十九大报告与中国特色社会保障体系建设［J］. 国家行政学院学报，2017（6）.

[51] 史云贵，刘晓燕. 实现人民美好生活与绿色治理路径找寻［J］. 改革，2018（2）.

[52] 李建华. 如何理解美好生活需要［J］. 中国地质大学学报（社会科学版），2017（6）.

[53] 付子堂，郑伟华. 新全球化背景下的中国法治现代化新路径［J］. 法治现代化研究，2018（2）.

[54] 张劲松. 适度：基于资源环境限制的美好生活满足方式［J］. 行政论坛，2018（2）.

[55] 裴庆冰，谷立静，白泉. 绿色发展背景下绿色产业内涵探析［J］. 环境保护，2018（Z1）.

[56] 王文军. 英国应对气候变化的政策及其借鉴意义［J］. 现代国际关系，2009（9）.

[57] 巢清尘. 英国应对气候变化施政经验——以政治共识推进政策落实［N］. 中国气象报，2016-2-24（3）.

[58] 李靖堃. 国家安全视角下的英国气候政策及其影响［J］. 欧洲研究，2015（5）.

[59] 刘翔峰. 英国"脱欧"对世界经济格局重塑的深远影响［J］. 中国发展观察，2016（14）.

[60] 郑爽. 欧盟碳排放贸易体系现状与分析［J］. 中国能源，2011（3）.

[61] 张琪. 英国：欧盟再见！［N］. 中国能源报，2016-06-27（7）.

[62] 于宏源. 2015年气候治理发展及动向展望［J］. 上海交通大学学报（哲学社会科学版），2016（1）.

［63］李艳芳. 各国应对气候变化立法比较及其对中国的启示［J］. 中国人
民大学学报，2010（4）.

［64］董娟. 全球可再生能源发展现状及投资趋势分析［J］. 当代石油石
化，2014（8）.

［65］赵县良，潘继平. 中俄油气合作重大进展及其潜在风险与对策［J］.
中国石油经济，2014（10）.

［66］徐炜旋. "双反"调查或令我光伏产业再陷低谷中国石化报［J］.
2014（8）.

［67］吕江. 科学悖论与制度预设：气候变化立法的旨归［J］. 江苏大学学
报（社会科学版），2013（4）.

［68］曲格平. 中国环境保护四十年回顾及思考（回顾篇）［J］. 环境保护，
2013（10）.

［69］翟亚柳. 中国环境保护事业的初创——兼述第一次全国环境保护会议
及其历史贡献［J］. 中共党史研究，2012（8）.

［70］林木. 1973 年 12 月：新中国第一部环保法规的制定［J］. 党史博览，
2013（8）.

［71］叶汝求. 改革开放 30 年环保发展历程［J］. 环境保护，2008（21）.

［72］王萍. 环保立法三十年风雨路［J］. 中国人大，2012（18）.

［73］孙佑海.《环境保护法》修改的来龙去脉［J］. 环境保护，2013（16）.

［74］曲格平. 中国环境保护事业发展历程提要（续）［J］. 环境保护，
1988（4）.

［75］游雪晴. 中国气候变化专家委员会成立［N］. 科技日报，2007-1-15
（3）.

［76］杨泽伟. 中国能源安全问题：挑战与应对［J］. 世界经济与政治，
2008（8）.

［77］杨强. 特朗普政府的气候政策逆行：原因和影响［J］. 国际论坛，
2018（2）.

［78］何彬. 美国退出《巴黎协定》的利益考量与政策冲击［J］. 东北亚论
坛，2018（2）.

［79］ 于宏源. 特朗普政府气候政策的调整及影响 ［J］. 太平洋学报，2018
　　　（1）.

［80］ 张海滨，戴瀚程，赖华夏，等. 美国退出《巴黎协定》的原因、影响
　　　及中国的对策 ［J］. 气候变化研究进展，2017（5）.

［81］ 张永香，巢清尘，郑秋红，等. 美国退出《巴黎协定》对全球气候治
　　　理的影响 ［J］. 气候变化研究进展，2017（5）.

（四）国际组织报告

［1］ 政府间气候变化专门委员会. 政府间气候变化专门委员会第四次评估
　　报告——气候变化 2007 综合报告 ［R］. 日内瓦：政府间气候变化专
　　门委员会秘书处，2008.

［2］ 21 世纪可再生能源政策网络. 2015 可再生能源全球现状报告
　　［R］. 2015.

［3］ 政府间气候变化专门委员会. 政府间气候变化专门委员会第五次评估
　　报告——气候变化 2014 综合报告 ［R］. 2014.

二、英文部分

（一）专著类

［1］ Anthony Aust. Modern Treaty Law and Practice ［M］. Cambridge：Cambridge
　　University Press，2000.

［2］ T. O. Elias. The Modern Law of Treaties ［M］. New York：Oceana Publica-
　　tions，1974.

［3］ Richard B. Stewart，Jonathan B. Wiener. Reconstructing Climate Policy：Be-
　　yond Kyoto ［M］. Washington DC：The AEI Press，2003.

［4］ Jutta Brunnée. Promoting Compliance with Multilateral Environmental Agree-
　　ment，" in Jutta Brunnée，Meinhard Doelle & Lavanya Rajamani ed.，Pro-
　　moting Compliance in An Evolving Climate Regime ［M］. Cambridge：
　　Cambridge University Press，2012.

［5］ Han J. Morgenthau. Politics among Nations：the Struggle for Power and
　　Peace ［M］. New York：Alfred A. Knopf，1948.

［6］ Jack L. Goldsmith & Eric A. Posner. The Limits of International Law ［M］. Oxford: Oxford University Press, 2005.

［7］ Andrew T, Guzman. How. International Law Works: A Rational Choice Theory ［M］. Oxford: Oxford University Press, 2008.

［8］ Dieter Helm. Energy, the State, and the Market: British Energy Policy since 1979, Oxford: Oxford University Press, 2003.

［9］ Dieter Helm. The New Energy Paradigm ［M］. Oxford: Oxford University Press, 2009.

［10］ Peter D. Cameron. International Energy Investment Law: the Pursuit of Stability ［M］. Oxford: Oxford University Press, 2010.

［11］ Antony Froggatt, Thomas Raines, Shane Tomlinson. UK Unplugged? The Impacts of Brexit on Energy and Climate Policy ［M］. London: Chatham House, 2016.

［12］ MilanElkerbout. Brexit and Climate Policy: Political Choices will Determine the Future of EU-UK Cooperation ［M］. Brussels: Centre for European Policy Studies, 2016.

［13］ Aldy, Joseph E., & Robert N. Stavins ed., Architectures for Agreement: Addressing Global Climate Change in the Post-Kyoto World ［M］. Cambridge: Cambridge University Press, 2007.

［14］ Cameron, Peter D., & DonaldZillman ed., Kyoto: From Principles to Practice ［M］. The Hague: Kluwer Law International, 2001.

［15］ O'Brien, Karen L., Asuncion Lera St. Clair, &Berit Kristoffersen ed., Climate Change, Ethics and Human Security ［M］. Cambridge: Cambridge University Press, 2010.

［16］ Shaw, Malcolm N., InternationalLaw ［M］. Cambridge: Cambridge University Press, 2008.

［17］ Henderson, Conway W., Understanding InternationalLaw ［M］. West Sussex: Wiley-Blackwell, 2010.

［18］ Kelsen, Hans, Principles of International Law ［M］. revised and edited by Robert W. Tucker, New York: Holt, Rinehart and Winston, Inc., 1966.

[19] Maugeri, Leonardo, Oil: the NextRevolution [M]. Cambridge, MA: Belfer Center for Science and International Affairs, Harvard Kennedy School, 2012.

[20] World Commission on Environment and Development, Our Common Future [M]. New York: Oxford University Press, 1987.

[21] Sachs, Jeffrey D., The Age of SustainableDevelopment [M]. New York: Columbia University Press, 2015.

[22] The Worldwatch Institute, State of 2013: Is Sustainability Still Possible [M]. Washington, Covelo, London: Island Press, 2013.

[23] The Worldwatch Institute, State of 2014: Governing for Sustainability [M]. Washington, Covelo, London: Island Press, 2014.

[24] Voigt, Christina, Sustainable Development as A Principle of International-Law [M]. Leider, Boston: Martinus Nijhoff Publishers, 2009.

[25] Bert Bolin. A History of the Science and Politics of Climate Change: The Role of the Intergovernmental Panel on Climate Change [M]. Cambridge: Cambridge University Press, 2007.

[26] Michael Grubb, Matthias Koch, Koy Thomson, Abby Munson, Francis Sullivan. The "Earth Summit" Agreement: A Guide and Assessment [M]. London: Earthscan, 1993.

[27] Peter D. Cameron & Donald Zillman ed. Kyoto: From Principles to Practice [M]. Kluwer Law International, 2001.

[28] Michael Grubb. The Kyoto Protocol: A Guide andAssessment [M]. London: The Royal Institute of International Affairs, 1999.

[29] B. R. Mitchell. Economic Development of the British Coal Industry 1800 – 1914 [M]. Cambridge: Cambridge University Press, 1984.

[30] William Ashworth. The History of the British CoalIndustry [M]. Oxford: Clarendon Press, 1986.

[31] Martin Holmes. The First Thatcher Government 1979–1983 [M]. Boulder:

Westview Press, 1985.

[32] Christopher Johnson. The Grand Experiment: Mrs. Thatcher's Economy and How It Spread [M]. Boulder: Westview Press, 1991.

[33] M. J. Parker. Thatcherism and theFall of Coal [M]. Oxford: Oxford University Press, 2000.

[34] Nicolas D. Loris, Brett D. Schaefer. Withdraw from Paris by Withdrawing from the U. N. Framework Convention on Climate Change [M]. Washington D. C.: The Heritage Foundation, 2017.

[35] Steven Groves. The Paris Agreement is a Treaty and should Be Submitted to the Senate [M]. Washington, D. C.: The Heritage Foundation, 2016.

[36] Nicolas D. Loris, Brett D. Schaefer, Steven Groves. The U. S. Should Withdraw from the United Nations Framework Convention on Climate Change [M]. Washington, D. C.: The Heritage Foundation, 2016.

[37] Curtis A. Bradley, International Law in the US Legalsystem [M]. Oxford: Oxford University Press, 2013.

[38] William W. Fisher Ⅲ, Morton J. Horwitz, Thomas A. Reed ed. American Legal Realism [M]. Oxford: Oxford University Press, 1993.

[39] James R. Hackney, Jr. ed. Legal Intellectuals in Conversation: Reflections of Contemporary American Legal Theory [M]. New York: New York University Press, 2012.

[40] Mónica García-Salmones Rovira. Sources in the Anti-Formalist Tradition: A Prelude to Institutional Discourses in International Law [M]// Samantha Besson, Jean D'Aspremont ed. The Oxford Handbook on The Sources of International Law. Oxford: Oxford University Press, 2017.

[41] Hengameh Saberi. Yale's Policy Science and International Law: between Legal Formalism and Policy Conceptualism [M]// Anne Orford Florian Hoffmann, Martin Clark ed. The Oxford Handbook of The Theory of International Law. Aldershot: Dartmouth, 1997.

[42] Gunther Teubner. GlobalBukowina: Legal Pluralism in the World Society

［M］// Gunther Teubner ed., Global Law without a state. Oxford: Oxford University Press, 2000.

［43］ Anne-Marie Slaughter, A New World Order ［M］. Princeton: Princeton University Press, 2004.

［44］ JeanD'Aspermont. Formalism and the Sources of International Law: A Theory of the Ascertainment of Legal Rules ［M］. Oxford: Oxford University Press, 2011.

［45］ Martti Koskenniemi. From Apology to Utopia: The structure of International Legal Argument ［M］. Cambridge: Cambridge University Press, 2005.

［46］ Martti Koskenniemi. The Gentle Civilizer of Nations: The Rise and Fall of International Law 1870 – 1960 ［M］. Cambridge: Cambridge University Press, 2004.

［47］ Philippe Sands. Lawless World: Making and Breaking Global Rules ［M］. London: Penguin, 2006.

［48］ Abram Chayes, Antonia Handler Chayes. The New Sovereignty: Compliance with International Regulatory Agreement, Cambridge ［M］. Massachusetts: Harvard University Press, 1995.

［49］ Paul Bernstein, W. David Montgomery, Bharat Ramkrishnan, Sugandha D. Tuladhar. Impacts of Greenhouse Gas Regulations on the Industrial Sector ［M］. Washington D. C.: NERA Economic Consulting, 2017.

［50］ Jacob Werksman. The Negotiation of A Kyoto Compliance System ［M］// Olav Schram Stokke, Jon Hovi, Geir Ulfstein ed. Implementing the Climate Regime: International Compliance. London: Earthscan, 2005.

（二）期刊类

［1］ Adam J. Moser. Pragmatism not Dogmatism: the Inconvenient Need for Border Adjustment Tariffs Based on What is Known about Climate Change, Trade, and China ［J］. Vermont Journal of Environmental Law, 2011, 12.

［2］ Michael P. Vandenbergh. Climate Change: the China ProblemSouthern ［J］. California Law Review, 2008, 81.

[3] Richard Stone. Climate Talks Still at Impasse, China Buffs Its Green Reputation [J]. Science, 2010.

[4] Daniel Bodansky. The United Nations Framework Convention on Climate Change: A Commentary [J]. Yale Journal of International Law, 1993, 18.

[5] Greg Kahn. The Fate of the Kyoto Protocol under the Bush Administration [J]. Berkeley Journal of International Law, 2003, 21.

[6] Andrew T. Guzman. Reputation and International Law [J]. Georgia Journal of International and Comparative Law, 2006, 34.

[7] Zhongxiang Zhang. In What Format and under What Timeframe would China take on Climate Commitments? A Roadmap to 2050 [J]. International Environmental Agreements, 2011, 11.

[8] Joanne Scott. EU Climate Change Unilateralism [J]. European Journal of International Law, 2012, 23.

[9] Harvard Research in International Law. Law of Treaties, Art. 4, Commentary [J]. American Journal of International Law Supplement, 1935, 29.

[10] Sean D. Murphy ed.. U. S. Rejection of Kyoto Protocol Process [J]. American Journal of International Law, 2001, 95.

[11] Ian Austen. Canada Announces Exit from Kyoto Climate Treaty [N]. The New York Times, 2011−12−13 (A10).

[12] David W. Childs. The Unresolved Debates that Scorched Kyoto: An Analytical Framework [J]. University of Miami International and Comparative Law Review, 2005, 13.

[13] Daniel Bodansky. The United Nations Framework Convention on Climate Change: A Commentary [J]. Yale Journal of International Law, 1993, 18.

[14] Sean D. Murphy. U. S. Rejection of Kyoto ProtocolProcess [J]. American Journal of International Law, 2001, 95.

[15] Greg Kahn. The Fate of the Kyoto Protocol under the Bush Administration [J]. Berkeley Journal of International Law, 2003, 21.

[16] Paul G. Harris. Collective Action on Climate Change: The Logic of Regime-

Failure [J]. Natural Resources Journal, 2007, 47.

[17] Harro van Asselt. From UN—ity to Diversity? The UNFCCC, the Asia—Pacific Partership, and the Future of International Law on Climate Change [J]. Carbon and Climate Law Review, 2007, 1.

[18] Carlin. Global Climate Change Control: Is There a Better Strategy than Reducing Greenhouse GasEmission [J]. University of Pennsylvania Law Review, 2007, 155.

[19] Daniel Bodansky. The Copenhagen Climate Change Conference: A Postmortem [J]. American Journal of International Law, 2010, 104.

[20] Lavanya Rajamani. The Making and Unmaking of the Copehhagen Accord [J]. International & Comparative Law Quarterly, 2010, 59.

[21] Joanne Scott & Javanya Rajamani. EU Climate Change Unilateralism [J]. European Journal of International Law, 2012, 23.

[22] Lavanya Rajamani. Ambition and Differentiation in the 2015 Paris Agreement: Interpretative Possibilities and Underlying Politics [J]. International and Comparative Law Quarterly, 2016, 65.

[23] Jutta Brunnée. COPing with Consent: Law – Making under Multilateral Environmental Agreement [J]. Leiden Journal of International Law, 2002, 15.

[24] Annecoos Wiersema. The New International Law–Makers? Conferences of The Parties to Multilateral Environmental Agreement [J]. Michigan Journal of International Law, 2009, 31.

[25] S. Kravchenko. The Aarhus Convention and Innovations in Compliance with Multilateral Environmental Agreements [J]. Columbia Journal of International Environmental Law and policy, 2007, 18.

[26] Justin W. Evans. A New Paradigm for The Twenty–first Century: China, Russia, and American's Triangular Security Strategy [J]. Indiana Law Review, 2006, 39.

[27] Daniel Bodansky. The Nnited Nations Framework Conwention on Climate

Change: A Commentary [J]. Yale Journal of International Law, 1993, 18.

[28] Lavanya Rajamani. The Cancun Climate Agreement: Reading the Text, Subtext and Tea Leaves [J]. International & Comparative Law Quarterly, 2011, 60.

[29] Ian Austen. Canada Announces Exit from Kyoto ClimateTreaty [N]. The New York Times, 2011-12-13 (A10).

[30] Stephen D. Krasner. Approaches to the State: Alternative Conceptions and Historical Dynamics [J]. Comparative Politics, 1984, 16.

[31] Johannes Urpelainen, Thijs Van de Graaf. United States Non-Cooperation and the Paris Agreement [J]. Climate Policy, 2017, 18.

[32] Jonathan Pickering, Jeffrey S Mc Gee, Tim Stephens, Sylvia L. Karlsson-Vinkhuyzen. The Impact of the US Retreat from the Paris Agreement: Kyoto Revisited? [J]. Climate Policy, 2017, 7.

[33] Philip Conway. Dismay, Dissembly and Geocide: Ways through the Maze of Trumpist Geopolitics [J]. Law Critique, 2017, 28.

[34] JessicaDurney. Defining the Paris Agreement: A Study of Executive Power and Political Commitments [J]. Carbon & Climate Law Review, 2017, 11.

[35] John Harrison. The Political Question Doctrines [J]. American University Law Review, 2017, 67.

[36] Ryan Harrington. A Remedy for Congressional Exclusion from Contemporary International Agreement Making [J]. West Virginia Law Review, 2016, 118.

[37] Lavanya Rajamani, "The Making and Unmaking of the Copenhagen Accord [J]. International & Comparative Law Quarterly, 2010, 59.

[38] Michael D. Ramsey. Evading the Treaty Power: the Constitutionality of Nonbinding Agreements [J]. FIU Law Review, 2016, 11.

[39] Daniel Bodansky, Peter Spiro. Executive Agreement Plus [J]. Vanderbilt Journal of International Law, 2016, 49.

［40］Jack Goldsmith. The Contributions of Obama Administration to the Practice and Theory of InternationalLaw ［J］. Harvard International Law Journal, 2016, 57.

［41］Kal Raustiala. Form and Substance in International Agreement ［J］. American Journal of International Law, 2005, 99.

［42］Jean Galbraith. From Treaties to International Commitments: the Changing Landscape of Foreign RelationsLaw ［J］. University of Chicago Law Review, 2017, 84.

［43］David A. Wirth. A Matchmaker's Challenge: Marrying International Law and American Environmental Law ［J］. Virginia Journal of International Law, 1992, 32.

［44］Cass R. Sunstein. of Montreal and Kyoto: A Tale of Two Protocols ［J］. Harvard Environmental Law, 2007, 31.

［45］Greg Kahn. The Fate of the Kyoto Protocol under The Bush Administration ［J］. Berkeley Journal of International Law, 2003, 21.

［46］David A. Wirth. Cracking the American Climate Negotiators' Hidden Code: United States Law and the Paris Agreement ［J］. Climate Law, 2016, 32.

［47］Eun Jin Kim. Language and Design of the Paris Agreement: International Deal Crafted to Avoid the Need for Senate's Approval ［J］. Thurgood Marshall Law Review, 2016, 42.

［48］Daniel Bodansky, Peter Spiro. Executive Agreement Plus ［J］. Vanderbilt Journal of International Law, 2016, 49.

［49］Cass R. Sunstein. Changing Climate Change, 2009 – 2016 ［J］. Harvard Environmental Law Review, 2018, 42.

［50］Albert S. Foulkes. On the German Free Law School ［J］. Archives for Philosophy of Law and Social Philosophy, 1969, 55.

［51］Hersch Lauterpacht. Codification and Development of International Law ［J］. American Journal of International Law, 1955, 49.

［52］Anne Orford. The Gift of Formalism ［J］. European Journal of International

Law, 2004, 15.

[53] C. M. Chinkin. The Challenge of Soft Law: Development and Change in International Law [J]. International & Comparative Law Quarterly, 1989, 38.

[54] Pierre-Marie Dupuy. Soft Law and the International Law of the Environment [J]. Michigan Journal of International Law, 1991, 12.

[55] Kenneth W. Abbott, Duncan Snidal. Hard and Soft Law in International Governance [J]. International Organization, 2000, 54.

[56] Gregory C. Shaffer. Hard vs. Soft Law: Alternatives, Complements, and Antagonists in InternationalGovernance [J]. Minnesota Law Review, 2010, 94.

[57] JeanD'Aspermont. he Politics of Deformalization in International Law [J]. Goettingen Journal of International Law, 2011, 3.

[58] Ignacio de laRasilla del Moral. Martti Koskenniemi and the Spirit of the Beehive in International Law [J]. Global Jurist, 2010, 10.

[59] Justin Desautels-Stein. Chiastic Law in the Crystal Ball: Exploring Legal Formalism and Its Alternative Futures [J]. London Review of International Law, 2014, 2.

[60] Jan Klabbers. The Undesirability of Soft Law [J]. Nordic Journal of International Law, 1998, 67.

[61] Jan Klabbers. Towards A Culture of Formalism? Martti Koskenniemi and the Virtues [J]. Temple International and Comparative Law Journal, 2013, 27.

[62] Abram Chayes, Antonia Handler Chayes. Compliance without Enforcement: State Behavior under Regulatory Treaties [J]. Negotiation Journal, 1991, 7.

[63] Daniel Bodansky, "Legal Realism and Its Discontents [J]. Leiden Journal of international Law, 2015, 28.

[64] Veronika Bílková. The Threads (or Threats?) of A Managerial Approach:

Afterword to Laurence Boisson de Chazournes' Foreword [J]. European Journal of International Law, 2018, 28.

[65] Harold Hongju Koh. The Trump Administration and International Law [J]. Washburn Law Journal, 2017, 56.

[66] Alex Mills. The Formalism of State Sovereignty in Territorial and Maritime Disputes [J]. Cambridge Law Journal, 2008, 67.

[67] Daniel West. Formalism Versus Realism: the International Court of Justice and the Critical Date for Assessing Jurisdiction [J]. UCL Journal of Law and Jurisprudence, 2016, 5.

[68] Loris Marotti. Establishing the Existence of A Dispute before the International Court of Justice': Glimpses of Flexibility within Formalism [J]. Questions of International Law, 2017, 45.

[69] Alina Miron. Establishing the Existence of A Dispute before the International Court of Justice': between Formalism and Verbalism [J]. Questions of International Law, 2017, 45.

[70] Jessica Almqvist. Searching for Common Ground on Universal Jurisdiction: the Clash between Formalism and Soft Law [J]. International Community Law Review, 2013, 15.

[71] Sahib Singh. Narrative and Theory: Formalism's Recurrent Return [J]. The British Yearbook of International Law, 2014, 84.

[72] Thomas Kleinlein. Jus Cogens Re-Examined: Value Formalism in International Law [J]. European Journal of International Law, 2017, 28.

[73] Robert L. Glicksman. The Fate of the Clean Power Plan in the Trump Era [J]. International Journal for the Semiotics of Law, 1999, 12.

[74] Jean Galbraith. From Treaties to International Commitments: The Changing Landscape of Foreign Relations Law [J]. University of Chicago Law Review, 2017, 84.

[75] Jody Freeman. The Limits of Executive Power: The Obama-Trump Transition [J]. Nebraska Law Review, 2018, 96.

［76］ Yumehiko Hoshijima. Presidential Administration and the Durability Climate-Consciousness ［J］. Yale Law Journal, 2017, 127.

［77］ Robert L. Glicksman. The Fate of the Clean Power Plan in the Trump Era ［J］. Carbon & Climate Law Revie, 2017, 11.

［78］ Curtis A. Bradley, Jack L. Goldsmith. Presidential Control over International Law ［J］. Harvard Law Review, 2018, 131.

［79］ Timothy Meyer. Shifting Sands: Power, Uncertainty and the Form of International Legal Cooperation ［J］. European Journal of International Law, 2016, 27.

［80］ Lavanya Rajamani. The 2015 Paris Agreement: Interplay between Hard, Soft and Non-Obligations ［J］. Journal of Environmental Law, 2016, 28.

［81］ Christina Voigt. The Paris Agreement: What is the Standard of Conduct for Parties? ［J］. Questions of International Law, 2016, 26.

［82］ Harro van Asselt. International Climate Change Law in A bottom-up World ［J］. Questions of International Law, 2016, 26.

［83］ Pu Wang, Lei Liu & Tong Wu. A Review of China's Climate Governance: State, Market and Civil Society ［J］. Climate Policy, 2018, 18.

［84］ Joshua D. Mc Bee. Distributive Justice in the Paris Climate Agreement: Response to Peters et al ［J］. Contemporary Readings in Law and Social Justice, 2017, 9.

［85］ John Reilly et al. Energy & Climate Outlook: Perspectives from 2015, Cambridge ［J］. MA: MIT Joint Program on the Science and Policy of Global Change, 2015.

［86］ Charles F. Parker, Christer Karlsson. The UN Climate Change Negotiations and the Role of the United States: Assessing American Leadership from Copenhagen to Paris ［J］. Environmental Politics, 2018, 27.

［87］ Elliot Diringer. Let Trump Claim A Better Deal on Climate ［J］. Nature, 2017, 546.

［88］ Harro van Asselt. The Continuing Relevance of the Asia-Pacific Partnership for International Law on Climate Change [J]. Carbon & Climate Law Revie, 2017, 11.

[89] S. Chestnoy, D. Gershinkova. USA Withdrawal from Paris Agreement—What Next? [J]. International Organisations Research Journal, 2017, 12.

[90] Stavros Afionis, Ioannis Chatzopoulos. Russia's Role in UNFCCC Negotiations since the Exit of the United States in 2001 [J]. International Environmental Agreements, 2010, 10.

[91] Sebastian Oberthur, Rene Lefeber. Holding Countries to Account: The Kyoto Protocol's Compliance System Revisited after Four Years of Experience [J]. Climate Law, 2010, 1.

(三) 国际组织文件

[1] Renewable Energy Policy Network for the 21stCentury. Renewables 2012 Global Status Report [R]. Paris: REN21, 2012.

[2] UNFCCC. ClaudioForner, Synthesis Report on the Aggregate Effect of INDCs [R]. Bonn: UNFCCC Secretariat, 2015.

[3] The Bali Action Plan on UN FCCC/CP/2007/6/Add. 1.

[4] The Copenhagen Accord on UN FCCC/CP/2009/11/Add. 1.

[5] The Cancun Agreements on UN FCCC/CP/2010/7/Add. 1.

[6] The Durban Climate Change Conference Decisions on UN FCCC/CP/2011/ L. 10, FCCC/CP/2011/L. 9, & FCCC/KP/AWG/2011/L. 3/Add. 5.

[7] Advisory Opinion on Accordance with International Law of the Unilateral Declaration of Independence in Respect of Kosovo, I. C. J. Report, 2010. Case Concerning Sovereignty over Pedra Branca/Pulau Batu Puteh, Middle Rocks and South Ledge (Malaysia v. Singapore), I. C. J. Report.

[8] IEA, CO_2 Emissions from Fuel Combustion Highlights (2010 Edition), Paris: IEA, 2010.

[9] The Pew Charitable Trusts, Who's Winning the Clean Energy Race? Washington: The PEW, 2011.

[10] Global CCS Institute, The Global Status of CCS: 2010, Canberra: Global

CCS Institute，2011.

［11］ BP，*BP Statistical Review of World Energy* 2010，London：BP Company，2010.

［12］ BP，*BP Statistical Review of World Energy* 2010，London：BP Company，2012.

［13］ BP，*BP Statistical Review of World Energy* 2014，London：BP Company，2014.

［14］ BP，*BP Statistical Review of World Energy* 2015，London：BP Company，2015.

［15］ International Energy Agency，*World Energy Outlook* 2014，Paris：IEA，2014.

［16］ International Energy Agency，*World Energy Outlook* 2013，Paris：IEA，2013.

［17］ International Energy Agency，*World Energy Outlook* 2014，Paris：IEA，2014.

［18］ Renewable Energy Policy Network for the 21st Century，*Renewables* 2010 *Global Status Report*，Paris：REN21，2010.

［19］ Renewable Energy Policy Network for the 21st Century，*Renewables* 2013 *Global Status Report*，Paris：REN21 Secretariat，2013.

［20］ IPCC，*IPCC Special Report on Carbon Dioxide Capture and Storage*，London：Cambridge University Press，2005.

（四）相关国家英文官方文件

［1］ U. S. Energy Information Administration. Annual Energy Outlook 2013 ［R］. Washington DC：EIA，2013.

［2］ U. S. Energy Information Administration. Annual Energy Outlook 2014 ［R］. Washington DC：EIA，2014.

［3］ US New York State Department of Environmental Conservation，*Final Supplemental Generic Environmental Impact Statement on the Oil*，*Gas and Solution Mining Regulatory Program：Regulatory Program for Horizontal Drilling and High-Volume Hydraulic Fracturing to Develop the Marcellus Shale and Other Low-Permeability Gas Reservoirs*，New York：DEC，2015.

［4］ U. S. National Energy Technology Laboratory & U. S. Strategic Center for Natural Gas and Oil, *Modern Shale Gas development in the United States: An Update, Washington, DC*: U. S. Department of Energy, 2013.

[5] UKDepartment of Energy & Climate Change（DECC）, *UK Renewable Energy Roadmap: update*, London: DECC, 2014.

三、主要参考网址

[1] 政府间气候变化专门委员会：http://www.ipcc.ch/.

[2] 联合国气候变化框架公约：http://unfccc.int.

[3] 中国气候变化信息网：http://www.ccchina.gov.cn/.

[4] 国际能源署：http://www.iea.org/.

附录

巴黎协定

本协定各缔约方，

作为《联合国气候变化框架公约》（以下简称"《公约》"）缔约方，

按照《公约》缔约方会议第十七届会议第 1/CP. 17 号决定建立的德班加强行动平台；

为实现《公约》目标，并遵循其原则，包括公平、共同但有区别的责任和各自能力原则，考虑不同国情；

认识到必须根据现有的最佳科学知识，对气候变化的紧迫威胁作出有效和逐渐的应对；

又认识到《公约》所述的发展中国家缔约方的具体需要和特殊情况，尤其是那些特别易受气候变化不利影响的发展中国家缔约方的具体需要和特殊情况；

充分考虑到最不发达国家在筹资和技术转让行动方面的具体需要和特殊情况；

认识到缔约方不仅可能受到气候变化的影响，而且还可能受到为应对气候变化而采取的措施的影响；

强调气候变化行动、应对和影响与平等获得可持续发展和消除贫困有着内在的关系；

认识到保障粮食安全和消除饥饿的根本性优先事项，以及粮食生产系统特别易受气候变化不利影响；

考虑到务必根据国家制定的发展优先事项，实现劳动力公正转型以及创造体面工作和高质量就业岗位；

承认气候变化是人类共同关注的问题，缔约方在采取行动处理气候变化时，应当尊重、促进和考虑它们各自对人权、健康权、土著人民权利、当地社区权利、移徙者权利、儿童权利、残疾人权利、弱势人权利、发展权，以及性别平等、妇女赋权和代际公平等的义务；

认识到必须酌情养护和加强《公约》所述的温室气体的汇和库；

注意到必须确保包括海洋在内的所有生态系统的完整性并保护被有些文化认作地球母亲的生物多样性，并注意到在采取行动处理气候变化时关于"气候公正"的概念对一些人的重要性；

申明就本协定处理的事项在各级开展教育、培训、公众意识，公众参与和公众获得信息和合作的重要性；

认识到按照缔约方各自的国内立法使各级政府和各行为方参与应对气候变化的重要性；

又认识到在发达国家缔约方带头下的可持续生活方式以及可持续的消费和生产模式，对应对气候变化所发挥的重要作用，

兹协议如下：

第一条

为本协定的目的，《公约》第一条所载的定义应予适用。此外：

（一）"公约"指 1992 年 5 月 9 日在纽约通过的《联合国气候变化框架公约》；

（二）"缔约方会议"指《公约》缔约方会议；

（三）"缔约方"指本协定缔约方。

第二条

一、本协定在加强《公约》，包括其目标的履行方面，旨在联系可持续发展和消除贫困的努力，加强对气候变化威胁的全球应对，包括：

（一）把全球平均气温升幅控制在工业化前水平以上低于 2°C 之内，并努力将气温升幅限制在工业化前水平以上 1.5°C 之内，同时认识到这将大大减少气候变化的风险和影响；

（二）提高适应气候变化不利影响的能力并以不威胁粮食生产的方式增强气候复原力和温室气体低排放发展；并

（三）使资金流动符合温室气体低排放和气候适应型发展的路径。

二、本协定的履行将体现公平以及共同但有区别的责任和各自能力的原则，考虑不同国情。

第三条

作为全球应对气候变化的国家自主贡献，所有缔约方将采取并通报第四条、第七条、第九条、第十条、第十一条和第十三条所界定的有力度的努力，以实现本协定第二条所述的目的。所有缔约方的努力将随着时间的推移而逐渐增加，同时认识到需要支持发展中国家缔约方，以有效履行本协定。

第四条

一、为了实现第二条规定的长期气温目标，缔约方旨在尽快达到温室气体排放的全球峰值，同时认识到达峰对发展中国家缔约方来说需要更长的时间；此后利用现有的最佳科学迅速减排，以联系可持续发展和消除贫困，在公平的基础上，在本世纪下半叶实现温室气体源的人为排放与汇的清除之间的平衡。

二、各缔约方应编制、通报并保持它计划实现的连续国家自主贡献。缔约方应采取国内减缓措施，以实现这种贡献的目标。

三、各缔约方的连续国家自主贡献将比当前的国家自主贡献有所进步，并反映其尽可能大的力度，同时体现其共同但有区别的责任和各自能力，考虑不同国情。

四、发达国家缔约方应当继续带头，努力实现全经济范围绝对减排目标。发展中国家缔约方应当继续加强它们的减缓努力，鼓励它们根据不同的国情，逐渐转向全经济范围减排或限排目标。

五、应向发展中国家缔约方提供支助，以根据本协定第九条、第十条和第十一条执行本条，同时认识到增强对发展中国家缔约方的支助，将能够加大它们的行动力度。

六、最不发达国家和小岛屿发展中国家可编制和通报反映它们特殊情况的关于温室气体低排放发展的战略、计划和行动。

七、从缔约方的适应行动和/或经济多样化计划中获得的减缓协同效益，能促进本条下的减缓成果。

八、在通报国家自主贡献时，所有缔约方应根据第 1/CP. 21 号决定和作为本协定缔约方会议的《公约》缔约方会议的任何有关决定，为清晰、透明和了解而提供必要的信息。

九、各缔约方应根据第 1/CP.21 号决定和作为本协定缔约方会议的《公约》缔约方会议的任何有关决定，并从第十四条所述的全球盘点的结果获取信息，每五年通报一次国家自主贡献。

十、作为本协定缔约方会议的《公约》缔约方会议应在第一届会议上审议国家自主贡献的共同时间框架。

十一、缔约方可根据作为本协定缔约方会议的《公约》缔约方会议通过的指导，随时调整其现有的国家自主贡献，以加强其力度水平。

十二、缔约方通报的国家自主贡献应记录在秘书处保持的一个公共登记册上。

十三、缔约方应核算它们的国家自主贡献。在核算相当于它们国家自主贡献中的人为排放量和清除量时，缔约方应根据作为本协定缔约方会议的《公约》缔约方会议通过的指导，促进环境完整性、透明性、精确性、完备性、可比和一致性，并确保避免双重核算。

十四、在国家自主贡献方面，当缔约方在承认和执行人为排放和清除方面的减缓行动时，应当按照本条第十三款的规定，酌情考虑《公约》下的现有方法和指导。

十五、缔约方在履行本协定时，应考虑那些经济受应对措施影响最严重的缔约方，特别是发展中国家缔约方关注的问题。

十六、缔约方，包括区域经济一体化组织及其成员国，凡是达成了一项协定，根据本条第二款联合采取行动的，均应在它们通报国家自主贡献时，将该协定的条款通知秘书处，包括有关时期内分配给各缔约方的排放量。再应由秘书处向《公约》的缔约方和签署方通报该协定的条款。

十七、本条第十六款提及的这种协定的各缔约方应根据本条第十三款和第十四款以及第十三条和第十五条对该协定为它规定的排放水平承担责任。

十八、如果缔约方在一个其本身是本协定缔约方的区域经济一体化组织的框架内并与该组织一起，采取联合行动开展这项工作，那么该区域经济一体化组织的各成员国单独并与该区域经济一体化组织一起，应根据本条第十三款和第十四款以及第十三条和第十五条，对根据本条第十六款通报的协定为它规定的排放水平承担责任。

十九、所有缔约方应当努力拟定并通报长期温室气体低排放发展战略，同时注意第二条，顾及其共同但有区别的责任和各自能力，考虑不同国情。

第五条

一、缔约方应当采取行动酌情维护和加强《公约》第四条第 1 款 d 项所述的温室气体的汇和库，包括森林。

二、鼓励缔约方采取行动，包括通过基于成果的支付，执行和支持在《公约》下已确定的有关指导和决定中提出的有关以下方面的现有框架：为减少毁林和森林退化造成的排放所涉活动采取的政策方法和积极奖励措施，以及发展中国家养护、可持续管理森林和增强森林碳储量的作用；执行和支持替代政策方法，如关于综合和可持续森林管理的联合减缓和适应方法，同时重申酌情奖励与这些方法相关的非碳效益的重要性。

第六条

一、缔约方认识到，有些缔约方选择自愿合作执行它们的国家自主贡献，以能够提高它们减缓和适应行动的力度，并促进可持续发展和环境完整性。

二、缔约方如果在自愿的基础上采取合作方法，并使用国际转让的减缓成果来实现国家自主贡献，就应促进可持续发展，确保环境完整性和透明度，包括在治理方面，并应依作为本协定缔约方会议的《公约》缔约方会议通过的指导运用稳健的核算，除其他外，确保避免双重核算。

三、使用国际转让的减缓成果来实现本协定下的国家自主贡献，应是自愿的，并得到参加的缔约方的允许的。

四、兹在作为本协定缔约方会议的《公约》缔约方会议的权力和指导下，建立一个机制，供缔约方自愿使用，以促进温室气体排放的减缓，支持可持续发展。它应受作为本协定缔约方会议的《公约》缔约方会议指定的一个机构的监督，应旨在：

（一）促进减缓温室气体排放，同时促进可持续发展；

（二）奖励和便利缔约方授权下的公私实体参与减缓温室气体排放；

（三）促进东道缔约方减少排放水平，以便从减缓活动导致的减排中受益，

这也可以被另一缔约方用来履行其国家自主贡献；并

（四）实现全球排放的全面减缓。

五、从本条第四款所述的机制产生的减排，如果被另一缔约方用作表示其国家自主贡献的实现情况，则不得再被用作表示东道缔约方自主贡献的实现情况。

六、作为本协定缔约方会议的《公约》缔约方会议应确保本条第四款所述机制下开展的活动所产生的一部分收益用于负担行政开支，以及援助特别易受气候变化不利影响的发展中国家缔约方支付适应费用。

七、作为本协定缔约方会议的《公约》缔约方会议应在第一届会议上通过本条第四款所述机制的规则、模式和程序。

八、缔约方认识到，在可持续发展和消除贫困方面，必须以协调和有效的方式向缔约方提供综合、整体和平衡的非市场方法，包括酌情通过，除其他外，减缓、适应、资金、技术转让和能力建设，以协助执行它们的国家自主贡献。这些方法应旨在：

（一）提高减缓和适应力度；

（二）加强公私部门参与执行国家自主贡献；并

（三）创造各种手段和有关体制安排之间协调的机会。

九、兹确定一个本条第八款提及的可持续发展非市场方法的框架，以推广非市场方法。

第七条

一、缔约方兹确立关于提高适应能力、加强复原力和减少对气候变化的脆弱性的全球适应目标，以促进可持续发展，并确保在第二条所述气温目标方面采取充分的适应对策。

二、缔约方认识到，适应是所有各方面临的全球挑战，具有地方、次国家、国家、区域和国际层面，它是为保护人民、生计和生态系统而采取的气候变化长期全球应对措施的关键组成部分和促进因素，同时也要考虑到特别易受气候变化不利影响的发展中国家迫在眉睫的需要。

三、应根据作为本协定缔约方会议的《公约》缔约方会议第一届会议通过的模式承认发展中国家的适应努力。

四、缔约方认识到，当前的适应需要很大，提高减缓水平能减少对额外适应努力的需要，增大适应需要可能会增加适应成本。

五、缔约方承认，适应行动应当遵循一种国家驱动、注重性别问题、参与型和充分透明的方法，同时考虑到脆弱群体、社区和生态系统，并应当基于和遵循现有的最佳科学，以及适当的传统知识、土著人民的知识和地方知识系统，以期将适应酌情纳入相关的社会经济和环境政策以及行动中。

六、缔约方认识到支持适应努力并开展适应努力方面的国际合作的重要性，以及考虑发展中国家缔约方的需要，尤其是特别易受气候变化不利影响的发展中国家的需要的重要性。

七、缔约方应当加强它们在增强适应行动方面的合作，同时考虑到《坎昆适应框架》，包括在下列方面：

（一）交流信息、良好做法、获得的经验和教训，酌情包括与适应行动方面的科学、规划、政策和执行等相关的信息、良好做法、获得的经验和教训；

（二）加强体制安排，包括《公约》下服务于本协定的体制安排，以支持相关信息和知识的综合，并为缔约方提供技术支助和指导；

（三）加强关于气候的科学知识，包括研究、对气候系统的系统观测和早期预警系统，以便为气候服务提供参考，并支持决策；

（四）协助发展中国家缔约方确定有效的适应做法、适应需要、优先事项、为适应行动和努力提供和得到的支助、挑战和差距，其方式应符合鼓励良好做法；并

（五）提高适应行动的有效性和持久性。

八、鼓励联合国专门组织和机构支持缔约方努力执行本条第七款所述的行动，同时考虑到本条第五款的规定。

九、各缔约方应酌情开展适应规划进程并采取各种行动，包括制订或加强相关的计划、政策和/或贡献，其中可包括：

（一）落实适应行动、任务和/或努力；

（二）关于制订和执行国家适应计划的进程；

（三）评估气候变化影响和脆弱性，以拟订国家自主决定的优先行动，同时考虑到处于脆弱地位的人、地方和生态系统；

（四）监测和评价适应计划、政策、方案和行动并从中学习；并

（五）建设社会经济和生态系统的复原力，包括通过经济多样化和自然资源的可持续管理。

十、各缔约方应当酌情定期提交和更新一项适应信息通报，其中可包括其优先事项、执行和支助需要、计划和行动，同时不对发展中国家缔约方造成额外负担。

十一、本条第十款所述适应信息通报应酌情定期提交和更新，纳入或结合其他信息通报或文件提交，其中包括国‘适应计划、第四条第二款所述的一项国家自主贡献和/或一项国家信息通报。

十二、本条第十款所述的适应信息通报应记录在一个由秘书处保持的公共登记册上。

十三、根据本协定第九条、第十条和第十一条的规定，发展中国家缔约方在执行本条第七款、第九款、第十款和第十一款时应得到持续和加强的国际支持。

十四、第十四条所述的全球盘点，除其他外应：

（一）承认发展中国家缔约方的适应努力；

（二）加强开展适应行动，同时考虑本条第十款所述的适应信息通报；

（三）审评适应的充足性和有效性以及对适应提供的支助情况；并

（四）审评在实现本条第一款所述的全球适应目标方面所取得的总体进展。

第八条

一、缔约方认识到避免、尽量减轻和处理与气候变化（包括极端气候事件和缓发事件）不利影响相关的损失和损害的重要性，以及可持续发展对于减少损失和损害风险的作用。

二、气候变化影响相关损失和损害华沙国际机制应置于作为本协定缔约方会议的《公约》缔约方会议的权力和指导下，并可由作为本协定缔约方会议的《公约》缔约方会议决定予以强化和加强。

三、缔约方应当在合作和提供便利的基础上，包括酌情通过华沙国际机制，在气候变化不利影响所涉损失和损害方面加强理解、行动和支持。

四、据此，为加强理解、行动和支持而开展合作和提供便利的领域可包括以下方面：

（一）早期预警系统；

（二）应急准备；

（三）缓发事件；

（四）可能涉及不可逆转和永久性损失和损害的事件；

（五）综合性风险评估和管理；

（六）风险保险机制，气候风险分担安排和其他保险方案；

（七）非经济损失；和

（八）社区、生计和生态系统的复原力。

五、华沙国际机制应与本协定下现有机构和专家小组以及本协定以外的有关组织和专家机构协作。

第九条

一、发达国家缔约方应为协助发展中国家缔约方减缓和适应两方面提供资金，以便继续履行在《公约》下的现有义务。

二、鼓励其他缔约方自愿提供或继续提供这种支助。

三、作为全球努力的一部分，发达国家缔约方应当继续带头，从各种大量来源、手段及渠道调动气候资金，同时注意到公共资金通过采取各种行动，包括支持国家驱动战略而发挥的重要作用，并考虑发展中国家缔约方的需要和优先事项。对气候资金的这一调动应当超过先前的努力。

四、提供规模更大的资金，应当旨在实现适应与减缓之间的平衡，同时考虑国家驱动战略以及发展中国家缔约方的优先事项和需要，尤其是那些特别易受气候变化不利影响的和受到严重的能力限制的发展中国家缔约方，如最不发达国家和小岛屿发展中国家的优先事项和需要，同时也考虑为适应提供公共资源和基于赠款的资源的需要。

五、发达国家缔约方应根据对其适用的本条第一款和第三款的规定，每两年通报指示性定量定质信息，包括向发展中国家缔约方提供的公共资金方面可获得的预测水平。鼓励其他提供资源的缔约方也自愿每两年通报一次这种信息。

六、第十四条所述的全球盘点应考虑发达国家缔约方和/或本协定的机构提供的关于气候资金所涉努力方面的有关信息。

七、发达国家缔约方应按照作为本协定缔约方会议的《公约》缔约方会议第一届会议根据第十三条第十三款的规定通过的模式、程序和指南，就通过公共干预措施向发展中国家提供和调动支助的情况，每两年提供透明一致的信息。鼓励其他缔约方也这样做。

八、《公约》的资金机制，包括其经营实体，应作为本协定的资金机制。

九、为本协定服务的机构，包括《公约》资金机制的经营实体，应旨在通过精简审批程序和提供强化准备活动支持，确保发展中国家缔约方，尤其是最不发达国家和小岛屿发展中国家，在国家气候战略和计划方面有效地获得资金。

第十条

一、缔约方共有一个长期愿景，即必须充分落实技术开发和转让，以改善对气候变化的复原力和减少温室气体排放。

二、注意到技术对于执行本协定下的减缓和适应行动的重要性，并认识到现有的技术部署和推广工作，缔约方应加强技术开发和转让方面的合作行动。

三、《公约》下设立的技术机制应为本协定服务。

四、兹建立一个技术框架，为技术机制在促进和便利技术开发和转让的强化行动方面的工作提供总体指导，以实现本条第一款所述的长期愿景，支持本协定的履行。

五、加快、鼓励和扶持创新，对有效、长期的全球应对气候变化，以及促进经济增长和可持续发展至关重要。应对这种努力酌情提供支助，包括由技术机制和由《公约》资金机制通过资金手段提供支助，以便采取协作性方法开展研究和开发，以及便利获得技术，特别是在技术周期的早期阶段便利发展中国家缔约方获得技术。

六、应向发展中国家缔约方提供支助，包括提供资金支助，以执行本条，包括在技术周期不同阶段的技术开发和转让方面加强合作行动，从而在支助减缓和适应之间实现平衡。第十四条提及的全球盘点应考虑为发展中国家缔约方的技术开发和转让提供支助方面的现有信息。

第十一条

一、本协定下的能力建设应当加强发展中国家缔约方，特别是能力最弱的国家，如最不发达国家，以及特别易受气候变化不利影响的国家，如小岛屿发展中国家等的能力，以便采取有效的气候变化行动，其中包括，除其他外，执行适应和减缓行动，并应当便利技术开发、推广和部署、获得气候资金、教育、培训和公共意识的有关方面，以及透明、及时和准确的信息通报。

二、能力建设，尤其是针对发展中国家缔约方的能力建设，应当由国家驱动，依据并响应国家需要，并促进缔约方的本国自主，包括在国家、次国家和地方层面。能力建设应当以获得的经验教训为指导，包括从《公约》下能力建设活动中获得的经验教训，并应当是一个参与型、贯穿各领域和注重性别问题的有效和迭加的进程。

三、所有缔约方应当合作，以加强发展中国家缔约方履行本协定的能力。发达国家缔约方应当加强对发展中国家缔约方能力建设行动的支助。

四、所有缔约方，凡在加强发展中国家缔约方执行本协定的能力，包括采取区域、双边和多边方式的，均应定期就这些能力建设行动或措施进行通报。发展中国家缔约方应当定期通报为履行本协定而落实能力建设计划、政策、行动或措施的进展情况。

五、应通过适当的体制安排，包括《公约》下为服务于本协定所建立的有关体制安排，加强能力建设活动，以支持对本协定的履行。作为本协定缔约方会议的《公约》缔约方会议应在第一届会议上审议并就能力建设的初始体制安排通过一项决定。

第十二条

缔约方应酌情合作采取措施，加强气候变化教育、培训、公共意识、公众参与和公众获取信息，同时认识到这些步骤对于加强本协定下的行动的重要性。

第十三条

一、为建立互信和信心并促进有效履行，兹设立一个关于行动和支助的强化透明度框架，并内置一个灵活机制，以考虑缔约方能力的不同，并以集体经验为基础。

二、透明度框架应为依能力需要灵活性的发展中国家缔约方提供灵活性，以利于其履行本条规定。本条第十三款所述的模式、程序和指南应反映这种灵活性。

三、透明度框架应依托和加强在《公约》下设立的透明度安排，同时认识到最不发达国家和小岛屿发展中国家的特殊情况，以促进性、非侵入性、非惩罚性和尊重国家主权的方式实施，并避免对缔约方造成不当负担。

四、《公约》下的透明度安排，包括国家信息通报、两年期报告和两年期更新报告、国际评估和审评以及国际磋商和分析，应成为制定本条第十三款下的模式、程序和指南时加以借鉴的经验的一部分。

五、行动透明度框架的目的是按照《公约》第二条所列目标，明确了解气候变化行动，包括明确和追踪缔约方在第四条下实现各自国家自主贡献方面所取得进展；以及缔约方在第七条之下的适应行动，包括良好做法、优先事项、需要和差距，以便为第十四条下的全球盘点提供信息。

六、支助透明度框架的目的是明确各相关缔约方在第四条、第七条、第九条、第十条和第十一条下的气候变化行动方面提供和收到的支助，并尽可能反映所提供的累计资金支助的全面概况，以便为第十四条下的盘点提供信息。

七、各缔约方应定期提供以下信息：

（一）利用政府闽气候变化专门委员会接受并由作为本协定缔约方会议的《公约》缔约方会议商定的良好做法而编写的一份温室气体源的人为排放和汇的清除的国家清单报告；并

（二）跟踪在根据第四条执行和实现国家自主贡献方面取得的进展所必需的信息。

八、各缔约方还应当酌情提供与第七条下的气候变化影响和适应相关的信息。

九、发述国家缔约方应，提供支助的其他缔约方应当就根据第九条、第十条和第十一条向发展中国家缔约方提供资金、技术转让和能力建设支助的情况提供信息。

十、发展中国家缔约方应当就在第九条、第十条和第十一条下需要和接受的资金、技术转让和能力建设支助情况提供信息。

十一、应根据第1/CP.21号决定对各缔约方根据本条第七款和第九款提交的信息进行技术专家审评。对于那些由于能力问题而对此有需要的发展中国家缔约方，这一审评进程应包括查明能力建设需要方面的援助。此外，各缔约方应参与促进性的多方审议，以对第九条下的工作以及各自执行和实现国家自主贡献的进展情况进行审议。

十二、本款下的技术专家审评应包括适当审议缔约方提供的支助，以及执行和实现国家自主贡献的情况。审评也应查明缔约方需改进的领域，并包括审评这种信息是否与本条第十三款提及的模式、程序和指南相一致，同时考虑在本条第二款下给予缔约方的灵活性。审评应特别注意发展中国家缔约方各自的国家能力和国情。

十三、作为本协定缔约方会议的《公约》缔约方会议应在第一届会议上根据《公约》下透明度相关安排取得的经验，详细拟定本条的规定，酌情为行动和支助的透明度通过通用的模式、程序和指南。

十四、应为发展中国家履行本条提供支助。

十五、应为发展中国家缔约方建立透明度相关能力提供持续支助。

第十四条

一、作为本协定缔约方会议的《公约》缔约方会议应定期盘点本协定的履行情况，以评估实现本协定宗旨和长期目标的集体进展情况（称为"全球盘点"）。盘点应以全面和促进性的方式开展，考虑减缓、适应以及执行手段和支助问题，并顾及公平和利用现有的最佳科学。

二、作为本协定缔约方会议的《公约》缔约方会议应在 2023 年进行第一次全球盘点，此后每五年进行一次，除非作为本协定缔约方会议的《公约》缔约方会议另有决定。

三、全球盘点的结果应为缔约方以国家自主的方式根据本协定的有关规定更新和加强它们的行动和支助，以及加强气候行动的国际合作提供信息。

第十五条

一、兹建立一个机制，以促进履行和遵守本协定的规定。

二、本条第一款所述的机制应由一个委员会组成，应以专家为主，并且是促进性的，行使职能时采取透明、非对抗的、非惩罚性的方式。委员会应特别关心缔约方各自的国家能力和情况。

三、该委员会应在作为本协定缔约方会议的《公约》缔约方会议第一届会议通过的模式和程序下运作，每年向作为本协定缔约方会议的《公约》缔约方会议提交报告。

第十六条

一、《公约》缔约方会议——《公约》的最高机构，应作为本协定缔约方会议。

二、非为本协定缔约方的《公约》缔约方，可作为观察员参加作为本协定缔约方会议的《公约》缔约方会议的任何届会的议事工作。在《公约》缔约方会议作为本协定缔约方会议时，在本协定之下的决定只应由为本协定缔约方者作出。

三、在《公约》缔约方会议作为本协定缔约方会议时，《公约》缔约方会议主席团中代表《公约》缔约方但在当时非为本协定缔约方的任何成员，应由本协定缔约方从本协定缔约方中选出的另一成员替换。

四、作为本协定缔约方会议的《公约》缔约方会议应定期审评本协定的履行情况，并应在其权限内作出为促进本协定有效履行所必要的决定。作为本协定缔约方会议的《公约》缔约方会议应履行本协定赋予它的职能，并应：

（一）设立为履行本协定而被认为必要的附属机构；并

（二）行使为履行本协定所需的其他职能。

五、《公约》缔约方会议的议事规则和依《公约》规定采用的财务规则，应在本协定下比照适用，除非作为本协定缔约方会议的《公约》缔约方会议以协商一致方式可能另外作出决定。

六、作为本协定缔约方会议的《公约》缔约方会议第一届会议，应由秘书处结合本协定生效之日后预定举行的《公约》缔约方会议第一届会议召开。其后作为本协定缔约方会议的《公约》缔约方会议常会，应与《公约》缔约方会议常会结合举行，除非作为本协定缔约方会议的《公约》缔约方会议另有决定。

七、作为本协定缔约方会议的《公约》缔约方会议特别会议，应在作为本协定缔约方会议的《公约》缔约方会议认为必要的其他任何时间举行，或应任何缔约方的书面请求而举行，但须在秘书处将该要求转述给各缔约方后六个月内得到至少三分之一缔约方的支持。

八、联合国及其专门机构和国际原子能机构，以及它们的非为《公约》缔约方的成员国或观察员，均可派代表作为观察员出席作为本协定缔约方会议的《公约》缔约方会议的各届会议。任何在本协定所涉事项上具备资格的团体或机构，无论是国家或国际的、政府的或非政府的，经通知秘书处其愿意派代表作为观察员出席作为本协定缔约方会议的《公约》缔约方会议的某届会议，均可予以接纳，除非出席的缔约方至少三分之一反对。观察员的接纳和参加应遵循本条第五款所指的议事规则。

第十七条

一、依《公约》第八条设立的秘书处，应作为本协定的秘书处。

二、关于秘书处职能的《公约》第八条第 2 款和关于就秘书处行使职能作出的安排的《公约》第八条第 3 款，应比照适用于本协定。秘书处还应行使本协定和作为本协定缔约方会议的《公约》缔约方会议所赋予它的职能。

第十八条

一、《公约》第九条和第十条设立的附属科学技术咨询机构和附属履行机构，应分别作为本协定的附属科学技术咨询机构和附属履行机构。《公约》关于这两个机构行使职能的规定应比照适用于本协定。本协定的附属科学技术咨询机构和附属履行机构的届会，应分别与《公约》的附属科学技术咨询机构和附属履行机构的会议结合举行。

二、非为本协定缔约方的《公约》缔约方可作为观察员参加附属机构任何届会的议事工作。在附属机构作为本协定附属机构时，本协定下的决定只应由本协定缔约方作出。

三、《公约》第九条和第十条设立的附属机构行使它们的职能处理涉及本协定的事项时，附属机构主席团中代表《公约》缔约方但当时非为本协定缔约方的任何成员，应由本协定缔约方从本协定缔约方中选出的另一成员替换。

第十九条

一、除本协定提到的附属机构和体制安排外，根据《公约》或在《公约》下设立的附属机构或其他体制安排，应按照作为本协定缔约方会议的《公约》

缔约方会议的决定，为本协定服务。作为本协定缔约方会议的《公约》缔约方
会议应明确规定此种附属机构或安排所要行使的职能。

二、作为本协定缔约方会议的《公约》缔约方会议可为这些附属机构和体
制安排提供进一步指导。

第二十条

一、本协定应开放供属于《公约》缔约方的各国和区域经济一体化组织签
署并须经其批准、接受或核准。本协定应自 2016 年 4 月 22 日至 2017 年 4 月 21
日在纽约联合国总部开放供签署。此后，本协定应自签署截止日之次日起开放
供加入。批准、接受、核准或加入的文书应交存保存人。

二、任何成为本协定缔约方而其成员国均非缔约方的区域经济一体化组织应
受本协定各项义务的约束。如果区域经济一体化组织的一个或多个成员国为本协
定的缔约方，该组织及其成员国应决定各自在履行本协定义务方面的责任。在此
种情况下，该组织及其成员国无权同时行使本协定规定的权利。

三、区域经济一体化组织应在其批准、接受、核准或加入的文书中声明其
在本协定所规定的事项方面的权限。这些组织还应将其权限范围的任何重大变
更通知保存人，再由保存人通知各缔约方。

第二十一条

一、本协定应在不少于 55 个《公约》缔约方，包括其合计共占全球温室气
体总排放量的至少约 55% 的《公约》缔约方交存其批准、接受、核准或加入文
书之日后第三十天起生效。

二、只为本条第一款的有限目的，"全球温室气体总排放量"指在《公约》
缔约方通过本协定之日或之前最新通报的数量。

三、对于在本条第一款规定的生效条件达到之后批准、接受、核准或加入本
协定的每一国家或区域经济一体化组织，本协定应自该国家或区域经济一体化组
织批准、接受、核准或加入的文书交存之日后第三十天起生效。

四、为本条第一款的目的，区域经济一体化组织交存的任何文书，不应被
视为其成员国所交存文书之外的额外文书。

第二十二条

《公约》第十五条关于通过对《公约》的修正的规定应比照适用于本协定。

第二十三条

一、《公约》第十六条关于《公约》附件的通过和修正的规定应比照适用于本协定。

二、本协定的附件应构成本协定的组成部分，除另有明文规定外，凡提及本协定，即同时提及其任何附件。这些附件应限于清单、表格和属于科学、技术、程序或行政性质的任何其他说明性材料。

第二十四条

《公约》关于争端的解决的第十四条的规定应比照适用于本协定。

第二十五条

一、除本条第二款所规定外，每个缔约方应有一票表决权。

二、区域经济一体化组织在其权限内的事项上应行使票数与其作为本协定缔约方的成员国数目相同的表决权。如果一个此类组织的任一成员国行使自己的表决权，则该组织不得行使表决权，反之亦然。

第二十六条

联合国秘书长应为本协定的保存人。

第二十七条

对本协定不得作任何保留。

第二十八条

一、自本协定对一缔约方生效之日起三年后，该缔约方可随时向保存人发出书面通知退出本协定。

二、任何此种退出应自保存人收到退出通知之日起一年期满时生效，或在退出通知中所述明的更后日期生效。

三、退出《公约》的任何缔约方，应被视为亦退出本协定。

第二十九条

本协定正本应交存于联合国秘书长，其阿拉伯文、中文、英文、法文、俄文和西班牙文文本同等作准。

二零一五年十二月十二日订于巴黎。

下列签署人，经正式授权，在本协定上签字，以昭信守。

联合国气候变化框架公约

于 1992 年在巴西里约热内卢，联合国环境与发展会议上通过；
1994 年 3 月 21 日起正式生效

本公约各缔约方，

承认地球气候的变化及其不利影响是人类共同关心的问题，

感到忧虑的是，人类活动已大幅增加大气中温室气体的浓度，这种增加增强了自然温室效应，平均而言将引起地球表面和大气进一步增温，并可能对自然生态系统和人类产生不利影响，

注意到历史上和目前全球温室气体排放的最大部分源自发达国家；发展中国家的人均排放仍相对较低；发展中国家在全球排放中所占的份额将会增加，以满足其社会和发展需要，

意识到陆地和海洋生态系统中温室气体汇和库的作用和重要性，

注意到在气候变化的预测中，特别是在其时间、幅度和区域格局方面，有许多不确定性，

承认气候变化的全球性，要求所有国家根据其共同但有区别的责任和各自的能力及其社会和经济条件，尽可能开展最广泛的合作，并参与有效和适当的国际应对行动，

回顾 1972 年 6 月 16 日于斯德哥尔摩通过的《联合国人类环境会议宣言》的有关规定，

又回顾各国根据《联合国宪章》和国际法原则，拥有主权权利按自己的环境和发展政策开发自己的资源，也有责任确保在其管辖或控制范围内的活动不对其他国家的环境或国家管辖范围以外地区的环境造成损害，

重申在应付气候变化的国际合作中的国家主权原则，

认识到各国应当制定有效的立法；各种环境方面的标准、管理目标和优先顺序应当反映其所适用的环境和发展方面情况；并且有些国家所实行的标准对其他国家特别是发展中国家可能是不恰当的，并可能会使之承担不应有的经济和社会代价，

回顾联合国大会关于联合国环境与发展会议的1989年12月22日第44/228号决议的决定，以及关于为人类当代和后代保护全球气候的1988年12月6日第43/53号、1989年12月22日第44/207号、1990年12月21日第45/212号和1991年12月19日第46/169号决议，

又回顾联合国大会关于海平面上升对岛屿和沿海地区特别是低洼沿海地区可能产生的不利影响的1989年12月22日第44/206号决议各项规定，以及联合国大会关于防治沙漠化行动计划实施情况的1989年12月19日第44/172号决议的有关规定，

并回顾1985年《保护臭氧层维也纳公约》和于1990年6月29日调整和修正的1987年《关于消耗臭氧层物质的蒙特利尔议定书》，

注意到1990年11月7日通过的第二次世界气候大会部长宣言，

意识到许多国家就气候变化所进行的有价值的分析工作，以及世界气象组织、联合国环境规划署和联合国系统的其他机关、组织和机构及其他国际和政府间机构对交换科学研究成果和协调研究工作所作的重要贡献，

认识到了解和应付气候变化所需的步骤只有基于有关的科学、技术和经济方面的考虑，并根据这些领域的新发现不断加以重新评价，才能在环境、社会和经济方面最为有效，

认识到应付气候变化的各种行动本身在经济上就能够是合理的，而且还能有助于解决其他环境问题，

又认识到发达国家有必要根据明确的优先顺序，立即灵活地采取行动，以作为形成考虑到所有温室气体并适当考虑它们对增强温室效应的相对作用的全球、国家和可能议定的区域性综合应对战略的第一步，

并认识到地势低洼国家和其他小岛屿国家、拥有低洼沿海地区、干旱和半干旱地区或易受水灾、旱灾和沙漠化影响地区的国家以及具有脆弱的山区生态系统的发展中国家特别容易受到气候变化的不利影响，

认识到其经济特别依赖于矿物燃料的生产、使用和出口的国家特别是发展

中国家由于为了限制温室气体排放而采取的行动所面临的特殊困难，

申明应当以统筹兼顾的方式把应付气候变化的行动与社会和经济发展协调起来，以免后者受到不利影响，同时充分考虑到发展中国家实现持续经济增长和消除贫困的正当的优先需要，

认识到所有国家特别是发展中国家需要得到实现可持续的社会和经济发展所需的资源；发展中国家为了迈向这一目标，其能源消耗将需要增加，虽然考虑到有可能包括通过在具有经济和社会效益的条件下应用新技术来提高能源效率和一般地控制温室气体排放，

决心为当代和后代保护气候系统，兹协议如下：

第一条　定义

为本公约的目的：

1. "气候变化的不利影响"指气候变化所造成的自然环境或生物区系的变化，这些变化对自然的和管理下的生态系统的组成、复原力或生产力，或对社会经济系统的运作，或对人类的健康和福利产生重大的有害影响。

2. "气候变化"指除在类似时期内所观测的气候的自然变异之外，由于直接或间接的人类活动改变了地球大气的组成而造成的气候变化。

3. "气候系统"指大气圈、水圈、生物圈和地圈的整体及其相互作用。

4. "排放"指温室气候和/或其前体在一个特定地区和时期内向大气的释放。

5. "温室气体"指大气中那些吸收和重新放出红外辐射的自然的和人为的气态成分。

6. "区域经济一体化组织"指一个特定区域的主权国家组成的组织，有权处理本公约或其议定书所规定的事项，并经按其内部程序获得正式授权签署、批准、接受、核准或加入有关文书。

7. "库"指气候系统内存储温室气体或其前体的一个或多个组成部分。

8. "汇"指从大气中清除温室气体、气溶胶或温室气体前体的任何过程、活动或机制。

9. "源"指向大气排放温室气体、气溶胶或温室气体前体的任何过程或活动。

第二条　目标

本公约以及缔约方会议可能通过的任何相关法律文书的最终目标是：根据本公约的各项有关规定，将大气中温室气体的浓度稳定在防止气候系统受到危险的人为干扰的水平上。这一水平应当在足以使生态系统能够自然地适应气候变化、确保粮食生产免受威胁并使经济发展能够可持续地进行的时间范围内实现。

第三条　原则

各缔约方在为实现本公约的目标和履行其各项规定而采取行动时，除其他外，应以下列作为指导：

1. 各缔约方应当在公平的基础上，并根据它们共同但有区别的责任和各自的能力，为人类当代和后代的利益保护气候系统。因此，发达国家缔约方应当率先对付气候变化及其不利影响。

2. 应当充分考虑到发展中国家缔约方尤其是特别易受气候变化不利影响的那些发展中国家缔约方的具体需要和特殊情况，也应当充分考虑到那些按本公约必须承担不成比例或不正常负担的缔约方特别是发展中国家缔约方的具体需要和特殊情况。

3. 各缔约方应当采取预防措施，预测、防止或尽量减少引起气候变化的原因并缓解其不利影响。当存在造成严重或不可逆转的损害的威胁时，不应当以科学上没有完全的确定性为理由推迟采取这类措施，同时考虑到应付气候变化的政策和措施应当讲求成本效益，确保以尽可能最低的费用获得全球效益。为此，这种政策和措施应当考虑到不同的社会经济情况，并且应当具有全面性，包括所有有关的温室气体源、汇和库及适应措施，并涵盖所有经济部门。应付气候变化的努力可由有关的缔约方合作进行。

4. 各缔约方有权并且应当保进可持续的发展。保护气候系统免遭人为变化的政策和措施应当适合每个缔约方的具体情况，并应当结合到国家的发展计划中去，同时考虑到经济发展对于采取措施应付气候变化是至关重要的。

5. 各缔约方应当合作促进有利的和开放的国际经济体系，这种体系将促成所有缔约方特别是发展中国家缔约方的可持续经济增长和发展，从而使它们有能力更好地应付气候变化的问题。为对付气候变化而采取的措施，包括单方面措施，不应当成为国际贸易上的任意或无理的歧视手段或者隐蔽的限制。

第四条 承诺

1. 所有缔约方，考虑到它们共同但有区别的责任，以及各自具体的国家和区域发展优先顺序、目标和情况，应：

（a）用待由缔约方会议议定的可比方法编制、定期更新、公布并按照第十二条向缔约方会议提供关于《蒙特利尔议定书》未予管制的所有温室气候的各种源的人为排放和各种汇的清除的国家清单；

（b）制订、执行、公布和经常地更新国家的以及在适当情况下区域的计划，其中包含从《蒙特利尔议定书》未予管制的所有温室气候的源的人为排放和汇的清除来着手减缓气候变化的措施，以及便利充分地适应气候变化的措施；

（c）在所有有关部门，包括能源、运输、工业、农业、林业和废物管理部门，促进和合作发展、应用和传播（包括转让）各种用来控制、减少或防止《蒙特利尔议定书》未予管制的温室气体的人为排放的技术、做法和过程；

（d）促进可持续地管理，并促进和合作酌情维护和加强《蒙特利尔议定书》未予管制的所有温室气体的汇和库，包括生物质、森林和海洋以及其他陆地、沿海和海洋生态系统；

（e）合作为适应气候变化的影响做好准备；拟订和详细制定关于沿海地区的管理、水资源和农业以及关于受到旱灾和沙漠化及洪水影响的地区特别是非洲的这种地区的保护和恢复的适当的综合性计划；

（f）在它们有关的社会、经济和环境政策及行动中，在可行的范围内将气候变化考虑进去，并采用由本国拟订和确定的适当办法，例如进行影响评估，以期尽量减少它们为了减缓或适应气候变化而进行的项目或采取的措施对经济、公共健康和环境质量产生的不利影响；

（g）促进和合作进行关于气候系统的科学、技术、工艺、社会经济和其他研究、系统观测及开发数据档案，目的是增进对气候变化的起因、影响、规模和发生时间以及各种应对战略所带来的经济和社会后果的认识，和减少或消除在这些方面尚存的不确定性；

（h）促进和合作进行关于气候系统和气候变化以及关于各种应对战略所带来的经济和社会后果的科学、技术、工艺、社会经济和法律方面的有关信息的充分、公开和迅速的交流；

（i）促进和合作进行与气候变化有关的教育、培训和提高公众意识的工作，并鼓励人们对这个过程最广泛参与，包括鼓励各种非政府组织的参与；

（j）依照第十二条向缔约方会议提供有关履行的信息。

2. 附件一所列的发达国家缔约方和其他缔约方具体承诺如下所规定：

（a）每一个此类缔约方应制定国家政策和采取相应的措施（其中包括区域经济一体化组织制定的政策和采取的措施），通过限制其人为的温室气体排放以及保护和增强其温室气体库和汇，减缓气候变化。这些政策和措施将表明，发达国家是在带头依循本公约的目标，改变人为排放的长期趋势，同时认识到至本10年末使二氧化碳和《蒙特利尔议定书》未予管制的其他温室气体的人为排放回复到较早的水平，将会有助于这种改变，并考虑到这些缔约方的起点和做法、经济结构和资源基础方面的差别、维持强有力和可持续经济增长的需要、可以采用的技术以及其他个别情况，又考虑到每一个此类缔约方都有必要对为了实现该目标而作的全球努力作出公平和适当的贡献。这些缔约方可以同其他缔约方共同执行这些政策和措施，也可以协助其他缔约方为实现本公约的目标特别是本项的目标作出贡献；

（b）为了推动朝这一目标取得进展，每一个此类缔约方应依照第十二条，在本公约对其生效后6个月内，并在其后定期地就其上述（a）项所述的政策和措施，以及就其由此预测在（a）项所述期间内《蒙特利尔议定书》未予管制的温室气体的源的人为排放和汇的清除，提供详细信息，目的在个别地或共同地使二氧化碳和《蒙特利尔议定书》未予管制的其他温室气体的人为排放回复到1990年的水平。按照第七条，这些信息将由缔约方会议在其第一届会议上以及在其后定期地加以审评；

（c）为了上述（b）项的目的而计算各种温室气体源的排放和汇的清除时，应该参考可以得到的最佳科学知识，包括关于各种汇的有效容量和每一种温室气体在引起气候变化方面的作用的知识。缔约方会议应在其第一届会议上考虑和议定进行这些计算的方法，并在其后经常地加以审评；

（d）缔约方会议应在其第一届会议上审评上述（a）项和（b）项是否充足。进行审评时应参照可以得到的关于气候变化及其影响的最佳科学信息和评估，以及有关的工艺、社会和经济信息。在审评的基础上，缔约方会议应采取适当的行动，其中可以包括通过对上述（a）项和（b）项承诺的修正。缔约方会议第一届会议还应就上述（a）项所述共同执行的标准作出决定。对（a）项和（b）项的第二次审评应不迟于 1998 年 12 月 31 日进行，其后按由缔约方会议确定的定期间隔进行，直至本公约的目标达到为止；

（e）每一个此类缔约方应：

（一）酌情同其他此类缔约方协调为了实现本公约的目标而开发的有关经济和行政手段；和

（二）确定并定期审评其本身有哪些政策和做法鼓励了导致《蒙特利尔议定书》未予管制的温室气候的人为排放水平因而更高的活动。

（f）缔约方会议应至迟在 1998 年 12 月 31 日之前审评可以得到的信息，以便经有关缔约方同意，作出适当修正附件一和二内名单的决定；

（g）不在附件一之列的任何缔约方，可以在其批准、接受、核准或加入的文书中，或在其后任何时间，通知保存人其有意接受上述（a）项和（b）项的约束。保存人应将任何此类通知通报其他签署方和缔约方。

3. 附件二所列的发达国家缔约方和其他发达缔约方应提供新的和额外的资金，以支付经议定的发展中国家缔约方为履行第十二条第 1 款规定的义务而招致的全部费用。它们还应提供发展中国家缔约方所需要的资金。包括用于技术转让的资金，以支付经议定的为执行本条第 1 款所述并经发展中国家缔约方同第十一条所述那个或那些国际实体依该条议定的措施的全部增加费用。这些承诺的履行应考虑到资金流量应充足和可以预测的必要性，以及发达国家缔约方间适当分摊负担的重要性。

4. 附件二所列的发达国家缔约方和其他发达缔约方还应帮助特别易受气候变化不利影响的发展中国家缔约方支付适应这些不利影响的费用。

5. 附件二所列的发达国家缔约方和其他发达缔约方应采取一切实际可行的步骤，酌情促进、便利和资助向其他缔约方特别是发展中国家缔约方转让或使它们有机会得到无害环境的技术和专有技术，以使它们能够履行本公约的各项规定。在此过程中，发达国家缔约方应支持开发和增强发展中国家缔约方的自生能力和技术。有能力这样做的其他缔约方和组织也可协助便利这类技术的转让。

6. 对于附件一所列正在朝市场经济过渡的缔约方，在履行其在上述第 2 款下的承诺时，包括在《蒙特利尔议定书》未予管制的温室气体人为排放的可资参照的历史水平方面，应由缔约方会议允许它们有一定程度的灵活性，以增强这些缔约方应付气候变化的能力。

7. 发展中国家缔约方能在多大程度上有效履行其在本公约下的承诺，将取决于发达国家缔约方对其在本公约下所承担的有关资金和技术转让的承诺的有效履行，并将充分考虑到经济和社会发展及消除贫困是发展中国家缔约方的首要和压倒一切的优先事项。

8. 在履行本条各项承诺时，各缔约方应充分考虑按照本公约需要采取哪些行动，包括与提供资金、保险和技术转让有关的行动，以满足发展中国家缔约方由于气候变化的不利影响和/或执行应对措施所造成的影响，特别是对下列各类国家的影响，而产生的具体需要和关注：

（a）小岛屿国家；

（b）有低洼沿海地区的国家；

（c）有干旱和半干旱地区、森林地区和容易发生森林退化的地区的国家；

（d）有易遭自然灾害地区的国家；

（e）有容易发生旱灾和沙漠化的地区的国家；

（f）有城市大气严重污染的地区的国家；

（g）有脆弱生态系统包括山区生态系统的国家；

（h）其经济高度依赖于矿物燃料和相关的能源密集产品的生产、加工和出口所带来的收入，和/或高度依赖于这种燃料和产品的消费的国家；和

（i）内陆国和过境国。

此外，缔约方会议可酌情就本款采取行动。

9. 各缔约方在采取有关提供资金和技术转让的行动时，应充分考虑到最不发达国家的具体需要和特殊情况。

10. 各缔约方应按照第十条，在履行本公约各项承诺时，考虑到其经济容易受到执行应付气候变化的措施所造成的不利影响之害的缔约方、特别是发展中国家缔约方的情况。这尤其适用于其经济高度依赖于矿物燃料和相关的能源密集产品的生产、加工和出口所带来的收入，和/或高度依赖于这种燃料和产品的消费，和/或高度依赖于矿物燃料的使用，而改用其他燃料又非常困难的那些缔约方。

第五条 研究

在履行第四条第 1 款（g）项下的承诺时，各缔约方应：

（a）支持并酌情进一步制订旨在确定、进行、评估和资助研究、数据收集和系统观测的国际和政府间计划和站网或组织，同时考虑到有必要尽量减少工作重复；

（b）支持旨在加强尤其是发展中国家的系统观测及国家科学和技术研究能力的国际和政府间努力，并促进获取和交换从国家管辖范围以外地区取得的数据及其分析；和

（c）考虑发展中国家的特殊关注和需要，并开展合作提高它们参与上述（a）项和（b）项中所述努力的自生能力。

第六条 意识

在履行第四条第 1 款（i）项下的承诺时，各缔约方应：

（a）在国家一级并酌情在次区域和区域一级，根据国家法律和规定，并在各自的能力范围内，促进和便利：

（一）拟订和实施有关气候变化及其影响的教育及提高公众意识的计划；

（二）公众获取有关气候变化及其影响的信息；

（三）公众参与应付气候变化及其影响和拟订适当的对策；和

（四）培训科学、技术和管理人员。

（b）在国际一级，酌情利用现有的机构，在下列领域进行合作并促进：

（一）编写和交换有关气候变化及其影响的教育及提高公众意识的材料；和

（二）拟订和实施教育和培训计划，包括加强国内机构和交流或借调人员来特别是为发展中国家培训这方面的专家。

第七条 缔约方会议

1. 兹设立缔约方会议。

2. 缔约方会议作为本公约的最高机构，应定期审评本公约和缔约方会议可能通过的任何相关法律文书的履行情况，并应在其职权范围内作出为促进本公约的有效履行所必要的决定。为此目的，缔约方会议应：

（a）根据本公约的目标、在履行本公约过程中取得的经验和科学与技术知

识的发展，定期审评本公约规定的缔约方义务和机构安排；

（b）促进和便利就各缔约方为应付气候变化及其影响而采取的措施进行信息交流

（c）应两个或更多的缔约方的要求，便利将这些缔约方为应付气候变化及其影响而采取的措施加以协调，同时考虑到各缔约方不同的情况、责任和能力以及各自在本公约下的承诺；

（d）依照本公约的目标和规定，促进和指导发展和定期改进由缔约方会议议定的，除其他外，用来编制各种温室气体源的排放和各种汇的清除的清单，和评估为限制这些气体的排放及增进其清除而采取的各种措施的有效性的可比方法；

（e）根据依本公约规定获得的所有信息，评估各缔约方履行公约的情况和依照公约所采取措施的总体影响，特别是环境、经济和社会影响及其累计影响，以及当前在实现本公约的目标方面取得的进展；

（f）审议并通过关于本公约履行情况的定期报告，并确保予以发表；

（g）就任何事项作出为履行本公约所必需的建议；

（h）按照第四条第 3、第 4 和第 5 款及第十一条，设法动员资金；

（i）设立其认为履行公约所必需的附属机构；

（j）审评其附属机构提出的报告，并向它们提供指导；

（k）以协商一致方式议定并通过缔约方会议和任何附属机构的议事规则和财务规则；

（l）酌情寻求和利用各主管国际组织和政府间及非政府机构提供的服务、合作和信息；和

（m）行使实现本公约目标所需的其他职能以及依本公约所赋予的所有其他职能。

3. 缔约方会议应在其第一届会议上通过其本身的议事规则以及本公约所设立的附属机构的议事规则，其中应包括关于本公约所述各种决策程序未予规定的事项的决策程序。这类程序可包括通过具体决定所需的特定多数。

4. 缔约方会议第一届会议应由第二十一条所述的临时秘书处召集，并应不迟于本公约生效日期后 1 年举行。其后，除缔约方会议另有决定外，缔约方会议的常会应年年举行。

5. 缔约方会议特别会议应在缔约方会议认为必要的其他时间举行，或应任何缔约方的书面要求而举行，但须在秘书处将该要求转达给各缔约方后 6 个月内得到至少 1/3 缔约方的支持。

6. 联合国及其专门机构和国际原子能机构，以及它们的非为本公约缔约方的会员国或观察员，均可作为观察员出席缔约方会议的各届会议。任何在本公约所涉事项上具备资格的团体或机构，不管其为国家或国际的、政府或非政府的，经通知秘书处其愿意作为观察员出席缔约方会议的某届会议，均可予以接纳，除非出席的缔约方至少 1/3 反对。观察员的接纳和参加应遵循缔约方会议通过的议事规则。

第八条　秘书处

1. 兹设立秘书处。

2. 秘书处的职能应为：

（a）安排缔约方会议及依本公约设立的附属机构的各届会议，并向它们提供所需的服务；

（b）汇编和转递向其提交的报告；

（c）便利应要求时协助各缔约方特别是发展中国家缔约方汇编和转递依本公约规定所需的信息；

（d）编制关于其活动的报告，并提交给缔约方会议；

（e）确保与其他有关国际机构的秘书处的必要协调；

（f）在缔约方会议的全面指导下订立为有效履行其职能而可能需要的行政和合同安排；和

（g）行使本公约及其任何议定书所规定的其他秘书处职能和缔约方会议可能决定的其他职能。

3. 缔约方会议应在其第一届会议上指定一个常设秘书处，并为其行使职能作出安排。

第九条　附属科技咨询机构

1. 兹设立附属科学和技术咨询机构，就与公约有关的科学和技术事项，向缔约方会议并酌情向缔约方会议的其他附属机构及时提供信息和咨询。该机构应开放供所有缔约方参加，并应具有多学科性。该机构应由在有关专门领域胜任的政府代表组成。该机构应定期就其工作的一切方面向缔约方会议报告。

2. 在缔约方会议指导下和依靠现有主管国际机构，该机构应：

（a）就有关气候变化及其影响的最新科学知识提出评估；

（b）就履行公约所采到措施的影响进行科学评估；

（c）确定创新的、有效率的和最新的技术与专有技术，并就促进这类技术的发展和/或转让的途径与方法提供咨询；

（d）就有关气候变化的科学计划和研究与发展的国际合作，以及就支持发展中国家建立自生能力的途径与方法提供咨询；和

（e）答复缔约方会议及其附属机构可能向其提出的科学、技术和方法问题。

3. 该机构的职能和职权范围可由缔约方会议进一步制定。

第十条　附属履行机构

1. 兹设立附属履行机构，以协助缔约方会议评估和审评本公约的有效履行。该机构应开放供所有缔约方参加，并由为气候变化问题专家的政府代表组成。该机构应定期就其工作的一切方面向缔约方会议报告。

2. 在缔约方会议的指导下，该机构应：

（a）考虑依第十二条第 1 款提供的信息，参照有关气候变化的最新科学评估，对各缔约方所采取步骤的总体合计影响作出评估；

（b）考虑依第十二条第 2 款提供的信息，以协助缔约方会议进行第四条第 2 款（d）项所要求的审评；和

（c）酌情协助缔约方会议拟订和执行其决定。

第十一条　资金机制

1. 兹确定一个在赠予或转让基础上提供资金、包括用于技术转让的资金的机制。该机制应在缔约方会议的指导下行使职能并向其负责，并应由缔约方会议决定该机制与本公约有关的政策、计划优先顺序和资格标准。核机制的经营应委托一个或多个现有的国际实体负责。

2. 该资金机制应在一个透明的管理制度下公平和均衡地代表所有缔约方。

3. 缔约方会议和受托管资金机制的那个或那些实体应议定实施上述各款的

安排，其中应包括：

（a）确保所资助的应付气候变化的项目符合缔约方会议所制定的政策、计划优先顺序和资格标准的办法；

（b）根据这些政策、计划优先顺序和资格标准重新考虑某项供资决定的办法；

（c）依循上述第1款所述的负责要求，由那个或那些实体定期向缔约方会议提供关于其供资业务的报告；

（d）以可预测和可认定的方式确定履行本公约所必需的和可以得到的资金数额，以及定期审评此一数额所应依据的条件。

4. 缔约方会议应在其第一届会议上作出履行上述规定的安排，同时审评并考虑到第二十一条第3款所述的临时安排，并应决定这些临时安排是否应予维持。在其后四年内，缔约方会议应对资金机制进行审评，并采取适当的措施。

5. 发达国家缔约方还可通过双边、区域性和其他多边渠道提供并由发展中国家缔约方获取与履行本公约有关的资金。

第十二条 提供有关履行的信息

1. 按照第四条第1款，第一缔约方应通过秘书处向缔约方会议提供含有下列内容的信息：

（a）在其能力允许的范围内，用缔约方会议所将推行和议定的可比方法编成的关于《蒙特利尔议定书》未予管制的所有温室气体的各种源的人为排放和各种汇的清除的国家清单；

（b）关于该缔约方为履行公约而采取或设想的步骤的一般性描述；和

（c）该缔约方认为与实现本公约的目标有关并且适合列入其所提供信息的任何其他信息，在可行情况下，包括与计算全球排放趋势有关的资料。

2. 附件一所列每一发达国家缔约方和每一其他缔约方应在其所提供的信息中列入下列各类信息：

（a）关于该缔约方为履行其第四条第2款（a）项和（b）项下承诺所采取政策和措施的详细描述；和

（b）关于本款（a）项所述政策和措施在第四条第2款（a）项所述期间对温室气体各种源的排放和各种汇的清除所产生影响的具体估计。

3. 此外，附件二所列每一发达国家缔约方和每一其他发达缔约方应列入按照第四条第3、第4和第5款所采取措施的详情。

4. 发展中国家缔约方可在自愿基础上提出需要资助的项目，包括为执行这些项目所需要的具体技术、材料、设备、工艺或做法，在可能情况下并附上对所有增加的费用、温室气体排放的减少量及其清除的增加量的估计，以及对其所带来效益的估计。

5. 附件一所列每一发达国家缔约方和每一其他缔约方应在公约对该缔约方生效后6个月内第一次提供信息。未列入该附件的每一缔约方应在公约对该缔约方生效后或按照第四条第3款获得资金后3年内第一次提供信息。最不发达国家缔约方可自行决定何时第一次提供信息。其后所有缔约方提供信息的频度应由缔约方会议考虑到本款所规定的差别时间表予以确定。

6. 各缔约方按照本条提供的信息应由秘书处尽速转交给缔约方会议和任何有关的附属机构。如有必要，提供信息的程序可由缔约方会议进一步考虑。

7. 缔约方会议从第一届会议起，应安排向有此要求的发展中国家缔约方提供技术和资金支持，以汇编和提供本条所规定的信息，和确定与第四条规定的所拟议的项目和应对措施相联系的技术和资金需要。这些支持可酌情由其他缔约方、主管国际组织和秘书处提供。

8. 任何一组缔约方遵照缔约方会议制定的指导方针并经事先通知缔约方会议，可以联合提供信息来履行其在本条下的义务，但这样提供的信息须包括关于其中每一缔约方履行其在本公约下的各自义务的信息。

9. 秘书处收到的经缔约方按照缔约方会议制订的标准指明为机密的信息，在提供给任何参与信息的提供和审评的机构之前，应由秘书处加以汇总，以保护其机密性。

10. 在不违反上述第9款，并且不妨碍任何缔约方在任何时候公开其所提供信息的能力的情况下，秘书处应将缔约方按照本条提供的信息在其提交给缔约方会议的同时予以公开。

第十三条　解决与履行有关的问题

缔约方会议应在其第一届会议上考虑设立一个解决与公约履行有关的问题的多边协商程序，供缔约方有此要求时予以利用。

第十四条　争端的解决

1. 任何两上或两个以上缔约方之间就本公约的解释或适用发生争端时，有关的缔约方应寻求通过谈判或它们自己选择的任何其他和平方式解决该争端。

2. 非为区域经济一体化组织的缔约方在批准、接受、核准或加入本公约时，或在其后任何时候，可在交给保存人的 1 份文书中声明，关于本公约的解释或适用方面的任何争端，承认对于接受同样义务的任何缔约方，下列义务为当然而具有强制性的，无须另订特别协议：

（a）将争端提交国际法院，和/或

（b）按照将由缔约方会议尽早通过的、载于仲裁附件中的程序进行仲裁。作为区域经济一体化组织的缔约方可就依上述（b）项中所述程序进行仲裁发表类似声明。

3. 根据上述第 2 款所做的声明，在其所载有效期期满前，或在书面撤回通知交存于保存人后的 3 个月内，应一直有效。

4. 除非争端各当事方另有协议，新作声明、作出撤回通知或声明有效期满丝毫不得影响国际法院或仲裁庭正在进行的审理。

5. 在不影响上述第 2 款运作的情况下，如果一缔约方通知另一缔约方它们之间存在争端，过了 12 个月后，有关的缔约方尚未能通过上述第 1 款所述方法解决争端，经争端的任何当事方要求，应将争端提交调解。

6. 经争端一当事方要求，应设立调解委员会。调解委员会应由每一当事方委派的数目相同的成员组成，主席由每一当事方委派的成员共同推选。调解委员会应作出建议性裁决。各当事方应善意考虑之。

7. 有关调解的补充程序应由缔约方会议尽早以调解附件的形式予以通过。

8. 本条各项规定应适用于缔约方会议可能通过的任何相关法律文书，除非该文书另有规定。

第十五条　公约的修正

1. 任何缔约方均可对本公约提出修正。

2. 对本公约的修正应在缔约方会议的一届常会上通过。对本公约提出的任何修正案文应由秘书处在拟议通过该修正的会议之前至少 6 个月送交各缔约方。秘书处还应将提出的修正送交本公约各签署方，并送交保存人以供参考。

3. 各缔约方应尽一切努力以协商一致方式就对本公约提出的任何修正达成协议。如为谋求协商一致已尽了一切努力，仍未达成协议，作为最后的方式，该修正应以出席会议并参加表决的缔约方 3/4 多数票通过。通过的修正应由秘书处送交保存人，再由保存人转送所有缔约方供其接受。

4. 对修正的接受文书应交存于保存人。按照上述第 3 款通过的修正，应于保存人收到本公约至少 3/4 缔约方的接受文书之日后第 90 天起对接受该修正的缔约方生效。

5. 对于任何其他缔约方，修正应在该缔约方向保存人交存接受该修正的文书之日后第 90 天起对其生效。

6. 为本条的目的，"出席并参加表决的缔约方"是指出席并投赞成票或反对票的缔约方。

第十六条　公约附件的通过和修正

1. 本公约的附件应构成本公约的组成部分，除另有明文规定外，凡提到本公约时即同时提到其任何附件。在不妨害第十四条第 2 款（b）项和第 7 款规定的情况下，这些附件应限于清单、表格和任何其他属于科学、技术、程序或行政性质的说明性资料。

2. 本公约的附件应按照第十五条第 2、第 3 和第 4 款中规定的程序提出和通过。

3. 按照上述第 2 款通过的附件，应于保存人向公约的所有缔约方发出关于通过该附件的通知之日起 6 个月后对所有缔约方生效，但在此期间以书面形式通知保存人不接受该附件的缔约方除外。对于撤回其不接受的通知的缔约方，该附件应自保存人收到撤回通知之日后第 90 天起对其生效。

4. 对公约附件的修正的提出、通过和生效，应依照上述第 2 和第 3 款对公约附件的提出、通过和生效规定的同一程序进行。

5. 如果附件或对附件的修正的通过涉及对本公约的修正，则该附件或对附件的修正应待对公约的修正生效之后方可生效。

第十七条　议定书

1. 缔约方会议可在任何一届常委会上通过本公约的议定书。

2. 任何拟议的决定书案文应由秘书处在举行该届会议至少六个月之前送交各缔约方。

3. 任何议定书的生效条件应由该文书加以规定。

4. 只有本公约的缔约方才可成为议定书的缔约方。

5. 任何议定书下的决定只应由该议定书的缔约方作出。

第十八条　表决权

1. 除下述第 2 款所规定外，本公约每一缔约方应有 1 票表决权。

2. 区域经济一体化组织在其权限内的事项上应行使票数与其作为本公约缔约方的成员国数目相同的表决权。如果一个此类组织的任一成员国行使自己的表决权，则该组织不得行使表决权，反之亦然。

第十九条　保存人

联合国秘书长应为本公约及按照第十七条通过的议定书的保存人。

第二十条　签署

本公约应于联合国环境与发展会议期间在里约热内卢，其后自 1992 年 6 月 20 日至 1993 年 6 月 19 日在纽约联合国总部，开放供联合国会员国或任何联合国专门机构的成员国或《国际法院规约》的当事国和各区域经济一体化组织签署。

第二十一条　临时安排

1. 在缔约方会议第一届会议结束前，第八条所述的秘书处职能将在临时基础上由联合国大会 1990 年 12 月 21 日第 45/212 号决议所设立的秘书处行使。

2. 上述第 1 款所述的临时秘书处首长将与政府间气候变化专门委员会密切合作，以确保该委员会能够对提供客观科学和技术咨询的要求作出反应。也可以咨询其他有关的科学机构。

3. 在临时基础上，联合国开发计划署、联合国环境规划署和国际复兴开发银行的"全球环境融资"应为受托经营第十一条所述资金机制的国际实体。在这方面，"全球环境融资"应予适当改革，并使其成员具有普遍性，以使其能满足第十一条的要求。

第二十二条　批准、接受、核准或加入

1. 本公约须经各国和各区域经济一体化组织批准、接受、核准或加入。公约应自签署截止日之次日起开放供加入。批准、接受、核准或加入的文书应交存于保存人。

2. 任何成为本公约缔约方而其成员国均非缔约方的区域经济一体化组织应受本公约一切义务的约束。如果此类组织的一个或多个成员国为本公约的缔约方，该组织及其成员国应决定各自在履行公约义务方面的责任。在此种情况下，该组织及其成员国无权同时行使本公约规定的权利。

3. 区域经济一体化组织应在其批准、接受、标准或加入的文书中声明其在本公约所规定事项上的权限。此类组织还应将其权限范围的任何重大变更通知保存人，再由保存人通知各缔约方。

第二十三条　生效

1. 本公约应自第 50 份批准、接受、核准或加入的文书交存之日后第 90 天起生效。

2. 对于在第 50 份批准、接受、核准或加入的文书交存之后批准、接受、核准或加入本公约的每一国家或区域经济一体化组织，本公约应自该国或该区域经济一体化组织交存其批准、接受、核准或加入的文书之日后第 90 天起生效。

3. 为上述第 1 和第 2 款的目的，区域经济一体化组织所交存的任何文书不应被视为该组织成员国所交存文书之外的额外文书。

第二十四条　保留

对本公约不得作任何保留。

第二十五条　退约

1. 自本公约对一缔约方生效之日起 3 年后，该缔约方可随时向保存人发出书面通知退出本公约。

2. 任何退出应自保存人收到退出通知之日起 1 年期满时生效，或在退出通

知中所述明的更后日期生效。

3. 退出本公约的任何缔约方，应被视为亦退出其作为缔约方的任何议定书。

第二十六条 作准文本

本公约正本应交存于联合国秘书长，其阿拉伯文、中文、英文、法文、俄文和西班牙文文本同为作准。

下列签署人，经正式授权，在本公约上签字，以昭信守。

附件一

澳大利亚　欧洲共同体

奥地利　爱沙尼亚

白俄罗斯　芬兰

比利时　法国

保加利亚　德国

加拿大　希腊

捷克斯洛伐克　匈牙利

丹麦　冰岛

爱尔兰　罗马尼亚

意大利　俄罗斯联邦

日本　西班牙

拉脱维亚　瑞典

立陶宛　瑞士

卢森堡　土耳其

荷兰　乌克兰

新西兰　大不列颠及北爱尔兰联合王国

挪威　美利坚合众国

波兰　葡萄牙

正在朝市场经济过渡的国家。

附件二

澳大利亚　日本

奥地利　卢森堡

比利时　荷兰

加拿大　新西兰

丹麦　挪威

欧洲共同体　葡萄牙

芬兰　西班牙

法国　瑞典

德国　瑞士

希腊　土耳其

冰岛　大不列颠及北爱尔兰联合王国

爱尔兰　美利坚合众国

意大利

强化应对气候变化行动——中国国家自主贡献

中华人民共和国向《联合国气候变化框架公约》
秘书处提交的第一次国家自主贡献

气候变化是当今人类社会面临的共同挑战。工业革命以来的人类活动，特别是发达国家大量消费化石能源所产生的二氧化碳累积排放，导致大气中温室气体浓度显著增加，加剧了以变暖为主要特征的全球气候变化。气候变化对全球自然生态系统产生显著影响，温度升高、海平面上升、极端气候事件频发给人类生存和发展带来严峻挑战。

气候变化作为全球性问题，需要国际社会携手应对。多年来，各缔约方在《联合国气候变化框架公约》（以下简称公约）实施进程中，按照共同但有区别的责任原则、公平原则、各自能力原则，不断强化合作行动，取得了积极进展。为进一步加强公约的全面、有效和持续实施，各方正在就2020年后的强化行动加紧谈判磋商，以期于2015年年底在联合国气候变化巴黎会议上达成协议，开辟全球绿色低碳发展新前景，推动世界可持续发展。

中国是拥有13多亿人口的发展中国家，是遭受气候变化不利影响最为严重的国家之一。中国正处在工业化、城镇化快速发展阶段，面临着发展经济、消除贫困、改善民生、保护环境、应对气候变化等多重挑战。积极应对气候变化，努力控制温室气体排放，提高适应气候变化的能力，不仅是中国保障经济安全、能源安全、生态安全、粮食安全以及人民生命财产安全，实现可持续发展的内在要求，也是深度参与全球治理、打造人类命运共同体、推动全人类共同发展的责任担当。

根据公约缔约方会议相关决定，在此提出中国应对气候变化的强化行动和措施，作为中国为实现公约第二条所确定目标作出的、反映中国应对气候变化最大努力的国家自主贡献，同时提出中国对 2015 年协议谈判的意见，以推动巴黎会议取得圆满成功。

一、中国强化应对气候变化行动目标

长期以来，中国高度重视气候变化问题，把积极应对气候变化作为国家经济社会发展的重大战略，把绿色低碳发展作为生态文明建设的重要内容，采取了一系列行动，为应对全球气候变化作出了重要贡献。2009 年向国际社会宣布：到 2020 年单位国内生产总值二氧化碳排放比 2005 年下降 40%~45%，非化石能源占一次能源消费比重达到 15% 左右，森林面积比 2005 年增加 4000 万公顷，森林蓄积量比 2005 年增加 13 亿立方米。积极实施《中国应对气候变化国家方案》《"十二五"控制温室气体排放工作方案》《"十二五"节能减排综合性工作方案》《节能减排"十二五"规划》《2014—2015 年节能减排低碳发展行动方案》和《国家应对气候变化规划（2014—2020 年）》。加快推进产业结构和能源结构调整，大力开展节能减碳和生态建设，在 7 个省（市）开展碳排放权交易试点，在 42 个省（市）开展低碳试点，探索符合中国国情的低碳发展新模式。2014 年，中国单位国内生产总值二氧化碳排放比 2005 年下降 33.8%，非化石能源占一次能源消费比重达到 11.2%，森林面积比 2005 年增加 2160 万公顷，森林蓄积量比 2005 年增加 21.88 亿立方米，水电装机达到 3 亿千瓦（是 2005 年的 2.57 倍），并网风电装机达到 9581 万千瓦（是 2005 年的 90 倍），光伏装机达到 2805 万千瓦（是 2005 年的 400 倍），核电装机达到 1988 万千瓦（是 2005 年的 2.9 倍）。加快实施《国家适应气候变化战略》，着力提升应对极端气候事件能力，重点领域适应气候变化取得积极进展。应对气候变化能力建设进一步加强，实施《中国应对气候变化科技专项行动》，科技支撑能力得到增强。

面向未来，中国已经提出了到 2020 年全面建成小康社会，到本世纪中叶建成富强民主文明和谐的社会主义现代化国家的奋斗目标；明确了转变经济发展方式、建设生态文明、走绿色低碳循环发展的政策导向，努力协同推进新型工业化、城镇化、信息化、农业现代化和绿色化。中国将坚持节约资源和保护环境基本国策，坚持减缓与适应气候变化并重，坚持科技创新、管理创新和体制机制创新，加快能源生产和消费革命，不断调整经济结构、优化能源结构、提高能源效率、增加森林碳汇，有效控制温室气体排放，努力走一条符合中国国情的经济发展、社会进步与应对气候变化多赢的可持续发展之路。

根据自身国情、发展阶段、可持续发展战略和国际责任担当，中国确定了到 2030 年的自主行动目标：二氧化碳排放 2030 年左右达到峰值并争取尽早达峰；单位国内生产总值二氧化碳排放比 2005 年下降 60%～65%，非化石能源占一次能源消费比重达到 20% 左右，森林蓄积量比 2005 年增加 45 亿立方米左右。中国还将继续主动适应气候变化，在农业、林业、水资源等重点领域和城市、沿海、生态脆弱地区形成有效抵御气候变化风险的机制和能力，逐步完善预测预警和防灾减灾体系。

二、中国强化应对气候变化行动政策和措施

千里之行，始于足下。为实现到 2030 年的应对气候变化自主行动目标，需要在已采取行动的基础上，持续不断地作出努力，在体制机制、生产方式、消费模式、经济政策、科技创新、国际合作等方面进一步采取强化政策和措施。

（一）实施积极应对气候变化国家战略。加强应对气候变化法制建设。将应对气候变化行动目标纳入国民经济和社会发展规划，研究制定长期低碳发展战略和路线图。落实《国家应对气候变化规划（2014—2020 年）》和省级专项规划。完善应对气候变化工作格局，发挥碳排放指标的引导作用，分解落实应对气候变化目标任务，健全应对气候变化和低碳发展目标责任评价考核制度。

（二）完善应对气候变化区域战略。实施分类指导的应对气候变化区域政策，针对不同主体功能区确定差别化的减缓和适应气候变化目标、任务和实现途径。优化开发的城市化地区要严格控制温室气体排放；重点开发的城市化地区要加强碳排放强度控制，老工业基地和资源型城市要加快绿色低碳转型；农产品主产区要加强开发强度管制，限制进行大规模工业化、城镇化开发，加强中小城镇规划建设，鼓励人口适度集中，积极推进农业适度规模化、产业化发展；重点生态功能区要划定生态红线，制定严格的产业发展目录，限制新上高碳项目，对不符合主体功能定位的产业实行退出机制，因地制宜发展低碳特色产业。

（三）构建低碳能源体系。控制煤炭消费总量，加强煤炭清洁利用，提高煤炭集中高效发电比例，新建燃煤发电机组平均供电煤耗要降至每千瓦时 300 克标准煤左右。扩大天然气利用规模，到 2020 年天然气占一次能源消费比重达到 10% 以上，煤层气产量力争达到 300 亿立方米。在做好生态环境保护和移民安置的前提下积极推进水电开发，安全高效发展核电，大力发展风电，加快发展太阳能发电，积极发展地热能、生物质能和海洋能。到 2020 年，风电装机达到 2 亿千瓦，光伏装机达到 1 亿千瓦左右，地热能利用规模达到 5000 万吨标准煤。加强放空天然气和油田伴生气回收利用。大力发展分布式能源，加强智能电网建设。

（四）形成节能低碳的产业体系。坚持走新型工业化道路，大力发展循环经济，优化产业结构，修订产业结构调整指导目录，严控高耗能、高排放行业扩张，加快淘汰落后产能，大力发展服务业和战略性新兴产业。到 2020 年，力争使战略性新兴产业增加值占国内生产总值比重达到 15%。推进工业低碳发展，实施《工业领域应对气候变化行动方案（2012—2020 年）》，制定重点行业碳排放控制目标和行动方案，研究制定重点行业温室气体排放标准。通过节能提高能效，有效控制电力、钢铁、有色、建材、化工等重点行业排放，加强新建项目碳排放管理，积极控制工业生产过程温室气体排放。构建循环型工业体系，推动产业园区循环化改造。加大再生资源回收利用，提高资源产出率。逐渐减少二氟一氯甲烷受控用途的生产和使用，到 2020 年在基准线水平（2010 年产量）上产量减少 35%、2025 年减少 67.5%，三氟甲烷排放到 2020 年得到有效控制。推进农业低碳发展，到 2020 年努力实现化肥农药使用量零增长；控制稻田甲烷和农田氧化亚氮排放，构建循环型农业体系，推动秸秆综合利用、农林废弃物资源化利用和畜禽粪便综合利用。推进服务业低碳发展，积极发展低碳商业、低碳旅游、低碳餐饮，大力推动服务业节能降碳。

（五）控制建筑和交通领域排放。坚持走新型城镇化道路，优化城镇体系和城市空间布局，将低碳发展理念贯穿城市规划、建设、管理全过程，倡导产城融合的城市形态。强化城市低碳化建设，提高建筑能效水平和建筑工程质量，延长建筑物使用寿命，加大既有建筑节能改造力度，建设节能低碳的城市基础设施。促进建筑垃圾资源循环利用，强化垃圾填埋场甲烷收集利用。加快城乡低碳社区建设，推广绿色建筑和可再生能源建筑应用，完善社区配套低碳生活设施，探索社区低碳化运营管理模式。到 2020 年，城镇新建建筑中绿色建筑占比达到 50%。构建绿色低碳交通运输体系，优化运输方式，合理配置城市交通资源，优先发展公共交通，鼓励开发使用新能源车船等低碳环保交通运输工具，提升燃油品质，推广新型替代燃料。到 2020 年，大中城市公共交通占机动化出行比例达到 30%。推进城市步行和自行车交通系统建设，倡导绿色出行。加快智慧交通建设，推动绿色货运发展。

（六）努力增加碳汇。大力开展造林绿化，深入开展全民义务植树，继续实施天然林保护、退耕还林还草、京津风沙源治理、防护林体系建设、石漠化综合治理、水土保持等重点生态工程建设，着力加强森林抚育经营，增加森林碳汇。加大森林灾害防控，强化森林资源保护，减少毁林排放。加大湿地保护与恢复，提高湿地储碳功能。继续实施退牧还草，推行草畜平衡，遏制草场退化，恢复草原植被，加强草原灾害防治和农田保育，提升土壤储碳能力。

（七）倡导低碳生活方式。加强低碳生活和低碳消费全民教育，倡导绿色低碳、健康文明的生活方式和消费模式，推动全社会形成低碳消费理念。发挥公共机构率先垂范作用，开展节能低碳机关、校园、医院、场馆、军营等创建活动。引导适度消费，鼓励使用节能低碳产品，遏制各种铺张浪费现象。完善废旧商品回收体系和垃圾分类处理体系。

（八）全面提高适应气候变化能力。提高水利、交通、能源等基础设施在气候变化条件下的安全运营能力。合理开发和优化配置水资源，实行最严格的水资源管理制度，全面建设节水型社会。加强中水、淡化海水、雨洪等非传统水源开发利用。完善农田水利设施配套建设，大力发展节水灌溉农业，培育耐高温和耐旱作物品种。加强海洋灾害防护能力建设和海岸带综合管理，提高沿海地区抵御气候灾害能力。开展气候变化对生物多样性影响的跟踪监测与评估。加强林业基础设施建设。合理布局城市功能区，统筹安排基础设施建设，有效保障城市运行的生命线系统安全。研究制定气候变化影响人群健康应急预案，提升公共卫生领域适应气候变化的服务水平。加强气候变化综合评估和风险管理，完善国家气候变化监测预警信息发布体系。在生产力布局、基础设施、重大项目规划设计和建设中，充分考虑气候变化因素。健全极端天气气候事件应急响应机制。加强防灾减灾应急管理体系建设。

（九）创新低碳发展模式。深化低碳省区、低碳城市试点，开展低碳城

（镇）试点和低碳产业园区、低碳社区、低碳商业、低碳交通试点，探索各具特色的低碳发展模式，研究在不同类型区域和城市控制碳排放的有效途径。促进形成空间布局合理、资源集约利用、生产低碳高效、生活绿色宜居的低碳城市。研究建立碳排放认证制度和低碳荣誉制度，选择典型产品进行低碳产品认证试点并推广。

（十）强化科技支撑。提高应对气候变化基础科学研究水平，开展气候变化监测预测研究，加强气候变化影响、风险机理与评估方法研究。加强对节能降耗、可再生能源和先进核能、碳捕集利用和封存等低碳技术的研发和产业化示范，推广利用二氧化碳驱油、驱煤层气技术。研发极端天气预报预警技术，开发生物固氮、病虫害绿色防控、设施农业技术，加强综合节水、海水淡化等技术研发。健全应对气候变化科技支撑体系，建立政产学研有效结合机制，加强应对气候变化专业人才培养。

（十一）加大资金和政策支持。进一步加大财政资金投入力度，积极创新财政资金使用方式，探索政府和社会资本合作等低碳投融资新机制。落实促进新能源发展的税收优惠政策，完善太阳能发电、风电、水电等定价、上网和采购机制。完善包括低碳节能在内的政府绿色采购政策体系。深化能源、资源性产品价格和税费改革。完善绿色信贷机制，鼓励和指导金融机构积极开展能效信贷业务，发行绿色信贷资产证券化产品。健全气候变化灾害保险政策。

（十二）推进碳排放权交易市场建设。充分发挥市场在资源配置中的决定性作用，在碳排放权交易试点基础上，稳步推进全国碳排放权交易体系建设，逐步建立碳排放权交易制度。研究建立碳排放报告核查核证制度，完善碳排放权交易规则，维护碳排放交易市场的公开、公平、公正。

（十三）健全温室气体排放统计核算体系。进一步加强应对气候变化统计工作，健全涵盖能源活动、工业生产过程、农业、土地利用变化与林业、废弃物处理等领域的温室气体排放统计制度，完善应对气候变化统计指标体系，加强统计人员培训，不断提高数据质量。加强温室气体排放清单的核算工作，定期编制国家和省级温室气体排放清单，建立重点企业温室气体排放报告制度，制定重点行业企业温室气体排放核算标准。积极开展相关能力建设，构建国家、地方、企业温室气体排放基础统计和核算工作体系。

（十四）完善社会参与机制。强化企业低碳发展责任，鼓励企业探索资源节约、环境友好的低碳发展模式。强化低碳发展社会监督和公众参与，继续利用"全国低碳日"等平台提高全社会低碳发展意识，鼓励公众应对气候变化的自觉行动。发挥媒体监督和导向作用，加强教育培训，充分发挥学校、社区以及民间组织的作用。

（十五）积极推进国际合作。作为负责任的发展中国家，中国将从全人类的共同利益出发，积极开展国际合作，推进形成公平合理、合作共赢的全球气候治理体系，与国际社会共同促进全球绿色低碳转型与发展路径创新。坚持共同但有区别的责任原则、公平原则、各自能力原则，推动发达国家切实履行大幅度率先减排并向发展中国家提供资金、技术和能力建设支持的公约义务，为发展中国家争取可持续发展的公平机会，争取更多的资金、技术和能力建设支持，促进南北合作。同时，中国将主动承担与自身国情、发展阶段和实际能力相符的国际义务，采取不断强化的减缓和适应行动，并进一步加大气候变化南南合作力度，建立应对气候变化南南合作基金，为小岛屿发展中国家、最不发达国家和非洲国家等发展中国家应对气候变化提供力所能及的帮助和支持，推进发展中国家互学互鉴、互帮互助、互利共赢。广泛开展应对气候变化国际对话与交流，加强相关领域政策协调与务实合作，分享有益经验和做法，推广气候友好技术，与各方一道共同建设人类美好家园。

三、中国关于 2015 年协议谈判的意见

中国致力于不断加强公约全面、有效和持续实施，与各方一道携手努力推动巴黎会议达成一个全面、平衡、有力度的协议。为此，对 2015 年协议谈判进程和结果提出如下意见：

（一）总体意见。2015 年协议谈判在公约下进行，以公约原则为指导，旨在进一步加强公约的全面、有效和持续实施，以实现公约的目标。谈判的结果应遵循共同但有区别的责任原则、公平原则、各自能力原则，充分考虑发达国家和发展中国家间不同的历史责任、国情、发展阶段和能力，全面平衡体现减缓、适应、资金、技术开发和转让、能力建设、行动和支持的透明度各个要素。谈判进程应遵循公开透明、广泛参与、缔约方驱动、协商一致的原则。

（二）减缓。2015 年协议应明确各缔约方按照公约要求，制定和实施2020—2030 年减少或控制温室气体排放的计划和措施，推动减缓领域的国际合

作。发达国家根据其历史责任，承诺到 2030 年有力度的全经济范围绝对量减排目标。发展中国家在可持续发展框架下，在发达国家资金、技术和能力建设支持下，采取多样化的强化减缓行动。

（三）适应。2015 年协议应明确各缔约方按照公约要求，加强适应领域的国际合作，加强区域和国家层面适应计划和项目的实施。发达国家应为发展中国家制定和实施国家适应计划、开展相关项目提供支持。发展中国家通过国家适应计划识别需求和障碍，加强行动。建立关于适应气候变化的公约附属机构。加强适应与资金、技术和能力建设的联系。强化华沙损失和损害国际机制。

（四）资金。2015 年协议应明确发达国家按照公约要求，为发展中国家的强化行动提供新的、额外的、充足的、可预测和持续的资金支持。明确发达国家 2020—2030 年提供资金支持的量化目标和实施路线图，提供资金的规模应在 2020 年开始每年 1000 亿美元的基础上逐年扩大，所提供资金应主要来源于公共资金。强化绿色气候基金作为公约资金机制主要运营实体的地位，在公约缔约方会议授权和指导下开展工作，对公约缔约方会议负责。

（五）技术开发与转让。2015 年协议应明确发达国家按照公约要求，根据发展中国家技术需求，切实向发展中国家转让技术，为发展中国家技术研发应用提供支持。加强现有技术机制在妥善处理知识产权问题、评估技术转让绩效等方面的职能，增强技术机制与资金机制的联系，包括在绿色气候基金下设立支持技术开发与转让的窗口。

（六）能力建设。2015 年协议应明确发达国家按照公约要求，为发展中国家各领域能力建设提供支持。建立专门关于能力建设的国际机制，制定并实施能力建设活动方案，加强发展中国家减缓和适应气候变化能力建设。

（七）行动和支持的透明度。2015 年协议应明确各缔约方按照公约要求和有关缔约方会议决定，增加各方强化行动的透明度。发达国家根据公约要求及京都议定书相关规则，通过现有的报告和审评体系，增加其减排行动的透明度，明确增强发达国家提供资金、技术和能力建设支持透明度及相关审评的规则。发展中国家在发达国家资金、技术和能力建设支持下，通过现有的透明度安排，以非侵入性、非惩罚性、尊重国家主权的方式，增加其强化行动透明度。

（八）法律形式。2015 年协议应是一项具有法律约束力的公约实施协议，可以采用核心协议加缔约方会议决定的形式，减缓、适应、资金、技术开发和转让、能力建设、行动和支持的透明度等要素应在核心协议中平衡体现，相关技术细节和程序规则可由缔约方会议决定加以明确。发达国家和发展中国家的国家自主贡献可在巴黎会议成果中以适当形式分别列出。

京都议定书

于 1997 年在日本京都，《联合国气候变化框架公约》
第 3 次会议上通过，2005 年 2 月 16 日起正式生效

第一条

为本议定书的目的，《公约》第一条所载定义应予适用。此外：

1. "缔约方会议"指《公约》缔约方会议。

2. "公约"指 1992 年 5 月 9 日在纽约通过的《联合国气候变化框架公约》。

3. "政府间气候变化专门委员会"指世界气象组织和联合国环境规划署 1988 年联合设立的政府之间气候变化专门委员会。

4. "蒙特利尔议定书"指 1987 年 9 月 16 日在蒙特利尔通过、后经调整和修正的《关于消耗臭氧层物质的蒙特利尔议定书》。

5. "出席并参加表决的缔约方"指出席会议并投赞成票或反对票的缔约方。

6. "缔约方"指本议定书缔约方，除非文中另有说明。

7. "附件一所列缔约方"指《公约》附件一所列缔约方，包括可能作出的修正，或指根据《公约》第四条第 2 款（g）项作出通知的缔约方。

第二条

1. 附件一所列每一缔约方，在实现第三条所述关于其量化的限制和减少排放的承诺时，为促进可持续发展，应：

（a）根据本国情况执行和/或进一步制订政策和措施，诸如：

218

（一）增强本国经济有关部门的能源效率；

（二）保护和增强《蒙特利尔议定书》未予管制的温室气体的汇和库，同时考虑到其依有关的国际环境协议作出的承诺；促进可持续森林管理的做法、造林和再造林；

（三）在考虑到气候变化的情况下促进可持续农业方式；

（四）研究、促进、开发和增加使用新能源和可再生的能源、二氧化碳固碳技术和有益于环境的先进的创新技术；

（五）逐步减少或逐步消除所有的温室气体排放部门违背《公约》目标的市场缺陷、财政激励、税收和关税免除及补贴，并采用市场手段；

（六）鼓励有关部门的适当改革，旨在促进用以限制或减少《蒙特利尔议定书》未予管制的温室气体的排放的政策和措施；

（七）采取措施在运输部门限制和/或减少《蒙特利尔议定书》未予管制的温室气体排放；

（八）通过废物管理及能源的生产、运输和分配中的回收和利用限制和/或减少甲烷排放；

（b）根据《公约》第四条第 2 款（e）项第（一）目，同其他此类缔约方合作，以增强它们依本条通过的政策和措施的个别和合并的有效性。为此目的，这些缔约方应采取步骤分享它们关于这些政策和措施的经验并交流信息，包括设法改进这些政策和措施的可比性、透明度和有效性。作为本议定书缔约方会议的《公约》缔约方会议，应在第一届会议上或在此后一旦实际可行时，审议便利这种合作的方法，同时考虑到所有相关信息。

2. 附件一所列缔约方应分别通过国际民用航空组织和国际海事组织作出努力，谋求限制或减少航空和航海舱载燃料产生的《蒙特利尔议定书》未予管制的温室气体的排放。

3. 附件一所列缔约方应以下述方式努力履行本条中所指政策和措施，即最大限度地减少各种不利影响，包括对气候变化的不利影响、对国际贸易的影响，以及对其他缔约方尤其是发展中国家缔约方和《公约》第四条第 8 款和第 9 款中所特别指明的那些缔约方的社会、环境和经济影响，同时考虑到《公约》第三条。作为本议定书缔约方会议的《公约》缔约方会议可以酌情采取进一步行动促进本款规定的实施。

4. 作为本议定书缔约方会议的《公约》缔约方会议如断定就上述第 1 款 (a) 项中所指任何政策和措施进行协调是有益的，同时考虑到不同的国情和潜在影响，应就阐明协调这些政策和措施的方式和方法进行审议。

第三条

1. 附件一所列缔约方应个别地或共同地确保其在附件 A 中所列温室气体的人为二氧化碳当量排放总量不超过按照附件 B 中所载其量化的限制和减少排放的承诺和根据本条的规定所计算的其分配数量，以使其在 2008 年至 2012 年承诺期内这些气体的全部排放量从 1990 年水平至少减少 5%。

2. 附件一所列每一缔约方到 2005 年时，应在履行其依本议定书规定的承诺方面作出可予证实的进展。

3. 自 1990 年以来直接由人引起的土地利用变化和林业活动——限于造林、重新造林和砍伐森林，产生的温室气体源的排放和碳吸收方面的净变化，作为每个承诺期碳贮存方面可核查的变化来衡量，应用以实现附件一所列每一缔约方依本条规定的承诺。与这些活动相关的温室气体源的排放和碳的清除，应以透明且可核查的方式作出报告，并依第七条和第八条予以审评。

4. 在作为本议定书缔约方会议的《公约》缔约方会议第一届会议之前，附件一所列每缔约方应提供数据供附属科技咨询机构审议，以便确定其 1990 年的碳贮存并能对其以后各年的碳贮存方面的变化作出估计。作为本议定书缔约方会议的《公约》缔约方会议，应在第一届会议或在其后一旦实际可行时，就涉及与农业土壤和土地利用变化和林业类各种温室气体源的排放和各种汇的清除方面变化有关的哪些因人引起的其他活动，应如何加到附件一所列缔约方的分配数量中或从中减去的方式、规则和指南作出决定，同时考虑到各种不确定性、报告的透明度、可核查性、政府间气候变化专门委员会方法学方面的工作、附属科技咨询机构根据第五条提供的咨询意见以及《公约》缔约方会议的决定。此项决定应适用于第二个和以后的承诺期。一缔约方可为其第一个承诺期这些额外的因人引起的活动选择适用此项决定，但这些活动须自 1990 年以来已经进行。

5. 其基准年或期间系根据《公约》缔约方会议第二届会议第 9/CP.2 号决定确定的、正在向市场经济过渡的附件一所列缔约方在履其本条中的承诺时应以该基准年或期间为准。正在向市场经济过渡但尚未依《公约》第十二条提交其第一次国家信息通报的附件一所列任何其他缔约方也可通知作为本议定书缔约方会议的《公约》缔约方会议它有意为履行依本条规定的承诺使用除 1990 年以外的某一历史基准年或期间。作为本议定书缔约方会议的《公约》缔约方会议应就这种通知的接受作出决定。

6. 考虑到《公约》第四条第 6 款，作为本议定书缔约方会议的《公约》缔约方会议，应允许正在向市场经济过渡的附件一所列缔约方在履行其除本条规定的那些承诺以外的承诺方面有一定程度的灵活性。

7. 在从 2008 年至 2012 年第一个量化的限制和减少排放的承诺期内，附件一所列每一缔约方的分配数量应等于在附件 B 中对附件 A 所列温室气体在 1990 年或按照上述第 5 款确定的基准年或基准期内其人为二氧化碳当量的排放总量所载的其百分比乘以 5。土地利用变化和林业对其构成 1990 年温室气体排放净源的附件一所列那些缔约方，为计算其分配数量的目的，应在它们 1990 年排放基准年或基准期计入各种源的人为二氧化碳当量排放总量减去 1990 年土地利用变化产生的各种汇的清除。

8. 附件一所列任一缔约方，为上述第 7 款所指计算的目的，可使用 1995 年作为其氢氟碳化物、全氟化碳和六氟化硫的基准年。

9. 附件一所列缔约方对以后期间的承诺应在对本议定书附件 B 的修正中加以确定，此类修正应根据第二十一条第 7 款的规定予以通过。作为本议定书缔约方会议的《公约》缔约方会议应至少在上述第 1 款中所指第一个承诺期结束之前七年开始审议此类承诺。

10. 一缔约方根据第六条或第十七条的规定从另一缔约方获得的任何减少排放单位或一个分配数量的任何部分，应计入获得缔约方的分配数量。

11. 一缔约方根据第六条和第十七条的规定转让给另一缔约方的任何减少排放单位或一个分配数量的任何部分，应从转让缔约方的分配数量中减去。

12. 一缔约方根据第十二条的规定从另一缔约方获得的任何经证明的减少排放，应记入获得缔约方的分配数量。

13. 如附件一所列一缔约方在一承诺期内的排放少于其依本条确定的分配数量，此种差额，应该缔约方要求，应记入该缔约方以后的承诺期的分配数量。

14. 附件一所列每一缔约方应以下述方式努力履行上述第一款的承诺，即最大限度地减少对发展中国家缔约方，尤其是《公约》第四条第 8 款和第 9 款所特别指明的那些缔约方不利的社会、环境和经济影响。依照《公约》缔约方会议关于履行这些条款的相关决定，作为本议定书缔约方会议的《公约》缔约方会议，应在第一届会议上审议可采取何种必要行动以尽量减少气候变化的不利后果和/或对应措施对上述条款中所指缔约方的影响。须予审议的问题应包括资金筹措、保险和技术转让。

第四条

1. 凡订立协定共同履行其依第三条规定的承诺的附件一所列任何缔约方，只要其依附件 A 中所列温室气体的合并的人为二氧化碳当量排放总量不超过附件 B 中所载根据其量化的限制和减少排放的承诺和根据第三条规定所计算的分配数量，就应被视为履行了这些承诺。分配给该协定每一缔约方的各自排放水平应载明于该协定。

2. 任何此类协定的各缔约方应在它们交存批准、接受或核准本议定书或加入本议定书之日将该协定内容通知秘书处。其后秘书处应将该协定内容通知《公约》缔约方和签署方。

3. 任何此类协定应在第三条第 7 款所指承诺期的持续期间内继续实施。

4. 如缔约方在一区域经济一体化组织的框架内并与该组织一起共同行事，该组织的组成在本议定书通过后的任何变动不应影响依本议定书规定的现有承诺。该组织在组成上的任何变动只应适用于那些继该变动后通过的依第三条规定的承诺。

5. 一旦该协定的各缔约方未能达到它们的总的合并减少排放水平，此类协定的每一缔约方应对该协定中载明的其自身的排放水平负责。

6. 如缔约方在一个本身为议定书缔约方的区域经济一体化组织的框架内并与该组织一起共同行事，该区域经济一体化组织的每一成员国单独地并与按照第二十四条行事的区域经济一体化组织一起，如未能达到总的合并减少排放水平，则应对依本条所通知的其排放水平负责。

第五条

1. 附件一所列每一缔约方，应在不迟于第一个承诺期开始前一年，确立一个估算《蒙特利尔议定书》未予管制的所有温室气体的各种源的人为排放和各种汇的清除的国家体系。应体现下述第 2 款所指方法学的此类国家体系的指南，应由作为本议定书缔约方会议的《公约》缔约方会议第一届会议予以决定。

2. 估算《蒙特利尔议定书》未予管制的所有温室气体的各种源的人为排放和各种汇的清除的方法学。如不使用这种方法学，则应根据作为本议定书缔约方会议的《公约》缔约方会议第一届会议所议定的方法学作出适当调整。作为本议定书缔约方会议的《公约》缔约方会议，除其他外，应基于政府间气候变化专门委员会的工作和附属科技咨询机构提供的咨询意见，定期审评和酌情修订这些方法学和作出调整，同时充分考虑到《公约》缔约方会议作出的任何有关决定。对方法学的任何修订或调整，应只用于为了在继该修订后通过的任何承诺期内确定依第三条规定的承诺的遵守情况。

3. 用以计算附件 A 所列温室气体的各种源的人为排放和各种汇的清除的全球升温潜能值，应是由政府间气候变化专门委员会所接受并经《公约》缔约方会议第三届会议所议定者。作为本议定书缔约方会议的《公约》缔约方会议，定期审评和酌情修订每种此类温室气体的全球升温潜能值，同时充分考虑到《公约》缔约方会议作出的任何有关决定。对全球升温潜能值的任何修订，应只适用于继该修订后所通过的任何承诺期依第三条规定的承诺。

第六条

1. 为履行第三条的承诺的目的，附件一所列任一缔约方可以向任何其他此类缔约方转让或从它们获得由任何经济部门旨在减少温室气体的各种源的人为排放或增强各种汇的人为清除的项目所产生的减少排放单位，但：

（a）任何此类项目须经有关缔约方批准；

（b）任何此类项目须能减少源的排放，或增强汇的清除，这一减少或增强对任何以其他方式发生的减少或增强是额外的；

（c）缔约方如果不遵守其依第五条和第七条规定的义务，则不可以获得任何减少排放单位；

（d）减少排放单位的获得应是对为履行依第三条规定的承诺而采取的本国行动的补充。

2. 作为本议定书缔约方会议的《公约》缔约方会议，可在第一届会议或在其后一旦实际可行时，为履行本条、包括为核查和报告进一步制订指南。

3. 附件一所列一缔约方可以授权法律实体在该缔约方的负责下参加可导致依本条产生、转让或获得减少排放单位的行动。

4. 如依第八条的有关规定查明附件一所列一缔约方履行本条所指的要求有问题，减少排放单位的转让和获得在查明问题后可继续进行，但在任何遵守问题获得解决之前，一缔约方不可使用任何减少排放单位来履行其依第三条的承诺。

第七条

1. 附件一所列每一缔约方应在其根据《公约》缔约方会议的相关决定提交的《蒙特利尔议定书》未予管制的温室气体的各种源的人为排放和各种汇的清除的年度清单内，载列将根据下述第 4 款确定的为确保遵守第三条的目的而必要的补充信息。

2. 附件一所列每一缔约方应在其依《公约》第十二条提交的国家信息通报中载列根据下述第 4 款确定的必要的补充信息，以示其遵守本议定书所规定承诺的情况。

3. 附件一所列每一缔约方应自本议定书对其生效后的承诺期第一年根据《公约》提交第一次清单始，每年提交上述第 1 款所要求的信息。每一此类缔约方应提交上述第 2 款所要求的信息，作为在本议定书对其生效后和在依下述第 4 款规定通过指南后应提交的第一次国家信息通报的一部分。其后提交本条所要求的信息的频度，应由作为本议定书缔约方会议的《公约》缔约方会议予以确定，同时考虑到《公约》缔约方会议就提交国家信息通报所决定的任何时间表。

4. 作为本议定书缔约方会议的《公约》缔约方会议，应在第一届会议上通过并在其后定期审评编制本条所要求信息的指南，同时考虑到《公约》缔约方会议通过的附件一所列缔约方编制国家信息通报的指南。作为本议定书缔约方会议的《公约》缔约方会议，还应在第一个承诺期之前就计算分配数量的方式作出决定。

第八条

1. 附件一所列每一缔约方依第七条提交的国家信息通报，应由专家审评组根据《公约》缔约方会议相关决定并依照作为本议定书缔约方会议的《公约》缔约方会议依下述第 4 款为此目的所通过的指南予以审评。附件一所列每一缔约方依第七条第 1 款提交的信息，应作为排放清单和分配数量的年度汇编和计算的一部分予以审评。此外，附件一所列每一缔约方依第七条第 2 款提交的信息，应作为信息通报审评的一部分予以审评。

2. 专家审评组应根据《公约》缔约方会议为此目的提供的指导，由秘书处进行协调，并由从《公约》缔约方和在适当情况下政府间组织提名的专家中遴选出的成员组成。

3. 审评过程应对一缔约方履行本议定书的所有方面作出彻底和全面的技术评估。专家审评组应编写一份报告提交作为本议定书缔约方会议的《公约》缔约方会议，在报告中评估该缔约方履行承诺的情况并指明在实现承诺方面任何潜在的问题以及影响实现承诺的各种因素。此类报告应由秘书处分送《公约》的所有缔约方。秘书处应列明此类报告中指明的任何履行问题，以供作为本议定书缔约方会议的《公约》缔约方会议予以进一步审议。

4. 作为本议定书缔约方会议的《公约》缔约方会议，应在第一届会议上通过并在其后定期审评关于由专家审评组审评本议定书履行情况的指南，同时考虑到《公约》缔约方会议的相关决定。

5. 作为本议定书缔约方会议的《公约》缔约方会议，应在附属履行机构并酌情在附属科技咨询机构的协助下审议：

（a）缔约方按照第七条提交的信息和按照本条进行的专家审评的报告；

（b）秘书处根据上述第 3 款列明的那些履行问题，以及缔约方提出的任何问题。

6. 根据对上述第 5 款所指信息的审议情况，作为本议定书缔约方会议的《公约》缔约方会议，应就任何事项作出为履行本议定书所要求的决定。

第九条

1. 作为本议定书缔约方会议的《公约》缔约方会议，应参照可以得到的关于气候变化及其影响的最佳科学信息和评估，以及相关的技术、社会和经济信息，定期审评本议定书。

这些审评应同依《公约》、特别是《公约》第四条第 2 款（d）项和第七条第 2 款（a）项所要求的那些相关审评进行协调。在这些审评的基础上，作为本议定书缔约方会议的《公约》缔约方会议应采取适当行动。

2. 第一次审评应在作为本议定书缔约方会议的《公约》缔约方会议第二届会议上进行，进一步的审评应定期适时进行。

第十条

所有缔约方，考虑到它们的共同但有区别的责任以及它们特殊的国家和区域发展优先顺序、目标和情况，在不对未列入附件一的缔约方引入任何新的承诺、但重申依《公约》第四条第 1 款规定的现有承诺并继续促进履行这些承诺以实现可持续发展的情况下，考虑到《公约》第四条第 3 款、第 5 款和第 7 款，应：

（a）在相关时并在可能范围内，制订符合成本效益的国家的方案以及在适当情况下区域的方案，以改进可反映每一缔约方社会经济状况的地方排放因素、活动数据和/或模式的质量，用以编制和定期更新《蒙特利尔议定书》未予管制的温室气体的各种源的人为排放和各种汇的清除的国家清单，同时采用将由《公约》缔约方会议议定的可比方法，并与《公约》缔约方会议通过的国家信息通报编制指南相一致；

（b）制订、执行、公布和定期更新载有减缓气候变化措施和有利于充分适应气候变化措施的国家的方案以及在适当情况下区域的方案：

（一）此类方案，除其他外，将涉及能源、运输和工业部门以及农业、林业和废物管理。此外，旨在改进地区规划的适应技术和方法也可改善对气候变化的适应；

（二）附件一所列缔约方应根据第七条提交依本议定书采取的行动、包括国家方案的信息；其他缔约方应努力酌情在它们的国家信息通报中列入载有缔约方认为有助于对付气候变化及其不利影响的措施、包括减缓温室气体排放的增加以及增强汇和汇的清除、能力建设和适应措施的方案的信息；

（c）合作促进有效方式用以开发、应用和传播与气候变化有关的有益于环境的技术、专有技术、做法和过程，并采取一切实际步骤促进、便利和酌情资助将此类技术、专有技术、做法和过程特别转让给发展中国家或使它们有机会获得，包括制订政策和方案，以便利有效转让公有或公共支配的有益于环境的技术，并为私有部门创造有利环境以促进和增进转让和获得有益于环境的技术；

（d）在科学技术研究方面进行合作，促进维持和发展有系统的观测系统并发展数据库，以减少与气候系统相关的不确定性、气候变化的不利影响和各种应对战略的经济和社会后果，并促进发展和加强本国能力以参与国际及政府间关于研究和系统观测方面的努力、方案和网络，同时考虑到《公约》第五条；

（e）在国际一级合作并酌情利用现有机构，促进拟订和实施教育及培训方案，包括加强本国能力建设，特别是加强人才和机构能力、交流或调派人员培训这一领域的专家，尤其是培训发展中国家的专家，并在国家一级促进公众意识和促进公众获得有关气候变化的信息。应发展适当方式通过《公约》的相关机构实施这些活动，同时考虑到《公约》第六条；

（f）根据《公约》缔约方会议的相关决定，在国家信息通报中列入按照本条进行的方案和活动；

（g）在履行依本条规定的承诺方面，充分考虑到《公约》第四条第8款。

第十一条

1. 在履行第十条方面，缔约方应考虑到《公约》第四条第4款、第5款、第7款、第8款和第9款的规定。

2. 在履行《公约》第四条第1款的范围内，根据《公约》第四条第3款和第十一条的规定，并通过受托经营《公约》资金机制的实体，《公约》附件二所列发达国家缔约方和其他发达缔约方应：

（a）提供新的和额外的资金，以支付经议定的发展中国家为促进履行第十条（a）项所述《公约》第四条第1款（a）项规定的现有承诺而招致的全部费用；

（b）并提供发展中国家缔约方所需要的资金，包括技术转让的资金，以支付经议定的为促进履行第十条所述依《公约》第四条第1款规定的现有承诺并经一发展中国家缔约方与《公约》第十一条所指那个或那些国际实体根据该条议定的全部增加费用。

这些现有承诺的履行应考虑到资金流量应充足和可以预测的必要性，以及发达国家缔约方间适当分摊负担的重要性。《公约》缔约方会议相关决定中对受托经营《公约》资金机制的实体所作的指导，包括本议定书通过之前议定的那些指导，应比照适用于本款的规定。

3. 《公约》附件二所列发达国家缔约方和其他发达缔约方也可以通过双边、区域和其他多边渠道提供并由发展中国家缔约方获取履行第十条的资金。

第十二条

1. 兹此确定一种清洁发展机制。

2. 清洁发展机制的目的是协助未列入附件一的缔约方实现可持续发展和有益于《公约》的最终目标，并协助附件一所列缔约方实现遵守第三条规定的其量化的限制和减少排放的承诺。

3. 依清洁发展机制：

（a）未列入附件一的缔约方将获益于产生经证明的减少排放的项目活动；

（b）附件一所列缔约方可以利用通过此种项目活动获得的经证明的减少排放，促进遵守由作为本议定书缔约方会议的《公约》缔约方会议确定的依第三条规定的其量化的限制和减少排放的承诺之一部分。

4. 清洁发展机制应置于由作为本议定书缔约方会议的《公约》缔约方会议的权力和指导之下，并由清洁发展机制的执行理事会监督。

5. 每一项目活动所产生的减少排放，须经作为本议定书缔约方会议的《公约》缔约方会议指定的经营实体根据以下各项作出证明：

（a）经每一有关缔约方批准的自愿参加；

（b）与减缓气候变化相关的实际的、可测量的和长期的效益；

（c）减少排放对于在没有进行经证明的项目活动的情况下产生的任何减少排放而言是额外的。

6. 如有必要，清洁发展机制应协助安排经证明的项目活动的筹资。

7. 作为本议定书缔约方会议的《公约》缔约方会议，应在第一届会议上拟订方式和程序，以期通过对项目活动的独立审计和核查，确保透明度、效率和可靠性。

8. 作为本议定书缔约方会议的《公约》缔约方会议，应确保经证明的项目活动所产生的部分收益用于支付行政开支和协助特别易受气候变化不利影响的发展中国家缔约方支付适应费用。

9. 对于清洁发展机制的参与，包括对上述第3款（a）项所指的活动及获得经证明的减少排放的参与，可包括私有和/或公有实体，并须遵守清洁发展机制执行理事会可能提出的任何指导。

10. 在自 2000 年起至第一个承诺期开始这段时期内所获得的经证明的减少排放，可用以协助在第一个承诺期内的遵约。

第十三条

1. 《公约》缔约方会议《公约》的最高机构，应作为本议定书缔约方会议。

2. 非为本议定书缔约方的《公约》缔约方，可作为观察员参加作为本议定书缔约方会议的《公约》缔约方会议任何届会的议事工作。在《公约》缔约方会议作为本议定书缔约方会议行使职能时，在本议定书之下的决定只应由为本议定书缔约方者作出。

3. 在《公约》缔约方会议作为本议定书缔约方会议行使职能时，《公约》缔约方会议主席团中代表《公约》缔约方但在当时非为本议定书缔约方的任何成员，应由本议定书缔约方从本议定书缔约方中选出的另一成员替换。

4. 作为本议定书缔约方会议的《公约》缔约方会议，应定期审评本议定书的履行情况，并应在其权限内作出为促进本议定书有效履行所必要的决定。缔约方会议应履行本议定书赋予它的职能，并应：

（a）基于依本议定书的规定向它提供的所有信息，评估缔约方履行本议定书的情况及根据本议定书采取的措施的总体影响，尤其是环境、经济、社会的影响及其累积的影响，以及在实现《公约》目标方面取得进展的程度；

（b）根据《公约》的目标、在履行中获得的经验及科学技术知识的发展，定期审查本议定书规定的缔约方义务，同时适当顾及《公约》第四条第 2 款（d）项和第七条第 2 款所要求的任何审评，并在此方面审议和通过关于本议定书履行情况的定期报告；

（c）促进和便利就各缔约方为对付气候变化及其影响而采取的措施进行信息交流，同时考虑到缔约方的有差别的情况、责任和能力，以及它们各自依本议定书规定的承诺；

（d）应两个或更多缔约方的要求，便利将这些缔约方为对付气候变化及其影响而采取的措施加以协调；

（e）依照《公约》的目标和本议定书的规定，并充分考虑到《公约》缔约方会议的相关决定，促进和指导发展和定期改进由作为本议定书缔约方会议的《公约》缔约方会议议定的、旨在有效履行本议定书的可比较的方法学；

（f）就任何事项作出为履行本议定书所必需的建议；

（g）根据第十一条第 2 款，设法动员额外的资金；

（h）设立为履行本议定书而被认为必要的附属机构；

（i）酌情寻求和利用各主管国际组织和政府间及非政府机构提供的服务、合作和信息；

（j）行使为履行本议定书所需的其他职能，并审议《公约》缔约方会议的决定所导致的任何任务。

5. 《公约》缔约方会议的议事规则和依《公约》规定采用的财务规则，应在本议定书下比照适用，除非作为本议定书缔约方会议的《公约》缔约方会议以协商一致方式可能另外作出决定。

6. 作为本议定书缔约方会议的《公约》缔约方会议第一届会议，应由秘书处结合本议定书生效后预定举行的《公约》缔约方会议第一届会议召开。其后作为本议定书缔约方会议的《公约》缔约方会议常会，应每年并且与《公约》缔约方会议常会结合举行，除非作为本议定书缔约方会议的《公约》缔约方会议另有决定。

7. 作为本议定书缔约方会议的《公约》缔约方会议的特别会议，应在作为本议定书缔约方会议的《公约》缔约方会议认为必要的其他时间举行，或应任何缔约方的书面要求而举行，但须在秘书处将该要求转达给各缔约方后六个月内得到至少三分之一缔约方的支持。

8. 联合国及其专门机构和国际原子能机构，以及它们的非为《公约》缔约方的成员国或观察员，均可派代表作为观察员出席作为本议定书缔约方会议的《公约》缔约方会议的各届会议。任何在本议定书所涉事项上具备资格的团体或机构，无论是国家或国际的、政府或非政府的，经通知秘书处其愿意派代表作为观察员出席作为本议定书缔约方会议的《公约》缔约方会议的某届会议，均可予以接纳，除非出席的缔约方至少三分之一反对。观察员的接纳和参加应遵循上述第 5 款所指的议事规则。

第十四条

1. 依《公约》第八条设立的秘书处，应作为本议定书的秘书处。

2. 关于秘书处职能的《公约》第八条第2款和关于就秘书处行使职能作出的安排的《公约》第八条第3款，应比照适用于本议定书。秘书处还应行使本议定书所赋予它的职能。

第十五条

1.《公约》第九条和第十条设立的附属科技咨询机构和附属履行机构，应作为本议定书的附属科技咨询机构和附属履行机构。《公约》关于该两个机构行使职能的规定应比照适用于本议定书。本议定书的附属科技咨询机构和附属履行机构的届会，应分别与《公约》的附属科技咨询机构和附属履行机构的会议结合举行。

2. 非为本议定书缔约方的《公约》缔约方可作为观察员参加附属机构任何届会的议事工作。在附属机构作为本议定书附属机构时，在本议定书之下的决定只应由本议定书缔约方作出。

3.《公约》第九条和第十条设立的附属机构行使它们的职能处理涉及本议定书的事项时，附属机构主席团中代表《公约》缔约方但在当时非为本议定书缔约方的任何成员，应由本议定书缔约方从本议定书缔约方中选出的另一成员替换。

第十六条

作为本议定书缔约方会议的《公约》缔约方会议，应参照《公约》缔约方会议可能作出的任何有关决定，在一旦实际可行时审议对本议定书适用并酌情修改《公约》第十三条所指的多边协商程序。适用于本议定书的任何多边协商程序的运作不应损害依第十八条所设立的程序和机制。

第十七条

《公约》缔约方会议应就排放贸易，特别是其核查、报告和责任确定相关的原则、方式、规则和指南。为履行其依第三条规定的承诺的目的，附件B所列缔约方可以参与排放贸易。

任何此种贸易应是对为实现该条规定的量化的限制和减少排放的承诺之目的而采取的本国行动的补充。

第十八条

作为本议定书缔约方会议的《公约》缔约方会议，应在第一届会议上通过适当且有效的程序和机制，用以断定和处理不遵守本议定书规定的情势，包括就后果列出一个示意性清单，同时考虑到不遵守的原因、类别、程度和频度。依本条可引起具拘束性后果的任何程序和机制应以本议定书修正案的方式予以通过。

第十九条

《公约》第十四条的规定应比照适用于本议定书。

第二十条

1. 任何缔约方均可对本议定书提出修正。

2. 对本议定书的修正应在作为本议定书缔约方会议的《公约》缔约方会议常会上通过。对本议定书提出的任何修正案文，应由秘书处在拟议通过该修正的会议之前至少六个月送交各缔约方。秘书处还应将提出的修正送交《公约》的缔约方和签署方，并送交保存人以供参考。

3. 各缔约方应尽一切努力以协商一致方式就对本议定书提出的任何修正达成协议。如为谋求协商一致已尽一切努力但仍未达成协议，作为最后的方式，该项修正应以出席会议并参加表决的缔约方四分之三多数票通过。通过的修正应由秘书处送交保存人，再由保存人转送所有缔约方供其接受。

4. 对修正的接受文书应交存于保存人，按照上述第3款通过的修正，应于保存人收到本议定书至少四分之三缔约方的接受文书之日后第九十天起对接受该项修正的缔约方生效。

5. 对于任何其他缔约方，修正应在该缔约方向保存人交存其接受该项修正的文书之日后第九十天起对其生效。

第二十一条

1. 本议定书的附件应构成本议定书的组成部分，除非另有明文规定，凡提及本议定书时即同时提及其任何附件。本议定书生效后通过的任何附件，应限于清单、表格和属于科学、技术、程序或行政性质的任何其他说明性材料。

2. 任何缔约方可对本议定书提出附件提案并可对本议定书的附件提出修正。

3. 本议定书的附件和对本议定书附件的修正应在作为本议定书缔约方会议的《公约》缔约方会议的常会上通过。提出的任何附件或对附件的修正的案文应由秘书处在拟议通过该项附件或对该附件的修正的会议之前至少六个月送交各缔约方。秘书处还应将提出的任何附件或对附件的任何修正的案文送交《公约》缔约方和签署方，并送交保存人以供参考。

4. 各缔约方应尽一切努力以协商一致方式就提出的任何附件或对附件的修正达成协议。如为谋求协商一致已尽一切努力但仍未达成协议，作为最后的方式，该项附件或对附件的修正应以出席会议并参加表决的缔约方四分之三多数票通过。通过的附件或对附件的修正应由秘书处送交保存人，再由保存人送交所有缔约方供其接受。

5. 除附件 A 和附件 B 之外，根据上述第 3 款和第 4 款通过的附件或对附件的修正，应于保存人向本议定书的所有缔约方发出关于通过该附件或通过对该附件的修正的通知之日起六个月后对所有缔约方生效，但在此期间书面通知保存人不接受该项附件或对该附件的修正的缔约方除外。对于撤回其不接受通知的缔约方，

项附件或对该附件的修正应自保存人收到撤回通知之日后第九十天起对其生效。

6. 如附件或对附件的修正的通过涉及对本议定书的修正，则该附件或对附件的修正应待对本议定书的修正生效之后方可生效。

7. 对本议定书附件 A 和附件 B 的修正应根据第二十条中规定的程序予以通过并生效，但对附件 B 的任何修正只应以有关缔约方书面同意的方式通过。

233

第二十二条

1. 除下述第 2 款所规定外，每一缔约方应有一票表决权。

2. 区域经济一体化组织在其权限内的事项上应行使票数与其作为本议定书缔约方的成员国数目相同的表决权。如果一个此类组织的任一成员国行使自己的表决权，则该组织不得行使表决权，反之亦然。

第二十三条

联合国秘书长应为本议定书的保存人。

第二十四条

1. 本议定书应开放供属于《公约》缔约方的各国和区域经济一体化组织签署并须经其批准、接受或核准。本议定书应自 1998 年 3 月 16 日至 1999 年 3 月 15 日在纽约联合国总部开放供签署。本议定书应自其签署截止日之次日起开放供加入。批准、接受、核准或加入的文书应交存于保存人。

2. 任何成为本议定书缔约方而其成员国均非缔约方的区域经济一体化组织应受本议定书各项义务的约束。如果此类组织的一个或多个成员国为本议定书的缔约方，该组织及其成员国应决定各自在履行本议定书义务方面的责任。在此种情况下，该组织及其成员国无权同时行使本议定书规定的权利。

3. 区域经济一体化组织应在其批准、接受、核准或加入的文书中声明其在本议定书所规定事项上的权限。这些组织还应将其权限范围的任何重大变更通知保存人，再由保存人通知各缔约方。

第二十五条

1. 本议定书应在不少于五十五个《公约》缔约方、包括其合计的二氧化碳排放量至少占附件一所列缔约方 1990 年二氧化碳排放总量的 55% 的附件一所列缔约方已经交存其批准、接受、核准或加入的文书之日后第九十天起生效。

2. 为本条的目的，"附件一所列缔约方 1990 年二氧化碳排放总量"指在通过本议定书之日或之前附件一所列缔约方在其按照《公约》第十二条提交的第一次国家信息通报中通报的数量。

3. 对于在上述第 1 款中规定的生效条件达到之后批准、接受、核准或加入本议定书的每一国家或区域经济一体化组织，本议定书应自其批准、接受、核准或加入的文书交存之日后第九十天起生效。

4. 为本条的目的，区域经济一体化组织交存的任何文书，不应被视为该组织成员国所交存文书之外的额外文书。

第二十六条

对本议定书不得作任何保留。

第二十七条

1. 自本议定书对一缔约方生效之日起三年后，该缔约方可随时向保存人发出书面通知退出本议定书。

2. 任何此种退出应自保存人收到退出通知之日起一年期满时生效，或在退出通知中所述明的变更后日期生效。

3. 退出《公约》的任何缔约方，应被视为亦退出本议定书。

第二十八条

本议定书正本应交存于联合国秘书长，其阿拉伯文、中文、英文、法文、俄文和西班牙文文本同等作准。

1997 年 12 月 11 日订于京都

附件
附件 A
温室气体：
——二氧化碳（CO_2）
——甲烷（CH_4）
——氧化亚氮（N_2O）
——氢氟碳化物（HFCs）
——全氟化碳（PFCs）
——六氟化硫（SF_6）

部门/源类别：

——能源

———燃料燃烧

———能源工业

———制造业和建筑

———运输

———其他部门

———其他

———燃料的飞逸性排放

———固体燃料

———石油和天然气

———其他

——工业

———矿产品

———化工业

———金属生产

———其他生产

———碳卤化合物和六氟化硫的生产

———碳卤化合物和六氧化硫的消费

———其他

——溶剂和其他产品的使用

——农业

———肠道发酵

———粪肥管理

———水稻种植

———农业土壤

———热带草原划定的烧荒

———农作物残留物的田间燃烧

———其他

——废物

———陆地固体废物处置

———废水处理

———废物焚化

———其他

附件 B

缔约方	量化的限制或减少排放的承诺 （基准年或基准期百分比）
澳大利亚	108
奥地利	92
比利时	92
保加利亚*	92
加拿大	94
克罗地亚*	95
捷克共和国*	95
丹麦	92
爱沙尼亚*	92
欧洲联盟	92
芬兰	92
法国	92
德国	92
希腊	92
匈牙利*	94
冰岛	110
爱尔兰	92
意大利	92
日本	94
拉脱维亚*	92
列支敦士登	92
立陶宛*	92

续表

缔约方	量化的限制或减少排放的承诺（基准年或基准期百分比）
卢森堡	92
摩纳哥	92
荷兰	92
新西兰	100
挪威	101
波兰	94
葡萄牙	92
罗马尼亚*	92
俄罗斯联邦*	100
斯洛伐克*	92
斯洛文尼亚*	92
西班牙	92
瑞典	92
瑞士	92
乌克兰*	100
大不列颠及北爱尔兰联合王国	92
美利坚合众国	93

注：＊正在向市场经济过渡的国家。